高等学校通识教育系列教材

计算机基础及
Python程序设计导论

韩瀛 杨光煜 刘婧 刘畅 编著

清华大学出版社
北京

内 容 简 介

本书注重对大数据技术及应用的深入介绍,强调计算思维和通过程序设计进行问题求解能力的培养。全书共分为 10 章,第 1~3 章介绍计算机基础知识,主要包括计算机发展及应用概况、计算机软硬件系统、计算机中数据的表示和计算等;第 4 章介绍计算机网络;第 5 章介绍大数据技术与应用;第 6~10 章介绍 Python 程序设计语言的基础知识,主要包括 Python 语言基础、流程控制、复合数据类型以及函数等内容。

本书可供普通高等院校非计算机专业本科生作为计算机基础通识类课程的教材使用,也可作为对 Python 程序设计感兴趣读者的参考用书。

本书封面贴有清华大学出版社防伪标签,无标签者不得销售。

版权所有,侵权必究。举报: 010-62782989,beiqinquan@tup.tsinghua.edu.cn。

图书在版编目(CIP)数据

计算机基础及 Python 程序设计导论/韩瀛等编著. —北京:清华大学出版社,2020.9(2023.7重印)
高等学校通识教育系列教材
ISBN 978-7-302-56113-2

Ⅰ.①计… Ⅱ.①韩… Ⅲ.①电子计算机—高等学校—软件 ②软件工具—程序设计—高等学校—教材 Ⅳ.①TP3 ②TP311.561

中国版本图书馆 CIP 数据核字(2020)第 139125 号

责任编辑:刘向威
封面设计:文 静
责任校对:焦丽丽
责任印制:曹婉颖

出版发行:清华大学出版社
  网 址:http://www.tup.com.cn,http://www.wqbook.com
  地 址:北京清华大学学研大厦 A 座   邮 编:100084
  社 总 机:010-83470000   邮 购:010-62786544
  投稿与读者服务:010-62776969,c-service@tup.tsinghua.edu.cn
  质量反馈:010-62772015,zhiliang@tup.tsinghua.edu.cn
  课件下载:http://www.tup.com.cn,010-83470236
印 装 者:三河市铭诚印务有限公司
经 销:全国新华书店
开 本:185mm×260mm 印 张:18   字 数:440 千字
版 次:2020 年 9 月第 1 版   印 次:2023 年 7 月第 4 次印刷
印 数:6001~7500
定 价:49.80 元

产品编号:088188-01

前　言

　　计算机基础是高等院校学生必修的通识教育课程，对于引导学生深入了解计算机基础知识、洞悉计算机及信息技术发展、培养计算思维以及衔接后续与专业相关的信息技术类课程都具有非常重要的意义。多年来，大学计算机基础教育的内容主要以计算机基本概念、操作系统、办公软件等为主要内容，但随着计算机普及应用的广度和深度不断拓展，大数据、云计算、人工智能等新兴信息技术应用飞速发展，学生的知识结构、认知能力和基本的计算机应用能力也在不断提升。在这样的背景下，传统的教学内容以及相应的教材已经明显不能满足时代发展对学生在计算机知识、技能、素养、思维方法以及解决问题能力方面的培养要求。在2010年第六届大学计算机课程报告论坛上，陈国良院士提出将"计算思维能力培养"作为计算机基础课程教学改革切入点的倡议，教育部高等学校计算机基础课程教学指导委员会也建议高校开设相关内容的教学。因此，高校计算机基础教育势必要顺应时代发展，需要进行相应的改革。

　　本书编者所在学校自2018年起开始推进计算机基础课程教学的改革，结合学校不同专业的特点经充分研究论证后，初步制定了三个层次的计算机基础课程教学体系，并于2019年开始正式实施。三层次教学体系中，第一层次注重学生计算机系统及网络技术基础、程序设计及计算思维、数据科学及数据分析等方面的知识学习和能力培养，面向全校非计算机及信息管理专业学生开设，本书就是为满足第一层次课程的教学需要编写的。本书编者均为参与本层次课程教学的一线教师，并且在章节内容分工上充分考虑各位编者以往的专业课教学经验和科研经历。

　　本书在内容上保留了部分传统的计算机软硬件组成及计算机网络等内容，在此基础上增加了计算思维、物联网、大数据技术及应用、Python程序设计等内容。其中，大数据技术与应用部分包括数据采集与治理、数据存储、大数据计算、数据分析及数据可视化等内容，主要针对学生数据科学及数据分析等方面的知识学习和能力培养。而计算思维能力的培养不能停留在抽象的概念上，对计算思维的培养在一定程度上可以通过学习程序设计、运用计算机科学的基础概念来分析和解决问题得以实现。本书选取Python作为教学语言，一是Python语言语法简洁，适合初学者入门；二是由于Python语言在人工智能、大数据分析和处理、机器学习、云计算、区块链等诸多领域的应用都非常广泛，构建了完整丰富的计算生态，学生掌握了Python语言的基础知识和程序设计思想，可以为今后在不同领域进一步深入学习奠定基础。由于Python程序设计作为计算机基础课程教学的一部分内容，课时相对有限，所以在内容上只涵盖了Python语言基础、流程控制、复合数据类型、函数以及常用的标准库等内容,以满足学生第一门程序设计语言学习和初步程序设计思维培养的需要为本,对于一些相对进阶的内容,如文件操作、面向对象程序设计方法以及应用于不同专业领域的 Python 标准库和第三方库等内容则未涉及,这部分内容将根据本书在实际教学过程中使用的反馈情况,在后续改版中酌情适当增补。

本书编者均为天津财经大学管理科学与工程学院管理信息系统系教师。其中,第 1~3 章由杨光煜编写,第 4 章由刘畅编写,第 5 章由刘婧编写,第 6~10 章由韩瀛编写。全书由韩瀛负责统稿。

感谢天津财经大学管理科学与工程学院管理信息系统系薛福亮副教授,作为本校计算机基础课程改革方案的主要策划和制定者之一,在本书的内容框架、结构编排等方面均提出了很多有价值的建议。感谢清华大学出版社的大力协助,使本书得以顺利出版。此外,在本书编写过程中,我们还参考了很多国内其他高校教授、学者的著作,在此一并表示感谢。

由于编者水平有限且成书时间仓促,书中不足之处在所难免,敬请各位同行和读者批评指正。

编　者

2020 年 4 月

目 录

第1章 概　述

本章学习目标

- 了解计算机的发展历史及发展趋势
- 了解计算机的分类及应用
- 理解计算思维及其应用

随着生产力水平的不断提高，像语言一样，计数和计算推动人类社会发展的同时，自身也得到了发展和完善。早在原始社会就有结绳和垒石计数之说。公元 10 世纪，我国劳动人民在早期的运筹、珠算的基础上，发明了至今仍流传于世界的计算工具——算盘，并为之配备了"口诀"。算盘的发明推动了数字式计算机工具的发展。与电子计算机相比，算盘犹如硬件，而口诀就像计算机的程序与算法软件一样。

自从 17 世纪出现了计算尺之后，各种机械的、电的模拟计算机以及数字式计算机不断出现。法国人 Blaise Pascal 设计并制作了一台能自动进位的加减法计算装置，被称为是世界上第一台数字计算机；英国人 Charles Babbage 发明了差分机；美国人 Howard Aiken 发明了世界上第一台实现顺序控制的自动数字计算机；德国人 Konrad Zuse 也研制成了可编程计算机。

电子计算机的诞生、发展和应用的普及，是 20 世纪科学技术的卓越成就，是新的技术革命的基础。在信息时代，计算机的应用必将加速信息革命的进程。计算机不仅可以解脱人类繁重的体力劳动，也可替代人类的脑力劳动。随着科学技术的发展及计算机应用的广泛普及，计算机对国民经济的发展和社会的进步将起到越来越大的推动作用。

要想更有力地发挥计算机的效用，必须了解计算机的组织结构、掌握计算机的工作原理。

本章将使学生在了解计算机的发展历史、发展趋势的基础上，进一步了解计算机的分类和应用以及计算思维相关的知识，重点要让学生理解计算思维及其应用。

1.1　计算机发展概况

在当今社会，计算机可谓无所不在。不同的专家可能会从不同的角度去定义计算机。比如，物理学家可能很注意计算机的电子特性，而社会学家可能更侧重于计算机的逻辑特性。为了研究计算机工作原理，从比较综合的角度，可以将电子计算机定义为：能自动、高速、精确地进行大量数据处理的电子设备。

1.1.1 计算机发展简史

1. 第一台计算机

20世纪40年代,科技战线的两大成果成了人们瞩目的对象。一是标志着"物理能量大释放"的原子弹;二是"人类智慧的大释放"——计算机。

1946年,在宾夕法尼亚大学,美国物理学家 J. W. Mauchly 博士和 J. P. Eckert 博士研制出世界上第一台电子计算机 ENIAC(Electronic Numerical Integrator and Calculator,电子数字积分计算机)。它是由电子管元件组装起来的一台电子数字计算机,为计算机和信息产业的发展奠定了基础。但此计算机不具备存储功能,采用十进制,并要靠连接线路的方法编程,并不是一台具有存储程序功能的电子计算机。

世界上第一台具有存储程序功能的计算机是 EDVAC(Electronic Discrete Variable Automatic Computer,离散变量自动电子计算机),由曾担任 ENIAC 小组顾问的著名美籍匈牙利数学家 John von Neumann(冯·诺依曼)博士担任顾问。EDVAC 采用了电子计算机中存储程序的概念,使用二进制并实现了程序存储,把包括数据和程序的指令以二进制代码的形式存放到计算机的存储器中,保证了计算机能够按照事先存入的程序自动进行运算。冯·诺依曼提出的存储程序和程序控制的理论及计算机硬件由输入设备、输出设备、运算器、存储器、控制器五个基本部件组成的基本结构和组成的思想,奠定了现代计算机的理论基础。计算机诞生至今,前四代计算机统称为冯·诺依曼结构计算机,世人也称冯·诺依曼为"计算机鼻祖"。

世界上第一台投入运行的存储程序式的电子计算机是 EDSAC(Electroni Delay Storage Automatic Calcuator,电子延迟存储自动计算器)。它是由英国剑桥大学的 M. V. Withes 教授借鉴冯·诺依曼的存储程序计算机理念后于 1947 年开始领导设计的,该机于 1949 年 5 月制成并投入运行,比 EDVAC 早一年多。

1971年,世界上第一台微型计算机 MCS-4 基于在美国研制出的第一代微处理器 Intel 4004 组装而成。微处理器的出现与发展,一方面给自动控制注入了新的活力,使办公设备、家用电器迅速计算机化;另一方面,以微处理器为核心部件的个人计算机(Personal Computer,PC)得到了广泛的应用和普及,成为人们生产和生活的必不可少的现代化工具。

我国的计算机事业起步于 1956 年。1958 年,中国科学院计算技术研究所研制出了我国第一台电子数字计算机,命名为 103 型计算机(即 DJS-1 型)。此后,我国在计算机发展与应用的各个阶段都有不少成果。尤其是汉字在计算机中的应用,为信息处理现代化开辟了广阔的道路。

2. 计算机的更新换代

第一台计算机诞生后,其更新换代很快。每 5~8 年,计算机就要更新换代一次,计算机的体积日益减小,运行速度不断加快,功能日趋增强,价格逐渐下降,可靠性不断提高,应用领域日益拓展。

从第一台电子计算机诞生起,计算机技术得到了迅速的发展,走过了从电子管、晶体管、中小规模集成电路到大规模、超大规模集成电路的发展道路。

从构成计算机的物理元件角度,把计算机划分为如下四代。

第一代为电子管计算机时代(1946—1958 年)：组成计算机的物理元件为电子管,用光屏管或汞延时电路做存储器,输入/输出主要采用穿孔纸带或卡片；计算机运行时使用机器语言或汇编语言；计算机的应用主要面向科学计算；代表产品有 UNIVAC-Ⅰ、IBM 701、IBM 650 和 ENIAC(唯一不是按存储控制原理设计的)。这一代计算机的缺点是体积笨重、功耗大、运算速度低、存储容量小、可靠性差、维护困难、价格昂贵。

第二代为晶体管计算机时代(1959—1964 年)：组成计算机的物理元件为晶体管,使用磁芯和磁鼓做存储器,引进了通道技术和中断系统；开始采用 FORTRAN、COBOL、ALGOL60、PL/1 等高级程序设计语言和批处理操作系统；计算机的应用不仅面向科学计算,还能进行数据处理和过程控制；代表产品有 IBM 公司的 IBM 7090 和 IBM 7094、Burroughs 公司的 B5500。此代计算机各方面的性能都有了很大的提高,软件和硬件日臻完善。

第三代为中小规模集成电路计算机时代(1965—1970 年)：组成计算机的物理元件为集成电路,每个芯片集成 1～1000 个元件；计算机运行时广泛采用高级语言,有了标准化的程序设计语言和人机会话式的 BASIC 语言,操作系统更加完善和普及,实时系统和计算机通信网络得以发展；计算机的结构趋于标准化；计算机的应用趋于通用化。它不仅可以进行科学计算、数据处理,还可以进行实时控制。代表产品有 IBM 公司的 IBM 360(中型机)和 IBM 370(大型机)、DEC 公司的 PDP-11(小型机)。此代的计算机体积小、功耗低、可靠性高。

第四代为大规模、超大规模集成电路计算机时代(1971 年至今)：组成计算机的物理元件为大规模(每个芯片集成 1000～100 000 个元件)、超大规模集成电路(每个芯片集成 100 000～1 000 000 个元件),采用半导体存储器做内存储器,发展了并行技术和多机系统,出现了精简指令计算机 RISC；计算机运行时有了软硬件环境,软件系统实现了工程化、理论化和程序设计自动化。此代计算机体积更小巧,性能更高；尤其是计算机网络与多媒体技术的实现使得此代计算机成为现代化的计算工具,它能够对数字、文字、语音、图形、图像等多种信息进行接收及处理,能够对数据实施管理、传递和加工,对工业过程进行自动化控制,从而成为办公自动化和信息交流的工具。

3. 微型处理器

属于第四代计算机的微型计算机是以微处理器为核心的。计算机的运算器和控制器合称为中央处理器(Central Processing Unit,CPU)。CPU 被大规模、超大规模集成电路技术微缩制作在一个芯片上,就成了微处理器(Microprocessor)。

微型处理器的发展史如下。

第一代微处理器是 4 位微处理器成。典型的产品有 Intel 4004、4040 和 8008。

第二代微处理器是 8 位微处理器。典型的产品有 Intel 8080、Intel 8085,Motorola 公司的 M6800,Zilog 公司的 Z-80。

第三代微处理器的代表产品是 Intel 8086、Intel 8088。Zilog 公司的 Z-8000,Motolora 公司 M68000。它们都是准 16 位微处理器。很快又推出了全 16 位微处理器,如 Intel 80286、M68020 和 Z-80000。Intel 80286 微处理器芯片的问世,使 286 微型计算机在 20 世纪 80 年代后期风靡全球。

第四代微处理器是 32 位微处理器,典型的产品有 Intel 80386 和 Intel 80486。

Motolora 公司的 M68030 和 M68040。

1993 年,Intel 公司推出了第五代微处理器 Pentium(中文译名为奔腾)。同期推出的微处理器还有 AMD 公司的 K5 和 Cyrix 公司的 M1 等。

1996 年 Intel 公司将其第六微处理器正式命名为 Pentium Pro。2001 年 Intel 公司发布了 Itanium(安腾)处理器。2002 年 Intel 公司又发布了 Itanium2 处理器。

2000 年 11 月,Intel 公司推出第七代微处理器 Pentium 4(奔腾 4,或简称奔 4 或 P4),Pentium 4 有着 400MHz 的前端总线,之后更提升到了 533MHz、800MHz。

2006 年 7 月,Intel 推出第八代 X86 架构处理器:Core2(酷睿 2),Core2 有 7、8、9 三个系列。

2008 年 11 月 17 日,Intel 推出的 64 位四核 CPU,命名为"Intel Core i7"系列。

2017 年 5 月,Intel 公司发布了全新的酷睿 i9 处理器。

4. 超级计算机

超级计算机是计算机中功能最强、运算速度最快、存储容量最大的一类计算机,多用于国家高科技领域和尖端技术研究。超级计算机对国家安全、经济和社会发展具有举足轻重的意义,是一个国家科研实力的体现,也是国家科技发展水平和综合国力的重要标志。

中国在超级计算机方面发展迅速,现已处于国际领先水平。

2013 年 6 月,"2013 国际超级计算大会"正式发布了第 41 届世界超级计算机 500 强排名。由国防科技大学研制的"天河二号"超级计算机系统,以峰值计算速度每秒 5.49 亿亿次、持续计算速度每秒 3.39 亿亿次双精度浮点运算的优异性能位居榜首。这是继 2010 年"天河一号"首次夺冠之后,中国超级计算机再次夺冠。

2014 年 6 月,在第 43 届世界超级计算机 500 强排行榜上,中国超级计算机系统"天河二号"以其 33.86Pflop/s(百万的四次方每秒,1000 万亿)的运算速度再次位居榜首,获得世界超算"三连冠",其运算速度比位列第二名的美国"泰坦"快近一倍。

2016 年 6 月,第 47 届世界超级计算机 500 强 TOP 500 榜单中,中国"神威·太湖之光"荣登榜首。"神威·太湖之光"是新的全球第一快系统,系统完全采用中国设计和制造的处理器研制而成。此前,在过去六届 TOP 500 榜单上,"天河二号"一直名列榜首。从第 47 届开始,TOP 500 榜单上,"神威·太湖之光"与"天河二号"连续四次分列冠亚军。

2019 年 11 月,第 54 届世界超级计算机 500 强排行榜中,中国的"神威·太湖之光"和"天河二号"分列第三、四名。但从数量来看,中国超算的地位还是首屈一指的。500 强中,中国有 227 台,美国为 118 台,日本 29 台,法国 18 台,德国 16 台,荷兰 15 台,爱尔兰 14 台,英国 11 台,其他国家的上榜超算皆不足 10 台。

尽管自 2018 年 6 月第 51 届世界超级计算机 500 强榜单公布以来,我国的超级计算机与冠亚宝座失之交臂,但由国家超算天津中心同国防科技大学联合研制的百亿亿次超级计算机"天河三号"E 级原型机自 2018 年 5 月 17 日在天津举行的第二届世界智能大会上首次正式对外亮相后,研制工作进展顺利。其有望在未来超越美国的"顶点",为中国夺回世界超算冠军的宝座。

1.1.2 现代计算机的特点

1. 现代数字计算机的特点

现代计算机的特点可从快速性、准确性、通用性、可靠性、逻辑性和记忆性几方面来体现。

（1）快速性。计算机的处理速度（或称运算速度）可简单地用每秒可执行多少百万条指令（MIPS）来衡量。现代计算机每秒可运行几百万条指令，数据处理的速度十分快，巨型机的运算速度可达数百乃至上亿 MIPS。计算机数据处理（运算）速度是其他任何处理（计算）工具无法比拟的，使得许多过去需要几年甚至几十年才能完成的复杂运算，现在只要几天、几小时，甚至更短的时间就可以完成。

（2）准确性。数据在计算机内都是用二进制数编码的，数据的精度主要由表示这个数据的二进制码的位数决定，即由该计算机的字长所决定。计算机的字长越长，计算精度就越高。现代计算机的字长一般都在 32 位以上，高档微机的字长达到 64 位，大型机的字长达到 128 位。计算精度十分高，能满足复杂计算对计算精度的要求。当所处理的数据的精度要求特别高时，可在计算机内配置浮点运算部件——协处理器。

（3）记忆性。计算机的存储器类似于人的大脑，可以"记忆"（存储）大量的数据和计算机程序。计算机事先将程序和数据装载进内部存储器，然后再自动根据程序的设定完成各种处理。随着内存储器容量的增大，程序运行空间得到拓展，计算机的性能也在不断提高。用户暂时不用的程序和数据可以存放于计算机的外部存储器中。早期计算机内存储器的容量较小，存储器往往成为限制计算机应用的"瓶颈"。如今，一台普通的 i7 微型计算机，内存容量达到 4GB 以上，小型机以上的机器的内存容量则更大。外部存储器的种类在不断增多，容量也在不断增大。例如，普通的微型计算机可配置容量高达 6TB 的硬盘。随着硬盘技术的不断发展，更大容量的硬盘还将不断推出。

（4）逻辑性。具有可靠的逻辑判断能力是计算机的一个重要特点，是计算机能实现信息处理自动化的重要原因。冯·诺依曼结构计算机的基本思想，就是将程序预先存储在计算机内，在程序执行过程中，计算机会根据上一步的执行结果，运用逻辑判断方法自动确定下一步该做什么，应该执行哪一条指令。逻辑判断能力使计算机不仅能对数值数据进行计算，也能对非数值数据进行处理，广泛应用于非数值数据处理领域，如信息检索、图形识别及各种多媒体应用等。

（5）可靠性。由于采用了大规模和超大规模集成电路，元器件数目大为减少，印制电路板上的焊接点数和接插件的数目比中小规模集成电路计算机减少了很多，因而功耗减小，发热量降低，从而使整机的可靠性大大提高，使得计算机具有非常高的可靠性。

（6）通用性。计算机不仅可以用来进行科学计算，也可用于数据处理、工业实时控制、辅助设计和辅助制造、办公自动化等。计算机的通用性非常强。

2. 微型计算机的特点

微型计算机是目前使用最广泛、最普及的一类计算机。它除了具有现代数字计算机的一般特点外，还具有下面一些特点：

（1）体积小，质量轻。微型计算机的核心部件是微处理器。由超大规模集成电路制成的微处理器体积小、质量轻，组装成的一台台式微型计算机，包括主机、键盘、显示器、软盘驱动器和硬盘驱动器，质量总共不足十千克。由于微型计算机往往为个人所使用，因此习惯上又称它为个人计算机。近年来，除传统的桌上型台式 PC 外，又发展了便携式 PC、笔记本式 PC，以及手掌式 PC。笔记本式 PC 的体积更小，质量也轻，只有文件夹大小，质量为 2～3kg，有的只有 1kg 左右；手掌式 PC 只有 0.5kg。这些计算机都采用 LCD 液晶显示器，由可抽换式镍氢电池供电。由于微型计算机的这个特性,增大了其使用的方便性。

（2）成本低,价格便宜。随着大规模集成电路技术工艺的进步,制作大规模集成电路的成本越来越低,微型计算机系统的制造成本也随之大幅度下降。

（3）使用方便,运行可靠。微型计算机的结构如同搭积木一般,可以根据不同的实际需要进行组合,从而可灵活方便地组成各种规模的微机系统。由于采用大规模集成电路,很多功能电路都已集成在一个芯片上,因此元器件数目大为减少,印制电路板上的焊接点数和接插件的数目比中小规模集成电路计算机减少了1～2个数量级。MOS大规模集成电路的功耗小,发热量低,从而使整机的可靠性大大提高。由于它体积小、质量轻,搬动容易,这也给使用者带来了很大的方便。特别是便携式PC和笔记本式PC以及手掌式PC,可以在出差、旅行时随身携带随时取用。

（4）对工作环境无特殊要求。微型计算机对工作环境没有特殊要求,可以在办公室或家里使用,不像以前的大中小型机对安装机房的温度、湿度和空气洁净度有较高的要求,这大大有利于微型计算机应用的普及。但是,提供一个良好的工作环境,能使微型计算机更好地工作。微型计算机工作环境的基本要求是:室温为15～35℃,房间相对湿度为20%～80%,室内经常保持清洁,电源电压稳定,附近避免磁场干扰。

1.1.3 计算机的发展趋势

进入20世纪90年代,世界计算机技术的发展更加突飞猛进,产品在不断升级换代。那么,计算机将往何处去呢? 有的专家把未来计算机的发展方向总结为巨（巨型化）、微（微型化）、网（网络化）、多（多媒体技术）、智（智能化,即让计算机模拟人的认识和思维）;也有的专家倾向于把计算机技术的发展趋势归纳为高（高性能硬件平台、高性能操作系统的开发和缩小化）、开（开放式系统,旨在建立标准协议以确保不同制造商的不同计算机软硬件可以相互连接,运行公共软件,并保证良好的互操作性）、多、智、网。

本书分别从研制和应用的角度来总结计算机的发展趋势。

1. 从研制的角度看

从研制计算机的角度看,计算机将不断往大型、巨型和小型、微型以及高性能硬件平台方向发展。

1）大型、巨型

在性能方面,计算机将向高速的、大存储量的和强功能的巨型计算机发展。巨型计算机主要应用于天文、气象、地质、核反应、航天飞机、卫星轨道计算等尖端科学技术领域,研制巨型计算机的技术水平是衡量一个国家科学技术和工业发展水平的重要标志。因此,工业发达国家都十分重视巨型计算机的研制。目前,运算速度为每秒亿亿次的超级计算机已经投入运行。

2）小型、微型

在体积上,将利用微电子技术和超大规模集成电路技术,把计算机的体积进一步缩小。价格也要进一步降低。计算机的微小化已成为计算机发展的重要方向。各种便携式计算机、笔记本式计算机和手掌式计算机的大量面世和使用,是计算机微小化的一个标志。

3）高性能硬件平台

无论大型机、小型机还是微型机,都将追求高性能的硬件平台。

4）多媒体技术

多媒体技术是当前计算机领域中最引人注目的高新技术之一。多媒体计算机就是利用计算机技术、通信技术和大众传播技术，综合处理声音、图像、文字、色彩等多种媒体信息并实时输入/输出的计算机。多媒体技术使多种信息建立了有机的联系，集成为一个系统，并具有交互性。多媒体计算机将真正改善人机界面，使计算机朝着人类接受和处理信息的最自然的方式发展。以往，CPU 是为处理数值计算设计的。多媒体出现后，为了处理语音、图像通信以及压缩解压等方面的问题，需要附加 DSP 信号处理技术芯片；每增加一种功能，就需要加上相应的接口卡和专用 DSP 芯片。可以直接做音频处理、图像压缩、解压播放、快速显示等工作的 CPU 芯片 MMX(Multi Media Extentions)已经问世多年，诸如"虚拟现实内容创建和数据可视化等数据密集型任务"的完成已然成为事实。这必将把多媒体技术及其应用推向一个新的水平。

5）新技术的应用

（1）量子技术。量子计算机的概念始于 20 世纪 80 年代初期。它是利用电子的波动性制造出集成度很高的芯片。日本日立公司已经制造出一种实验型量子芯片，运算速度可达 1 万亿次/秒。

（2）光学技术。在速度方面，电子的速度只能达到 593km/s，而光子的速度是 $3 \times 10^5 km/s$；在超并行性、抗干扰性和容错方面，光路间可以交叉，也可以与电子信号交叉，而不产生干扰。世界上第一台光脑已经由欧洲共同体的 70 多名科学家和工程师合作研究成功，但最主要的困难在于没有与之匹配的存储器件。

（3）超导器件。虽然硅半导体在工艺上已经成熟，是最经济的器件，也是当前的主流，但是这并不排除超导器件在芯片开发领域的无限可能。

（4）生物技术。1994 年 11 月，美国的《科学》杂志最早公布 DNA 计算机的南加利福尼亚大学的纳德·阿德拉曼博士在试管中成功地完成了计算过程。DNA 计算机可以像人脑一样进行模糊计算，它有相当大的存储容量，但速度不是很快。

2. 从应用的角度看

从应用计算机的角度看，计算机将不断往高性能软件平台方向、智能化方向和开放系统方向发展，也将不断地智能化、网络化。

（1）高性能软件平台。体现在高性能操作系统的开发。

（2）开放系统。建立起某些协议以保证不同商家制造的不同计算机软硬件可以相互连接，运行公共应用软件，同时保证良好的互操作性。

（3）智能化。智能化指使计算机具有模拟人的感觉和思维过程的能力，即使计算机具有智能。这是目前正在研制的新一代计算机要实现的目标。智能化的研究包括模识识别、物形分析、自然语言的生成和理解、博弈、定理自动证明、自动程序设计、专家系统、学习系统和智能机器人等。目前，已研制出多种具有人的部分智能的"机器人"，可以代替人在一些危险的工作岗位上工作。

（4）网络化。从单机走向联网，是计算机应用发展的必然结果。所谓计算机网络化是指用现代通信技求和计算机技术把分布在不同地点的计算机互连起来，组成一个规模大、功能强的可以互相传输信息的网络结构。网络化的目的是使网络中的软、硬件和数据等资源，能被网络上的用户共享。今天，计算机网络可以通过卫星将远隔千山万水的计算机联入国际网络。当前发展很快的微机局域网正在现代企事业管理中发挥越来越重要的作用。计算机网络是信息社会的重要技术基础。

1.2 计算机分类及应用

1.2.1 计算机分类

可以从以下几个角度对计算机进行分类。

1. 按信息的处理形式划分

按照信息的处理形式,可将计算机分为模拟计算机和数字计算机。

(1) 模拟计算机。模拟计算机是指计算机所接收、处理的信息形态为模拟量。模拟量是一种连续量,即随时间、空间不断变化的量。用于自动温度观测仪的计算机就是一种模拟式计算机,它所接收的信息是随时间不断变化的温度量。

(2) 数字计算机。数字计算机是指计算机所接收、处理的信息形态为数字量。数字量是一种离散量。例如,当前普通使用的个人计算机,输入计算机的是数字、符号等,它们在计算机内以脉冲编码表示的数字式信息形式存在。

若在数字计算机的加上 A/D(模拟量转换为数字量)转换器作为输入设备,在计算机的输出端上加上 D/A(数字量转换为模拟量)转换器,数字式计算机就可以作为模拟式计算机使用。

本书以数字计算机为探究对象。

2. 按字长划分

字长是指计算机所能同时并行处理的二进制的位数。

按照计算机的字长,可将计算机分为 8 位机、16 位机、32 位机、64 位机和 128 位机等。

3. 按结构划分

按照结构不同,将计算机分为单片机、单板机、多芯片机、多板机等。

单片机的所有功能电路都制作在一片芯片上,此类机器多用于进行控制;单板机的电路制作在一块印刷电路板上。

4. 按用途划分

按照用途不同,将计算机分为通用机和专用机。

通用机是指配有通常使用的软硬件设施,可供多个领域使用,为多种用户提供服务的计算机。如早年计算中心的计算机及近年来的个人计算机均是通用计算机。

专用计算机是指配有专项使用的软硬件设施,专门为进行某项特定的任务而配置的计算机。如控制火箭发射的计算机、控制工业自动化流程的计算机等。

5. 按规模划分

把计算机的运算速度或处理速度、存储信息的能力、能连接外部设备的总量、输入/输出的吞吐量作为计算机的规模指标,国际上把计算机分为巨型计算机、小巨型计算机、大型主机、小型计算机、个人计算机、工作站;国内分为巨型机、大型机、中型机、小型机和微型机。

由于计算机发展速度十分惊人,评定计算机的规模有很大程度上的相对性。这种相对性表现在不同时期所规定的大、小标准的不同上。比如,早期的大型机也许只相当于今天的小型机,而目前的巨型机也许就是未来的小型机。

1.2.2 计算机应用

按计算机的应用特点,可将计算机应用范围归纳如下。

1. 科学计算

科学计算的特点是计算复杂、计算量大、精度要求高。

在科学技术和工程设计中,都离不开这样复杂的数学计算问题。如生命科学、天体物理、天体测量、大气科学、地球科学领域的研究和探索,飞机、汽车、船舶、桥梁的设计等都需要科学计算。

科学计算需要用速度快、精度高、存储容量大的计算机来快速、及时、准确地得到运算结果。以往的科学计算都是使用大型计算机甚至是巨型机来完成。而当代的微型机由于其性能的提高,在很大程度上也符合科学计算所要求的条件,在未来的科学计算中也会发挥更大的作用。

2. 数据处理

数据处理泛指非科技工程方面所有的计算、管理和任何形式数据资料的处理。即将有关数据加以分类、统计、分析等,以取得有价值的信息。其包括 OA(办公自动化)、MIS(管理信息系统)、ES(专家系统)等。例如,气象卫星、资源卫星不失时机地向地面发送探测资料;银行系统每日每时产生着大量的票据;自动订票系统在不停地接收着一张张订单;商场的销售系统有条不紊地进行进货、营销、库存的管理;邮电通信日夜不停地传递着各种信息;全球卫星定位系统有声有色地管理着城市交通;情报检索系统不停地处理着以往和当前的资料;图书管理系统忙碌地接待着川流不息的读者……这一切都要经历数据的接收、加工等处理。

数据处理的特点是:需要处理的原始数据量大,而算术运算要求相对简单,有大量的逻辑运算与判断,结果要求以表格、图形或文件形式存储、输出。例如,高考招生工作中考生的录取与统计工作,铁路、飞机客票预订系统,物资管理与调度系统,工资计算与统计,图书资料检索以及图像处理系统等。数据处理已经深入到经济、市场、金融、商业、财政、档案、公安、法律、行政管理、社会普查等各个方面。

计算机在数据处理方面的应用正在逐年上升,尤其是微型计算机,在数据处理方面的应用已经成为主流。由于数据处理的数据量大,应用数据处理的计算机要求存储容量大。

3. 过程控制

过程控制是一门涉及面相当广的学科。工业、农业、国防、科学技术乃至人们的日常生活的各个领域都应用着过程控制。计算机的产生使得过程控制进入了以计算机为主要控制设备的新阶段。用于过程控制的计算机通过传感器接收温度、压力、声、光、电、磁等通常以电流形式表示的模拟量,并通过 A/D 转换器转换成数字量,然后再由计算机进行分析、处理和计算再经 D/A 转换器转换成模拟量作用到被控制对象上。

目前,已有针对不同控制对象的微控制器及相应的传感器接口、电气接口、人机会话接口、通信网络接口等,其控制速度、处理能力、使用范围等都十分先进并广泛用于家用电器、智能化仪表及办公自动化设备中。大型的工业过程自动化,如炼钢、化工、电力输送等控制已经普遍采用微型计算机,并借助局域网,不仅使生产过程自动化,也使生产管理自动化。

这样就在大大提高了生产自动化水平,提高了劳动生产率和产品质量,也降低了生产成本,缩短了生产周期。

由于过程控制要求实时控制,因此对计算机速度要求不高;但要求较高的可靠性,否则将可能生产出不合格的产品或造成重大的设备或人身事故。

4. 计算机辅助系统

计算机辅助系统包括计算机辅助设计、计算机辅助制造、计算机辅助测试、计算机辅助教学等。

计算机辅助设计(Computer Aided Design,CAD)是指利用计算机来帮助设计人员进行设计工作。它的应用大致可以分为两大方面,一方面是产品设计,如飞机、汽车、船舶、机械、电子产品以及大规模集成电路等机械、电子类产品的设计;另一方面是工程设计,如土木、建筑、水利、矿山、铁路、石油、化工等各种类型的工程。计算机辅助设计系统除配有一般外部设备外,还应配备图形输入设备(如数字化仪)和图形输出设备(如绘图仪),以及图形语言、图形软件等。设计人员可借助这些专用软件和输入/输出设备把设计要求或方案输入计算机,通过相应的应用程序进行计算处理后把结果显示出来,从图库中找出基本图形进行绘图,设计人员可用光笔或鼠标器进行修改,直到满意为止。

计算机辅助制造(Computer Aided Manufacturing,CAM)是指利用计算机进行生产设备的管理、控制与操作,从而提高产品质量,降低成本,缩短生产周期,并且还可以大大改善制造人员的工作条件。

计算机辅助测试(Computer Aided Testing,CAT)是指利用计算机进行复杂而大量的测试工作。

计算机辅助教学(Computer Aided Instruction,CAI)是指利用计算机帮助学生进行学习的自学习系统,以及教师讲课的辅助教学软件、电子教案、课件等,可将教学内容和学习内容编制得生动有趣,提高学生的学习兴趣和学习效果,使学生能够轻松自如地学到所需要的知识。

5. 计算机通信

早期的计算机通信是计算机之间的直接通信,把两台或多台计算机直接连接起来,主要的联机活动是传送数据(发送/接收和传送文件);后来使用调制解调器,通过电话线,配以适当的通信软件,在计算机之间进行通信,通信的内容除了传送数据外,还可进行实时会谈、联机研究和一些联机事务。

计算机网络技术的发展,促进了计算机通信应用业务的开展。计算机网络是半导体技术、计算机技术、数据通信技术以及网络技术的有机结合。其中,数据通信技术负责数据的传输;网络提供传输通道;半导体技术推动高集成度的微型机的发展;网络技术把不同地域的众多微型机连接成一体,使之成为不受时空制约的、高速的信息交流工具和信息共享工具。

目前,完善计算机网络系统和加强国际间信息交流已成为各国经济发展、科技进步的战略措施之一,因而各国都特别重视计算机通信的应用。多媒体技术的发展,给计算机通信注入了新的内容,使计算机通信由单纯的文字数据通信扩展到音频、视频和活动图像的通信。因特网(Internet)的迅速普及,使得很多幻想成为现实。利用网络可以接收信息和发布信息;利用网络可以使办公自动化,管理自动化;利用网络可以展开远程教育,网上就医;利用网络可以实现自动取款及跨行的 ATM(自动银行)业务；利用网络可以进行商业销售以及电子商务等。

6. 人工智能

人工智能(Artificial Intelligence,AI)于 20 世纪 50 年代提出,尚无统一定义。无论是"用计算机实现模仿人类的行为"的定义,还是"制造具有人类智能的计算机"的定义,都只能从一个侧面描述人工智能。而在事实上,人工智能已取得了很大的进展。它不仅是计算机一个重要的应用领域,而且已经成为广泛的交叉学科。人工智能所涉及的领域很多,如智能控制、智能检索、智能调度、人工智能语言等。随着计算机速度、容量及处理能力的提高,人们已看到了诸如机器人、机器翻译、专家系统等已成为公认的人工智能成果。

1) 问题求解

人工智能的第一大成就是发展了能够求解难题的下棋程序。1993 年,美国研制出名为MACSYMA 的软件,能够进行复杂的数学公式符号运算。

2) 逻辑推理与定理证明

1976 年,美国的阿佩尔等人利用计算机解决了长达 124 年之久的难题——四色定理,这标志着人工智能的典型的逻辑推理与定理证明方面的运用。

3) 自然语言理解

人工智能在语言翻译与语言理解方面的成就,是把一种语言翻译为另一种语言和用自然语言输入及回答用自然语言提出的问题等。

4) 自动程序设计

人工智能在自动程序设计方面的成就体现为,可以用描述的形式(而不必写出过程)来实现不同自动程度的程序设计。

5) 专家系统

专家系统是一个智能计算机程序系统,其内汇集着某个领域中专家的大量知识和经验,通过该系统可以模拟专家的决策过程,以解决那些需要专家作出决定的复杂问题。目前已有专家咨询系统、疾病诊断系统等。

6) 机器学习

学习是人类智能的主要标志及获取知识的基本手段,机器学习是使机器自动获取新的事实及新的推理算法。

7) 人工神经网络

传统的计算机不具备学习的能力,无法处理非数值的形象思维等问题,也无法求解那些信息不完整、具有不确定性及模糊性的问题。神经网络计算机为解决上述问题以人脑的神经元及其互连关系为基础寻求一种新的信息处理机制及工具。神经网络已在模式识别、图像处理、信息处理等方面获得了广泛应用,其最终目的是想达到重建人脑的形象,取代传统的计算机。

8) 机器人学

机器人学是人工智能的重要分支,所涉及的课题很多,如机器人体系结构、智能、视觉、听觉以及机器人语言、装配,等等。虽然在工业、农业、海洋等领域中运行着成千上万的机器人,但从结构上说都是按照预先设定的程序去完成某些重复作业的简单装置,远没有达到机器人学所设定的目标。

9）模式识别

"模式"一词的本意是指完美无缺的供模仿的一些标本；模式识别是指识别出给定物体所模仿的标本。人工智能所研究的模式识别是指用计算机代替人类或帮助人类感知模式，这是一种对人类感知外界功能的模拟。亦即，怎样使计算机对于声音、文字、图像、温度、震动、气味、色彩等外界事物能够像人类一样有效地感知。手写字符识别、指纹识别、语音识别等都取得了很大进展。如果计算机能够识别人类赖以生存的外部环境，必将具有十分深远的意义。

1.3　计　算　思　维

思维是人类所具有的高级认识活动。按照信息论的观点，思维是对新输入信息与脑内储存的知识经验进行一系列复杂的心智操作过程。思维以感知为基础又超越感知的界限。它探索与发现事物的内部本质联系和规律性，是认识过程的高级阶段。思维具有概括性，主要表现在它对一类事物非本质属性的摒弃和对其共同本质特征的反应。

伴随着社会的发展与技术的进步，人类的思维方式也在发生着改变。

人类通过思考自身的计算方式，研究是否能由外部机器模拟，代替实现计算的过程，从而诞生了计算工具，并且在科技进步和发展中发明了现代电子计算机。计算机的普及及性能的增强，反过来又对人类的学习、工作和生活产生了深远的影响，同时也大大加强了人类的思维能力和认识能力。计算思维就是相关学者在审视计算机科学所蕴含的思想和方法时被总结出来的。

1.3.1　计算思维的定义

计算思维的概念是由美国卡内基·梅隆大学计算机科学系主任周以真教授于 2006 年在美国计算机权威期刊 *Communications of the ACM* 上给出的。

计算思维是指运用计算机科学的基础概念进行问题求解和系统设计，以及人类行为理解等涵盖计算机科学之广度的一系列思维活动。计算思维建立在计算过程的能力和限制之上，由人或机器执行。

周教授为了让人们更易于理解，又将它更进一步地定义为：通过约简、嵌入、转化和仿真等方法，把一个看来困难的问题重新阐释成一个人们知道问题怎样解决的方法；是一种递归思维，是一种并行处理，是一种把代码译成数据又能把数据译成代码，是一种多维分析推广的类型检查方法；是一种采用抽象和分解来控制庞杂的任务或进行复杂系统设计的方法，是基于关注分离的方法（SOC 方法）；是一种选择合适的方式去陈述一个问题，或对一个问题的相关方面建模使其易于处理的思维方法；是按照预防、保护及通过冗余、容错、纠错的方式，并从最坏情况进行系统恢复的一种思维方法；是利用启发式推理寻求解答，即在不确定情况下的规划、学习和调度的思维方法；是利用大量的数据来加快计算，在时间和空间之间，在处理能力和存储容量之间进行折中的思维方法。

1.3.2　计算思维的特点

周以真教授提出，计算思维的本质是抽象和自动化。所谓抽象就是要求能够对问题进行抽象表示和形式化表达,设计问题求解过程达到精确、可行,并通过软件方法和手段对求解过程予以"精确"实现,它反映了计算的根本问题,即什么能被有效的自动执行。计算是抽象的自动执行,自动化需要某种计算机去解释抽象。

关于抽象和自动化,在算法理论和NP完全理论方面做出突出贡献的图灵奖获得者Richard Manning Karp提出自己的观点:任何自然系统和社会系统都可视为一个动态演化系统,演化伴随着物质、能量和信息的交换,这种交换可映射(也就是抽象)为符号变换,使之能利用计算机进行离散的符号处理。当动态演化系统抽象为离散符号系统之后,就可采用形式化的规范描述,建立模型、设计算法、开发软件,揭示演化的规律,并实时控制系统的演化,使之自动执行,这就是计算思维中的自动化。

周以真教授在论文中指出了计算思维的六大特质。

(1)计算思维是概念化思维,不是程序化思维。计算机科学涵盖计算机编程,但远不止计算机编程。人们具有计算思维能力,即具备计算机科学家的思维,不但能为解决某个问题编写计算机程序,而且能够在抽象的多个层次上思考问题。

(2)计算思维是基础的技能,而不是机械的技能。基础的技能是每个人为了在现代社会中发挥应有的职能所必须掌握的。生搬硬套的机械技能意味着机械的重复。计算思维不是一种简单、机械的重复。

(3)计算思维是人的思维,不是计算机的思维。计算思维是人类求解问题的方法和途径,但绝非试图使人类像计算机那样去思考。

计算机枯燥且沉闷,计算机思维是刻板的、教条的、枯燥的、沉闷的。以语言和程序为例,必须严格按照语言的语法编写程序,错一个标点符号都会出问题。程序流程毫无灵活性可言。

人类聪颖且富有想象力,人类的计算思维是人类基于计算或为了计算的问题求解的方法论。人类为计算机设计各种软件,赋予计算机以"生命力",发挥计算机的作用,用自己的智慧去解决那些在计算时代之前不敢尝试的问题,建造那些功能仅仅受制于我们想象力的系统。

(4)计算思维是思想,不是人造品。计算思维不仅是使人们生产的软硬件等人造物品得以呈现,更重要的是被人类用来求解问题、管理日常生活、与他人进行交流和沟通的手段。

(5)计算思维是数学和工程互补融合的思维,不是数学性的思维。人类试图制造的能代替人完成计算任务的自动计算工具都是在工程和数学结合下完成的。这种结合形成的思维才是计算思维。

计算思维是与形式化问题及其解决方案相关的一个思维过程,其解决问题的表达形式必须是可表述的、确定的、机械的(不因人而异的),必须能够有效地转换为信息处理。表达形式解析基础构建于数学之上,所以数学思维是计算思维的基础。此外,计算思维不仅仅是为了解决问题和解决问题的效率、速度、成本压缩等,它面向所有领域,对现实世界中庞大复杂系统来进行设计与评估,甚至解决行业、社会、国民经济等宏观世界中的问题,因而工程思维(如合理建模)的高效实施也是计算思维不可或缺的部分。

(6)计算思维面向所有人,所有领域。计算思维是面向所有人的思维,而不只是计算机科学家的思维。如同所有人都具备"读、写、算"能力一样,计算思维是必须具备的思维能力。

因而,计算思维不仅仅是计算机专业领域的人应具有的思维,而是所有专业领域的人都应具备的思维。

1.3.3　计算思维的应用案例

计算思维随着计算工具的发展而发展。如果说算盘是一种没有存储设备的计算机(人脑作为存储设备),提供了一种用计算方法来解决问题的思想和能力,那么,图灵机则是现代数字计算机的数学模型,是有存储设备和控制器的。

现代计算机的出现强化了计算思维的意义和作用,人们在学习和应用计算机过程中不断地培养着计算思维。正如学习数学的过程就是培养理论思维的过程,学习物理的过程就是培养实证思维的过程。学生学习程序设计,其中的算法思维就是计算思维。

由于各个专业都需要利用计算机来解决问题,对于广大非计算机专业的没有受过较严格计算机科学教育的人们而言,计算思维成为他们必须要掌握的知识,也就是如何用计算机来解决问题。学生在培养解析能力时不仅需要掌握阅读、写作和算术(Reading,wRiting,aRithmetic,3R),还要学会计算思维。而对于计算机科学专业的人来说,几十年来,计算机科学很少强调计算思维,因为计算思维是约定俗成的,已经根植在计算机科学的血脉里。如何用计算机解决问题就是计算思维的范畴,将此称为算法。计算机专业的人并不需要去刻意区分这两个名词。当用到较大的概念时会不免俗套地用"计算思维",而谈到具体的实现方法时,一般会用"算法"。

算法不是用来背诵的,而是需要理解的。要把算法理解透彻,成为习惯思维,或许这就是所谓的计算思维。对算法的深刻理解到计算思维的养成,可以帮助人们在日常生活、行政管理、时间规划、经营理财等各类问题的解决上得到莫大的助益。尽管算法最终要通过具体的程序设计语言来编程(如 Python、C、C++、Java 等)解决问题,但算法是独立于程序设计语言而存在的。

培养和推进计算思维包含两个方面:一方面深入掌握计算机解决问题的思路,总结规律,更好更自觉地应用信息技术;另一方面把计算机处理问题的方法用于各个领域,推动在各个领域中运用计算思维,使各学科更好地与信息技术相结合。

计算思维不是孤立的,它是科学思维的一部分,其他如形象思维、抽象思维、系统思维、设计思维、创造性思维、批判性思维等都很重要,不要脱离其他科学思维孤立地提计算思维。在学习和应用计算机的过程中,在培养计算思维的同时,也培养了其他的科学思维(如逻辑思维、实证思维)。

计算思维就像平时说的数学思维、抽象思维一样,只是一种用来解决问题的方法和途径,并不是让人像计算机那样思考。

下面通过几个经典的例子来进一步体会计算思维(或可说算法)。

1. 哥德巴赫猜想问题

为了解决一个复杂的问题,人的潜力往往不可能一下子就触及问题的细节方面。在分析了问题的要求之后,人们总是首先设计出一个抽象算法。这一算法往往要借用有关学科中的概念与对象,而不去考虑问题的细节方面——诸如在计算机中怎样访问内存、怎样存储数据等,只是在抽象数据上实施一系列抽象操作。这些数据和操作反映了问题的本质属性,而将所有的细节都抽象化了。因此,这样的算法描述非常容易得到有关学科中相关理论的证明。下一步,将算法求精,使之更加细化、清晰。这时,算法中就包括了更多的细节。这些细节已不再是问题所在学科中的细节,而是怎样求解的细节。例如,考虑那些与求解该问题有关的数值方法方面的细节。如此下去,这一求精的过程可能还得连续进行几个较低的级别,直到使用某种数据结构能轻而易举地用某一种计算机语言编制程序为止。如果能掌握大量的程序设计基本单元,就可能使求精过程大为缩短,程序设计能力也就提高了。

下面,通过一个实例说明怎样在复杂问题的程序设计中进行抽象和逐步求精的操作。

问题描述:用计算机验证哥德巴赫猜想(一个大偶数总可以分解成为两个素数之和)。

这一猜想目前还未被完全证明,但可以用计算机来验证它。即,对一个大偶数,找到两个素数,若它们的和等于这个大偶数,那么,对于这个大偶数来讲猜想就得到了验证。

这种验证可以进行若干次,但并不能使猜想得到验证。反过来,若对一个大偶数找不到对应的两个素数,则可反证不成立。

可以沿着以下 3 个步骤不断地进行算法细化。

(1) 设计抽象算法。根据哥德巴赫猜想本身的概念,对一个大偶数 i,总可写成 $i=m+n$。

(2) 进行算法求精。细化上面的算法,考虑如何确定素数 m。

(3) 考虑如何验证 m 和 n 是素数。

步骤(1)中的 $i=m+n$ 是一个待定方程,可能存在许多组解,也可能没有解。

如果找到一对特定的 m 和 n,它们是素数且之和等于 i,那么,对 i 来讲,哥德巴赫猜想就得到了验证。

这种思维方法是抽象的,不涉及具体的 m、n 和 i,而是以数学原则为基础的,容易得到验证。

哥德巴赫猜想验证初步流程图如图 1.1 所示。

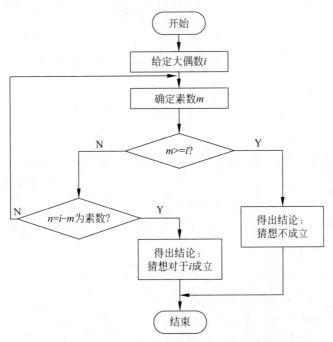

图 1.1 哥德巴赫猜想验证初步流程图

步骤(2)是一个算法细化的过程。对一个大偶数而言,其所在范围内将有有限多个素数。例如,$a=30$,其下的素数有 2、3、5、7、11、13、17、23、29,共 9 个,可以对一个大偶数范围内的所有素数逐一枚举出来。另外,只有偶数 4 可以唯一写成 4=2+2 的形式,超过 4 的任何一个偶数都不能分解成 2 和另外一个素数,只能分解成两个奇数。从而可以得到一个确定 m 的算法:m 只能取 i 内的所有奇数

如果确定了素数 m,由 $i=m+n$ 就可唯一地得到 n。剩下的工作就是验证 n 是不是素数。如果 n 不是素数,就要重新确定 m。

哥德巴赫猜想验证细化流程图见图 1.2。

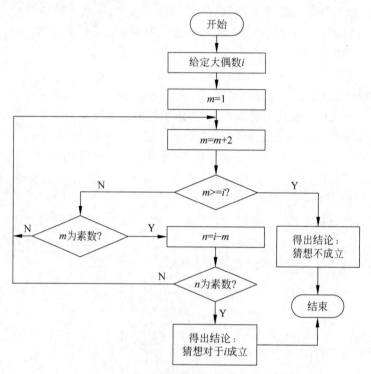

图 1.2　哥德巴赫猜想验证细化流程图

步骤(3)具体到如何验证 m 和 n 是素数的问题。这是两个相同的过程。如果对验证素数的程序设计单元非常熟悉,就不必再进一步求精。否则,再对验证素数进行求精。

根据素数的性质,对一个整数 k,若它不能被 k 的平方根内的所有数整除,则必为素数。可设计如图 1.3 所示的判定素数的流程图。

经过以上操作步骤,可以写出程序(假定大偶数为 6~1000)。Python 语言程序如下:

```
#验证某数是否素数的函数
import math
import sys
def isprime(k):
    for j in range(2,int(math.sqrt(k)) + 1):
        if(k % j == 0):
            return 0
    return 1
```

```
#哥德巴赫猜想
for i in range(6,1001,2):
    m = 1
    while (1):
        m += 2
        if (m >= i):
            print('哥德巴赫猜想不成立!')
            sys.exit()
        else:
            if (isprime(m) == 0):
                continue
            if(isprime(i-m) == 0):
                continue
        print("对于偶数{},哥德巴赫猜想成立.可以写成 {} 与 {} 之和.".format(i,m,i-m))
        break
```

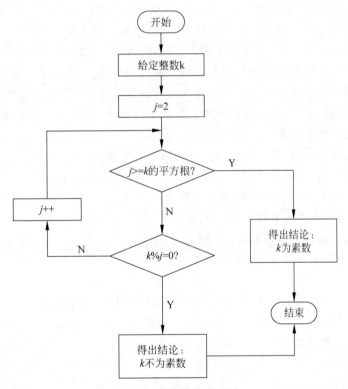

图 1.3　判定素数流程图

程序的运行结果如下：

对于偶数 6,哥德巴赫猜想成立.可以写成 3 与 3 之和.
对于偶数 8,哥德巴赫猜想成立.可以写成 3 与 5 之和.
　⋮　（限于篇幅,此处省略了偶数 10～996）
对于偶数 998,哥德巴赫猜想成立.可以写成 7 与 991 之和.
对于偶数 1000,哥德巴赫猜想成立.可以写成 3 与 997 之和.

通过上面这个例子,可以感受到计算思维的存在。正如谭浩强教授在《计算机教育》杂志中发表的"研究计算思维，坚持面向应用"的文章中指出：思维属于哲学范畴。计算思维是一种科学思维方法，显然，所有人都应学习和培养。但是学习的内容和要求是相对的，对不同的人群应该有不同的要求。计算思维不是悬空的、不可捉摸的抽象概念，是体现在各个环节中的。

简单来说，计算思维就是用计算机科学解决问题的思维。它是每个人都应该具备的基本技能，而不仅仅属于计算机科学家。对于学计算机科学的人来说，培养计算思维是至关重要的。

另外，还必须清楚，递归思维是计算思维的重要组成部分，正如用递归的方法来解决问题是计算机科学中比较重要的解决问题的方法。递归思维最基本的理念可以总结为：一个问题的解决方案由其小问题的解决方案构成。下面，通过一个例子来感受递归思维。

2. 汉诺塔问题

汉诺塔问题起源于这样一段故事：在创世纪时，古印度有一座波罗教塔，由三根钻石柱子支撑，神在第一根柱子上放置了64枚上小下大依次排列的金盘子，令门徒将所有的金盘子从第一根柱子可经第二根移至第三根柱子上，且搬运过程中遵守上小下大的原则，若每天只搬运一枚金盘子，当金盘子全部搬运完毕之时，此塔将会毁灭，就是世界末日来临之时。

那么，64片黄金圆盘到底如何移动？需要移动多少次？世界又将在多长时间后毁灭呢？这样一个似乎非常烧脑的问题，其实，运用计算思维，借助程序，几行代码就可以解决。

为了解决该问题，可先将问题描述为：将 n 个圆盘从 A 柱上借助 B 柱移动到 C 柱上，求解移动盘子的次数和步骤。

将 n 个圆盘从 A 柱移到 C 柱可以分解为以下 3 个步骤：

(1) 将 A 柱上 $n-1$ 个圆盘借助 C 柱先移到 B 柱上；

(2) 把 A 柱上剩下的一个圆盘移到 C 柱上；

(3) 将 $n-1$ 个圆盘从 B 柱借助于 A 柱移到 C 柱上。

步骤(3)和(1)的移动次数相同；步骤(2)只需要 1 次。

假设用 $f(n)$ 表示 n 个圆盘需移动的次数，则有：

$$f(n)=2\times f(n-1)+1$$

$f(1)=1=2^1-1$，只有一个圆盘时，移动的次数为 1 次，即直接从 A 柱移到 C 柱上；

$f(2)=2\times f(1)+1=3=2^2-1$，只有 2 个圆盘时，移动的次数为 3 次，即将第 1 个圆盘从 A 柱移到 B 柱，然后将第 2 个圆盘从 A 柱移到 C 柱，再将 B 柱上的圆盘移到 C 柱上；

$f(3)=2\times f(2)+1=7=2^3-1$，只有 3 个圆盘时移动的次数为 7 次：先将最上面 2 个圆盘从 A 柱移动到 B 柱的次数为 $f(2)$ 即 3 次，将第 3 个圆盘从 A 柱移到 C 柱的次数为 1 次，再将 B 柱上的 2 个圆盘移动到 C 柱的次数为 $f(2)$ 即 3 次。

$$\cdots$$

$$f(k+1)=2\times f(k)+1=2^{k+1}-1$$

$$\cdots$$

$$f(n)=2\times f(n-1)+1=2^n-1$$

当 $n=64$ 时，$f(64)=18\ 446\ 744\ 073\ 709\ 551\ 615$。

按移动一次花费 1s 计算，平年 365 天有 31 536 000s，闰年 366 天有 31 622 400s，平均每年 31 556 952s，则需要约 5845 亿年才能完成移动，而地球存在至今不过 45 亿年，太阳系的预期寿命也不过几百亿年。5800 多亿年后,太阳系、银河系,以及地球上的一切生命,连同梵塔、庙宇等,可能都已经灰飞烟灭。

这样一个现实中几乎是无法实现的问题,可以借用计算机的超高速运算能力,在计算机中模拟实现,展示出具体的移动步骤和过程。

由前面的分析,可以得到解决汉诺塔问题的递归式:

$$f(n) = \begin{cases} 1, & n = 1 \\ 2f(n-1)+1, & n > 1 \end{cases}$$

根据递归式,可以用递归方法,通过编制、调用函数解决汉诺塔问题。Python 代码如下:

```python
i = 1
def move(n, move_from, move_to):
    global i
    print("第{}步：将{}号金片从{}移动到{}".format(i, n, move_from, move_to))
    i += 1
def hanoi(n, A, B, C):
    if n == 1:
        move(1, A, C)
    else:
        hanoi(n-1, A, C, B)
        move(n, A, C)
        hanoi(n-1, B, A, C)
hanoi(64, 'A', 'B', 'C')            # 移动 64 个圆盘
```

move(n, move_from, move_to) 函数的功能是将第 n 个圆盘从 move_from 柱移动到 move_to 柱；hanoi(n, A, B, C) 函数的功能是将 n 个圆盘从 A 柱借助 B 柱移动到 C 柱；hanoi(64, 'A', 'B', 'C'),是通过调用 hanoi 函数模拟移动 64 个圆盘的过程步骤。

运行程序,马上就可以模拟出移动 64 个圆盘的所有步骤。

限于篇幅,运行程序时,将 hanoi(64, 'A', 'B', 'C') 修改为 hanoi(4, 'A', 'B', 'C'),只模拟移动 4 个圆盘的步骤,共需 15 步,具体步骤如下。

第 1 步：将 1 号圆盘从 A 移动到 B

第 2 步：将 2 号圆盘从 A 移动到 C

第 3 步：将 1 号圆盘从 B 移动到 C

第 4 步：将 3 号圆盘从 A 移动到 B

第 5 步：将 1 号圆盘从 C 移动到 A

第 6 步：将 2 号圆盘从 C 移动到 B

第 7 步：将 1 号圆盘从 A 移动到 B

第 8 步：将 4 号圆盘从 A 移动到 C

第 9 步：将 1 号圆盘从 B 移动到 C

第 10 步：将 2 号圆盘从 B 移动到 A

第 11 步：将 1 号圆盘从 C 移动到 A

第 12 步：将 3 号圆盘从 B 移动到 C

第 13 步：将 1 号圆盘从 A 移动到 B

第 14 步：将 2 号圆盘从 A 移动到 C

第 15 步：将 1 号圆盘从 B 移动到 C

由此可见，借助现代计算机超强的计算能力，有效地利用计算思维，就能解决之前人类望而却步的很多大规模计算问题。

1.4　本　章　小　结

本章主要介绍了计算机的发展历史、现代计算机的特点、计算机的发展趋势、计算机的分类和应用以及计算机思维。

希望学生在了解计算机的发展历史、趋势以及应用的基础上，通过对计算思维的定义、特点及应用的学习，为培养和推进计算思维打下良好的基础。

习　　题

一、选择题

1. 美国宾夕法尼亚大学 1946 年研制成功的一台大型通用数字电子计算机，名称是（　　）。

    A. Pentium   B. IBM PC   C. ENIAC   D. Apple

2. 第四代计算机采用大规模和超大规模（　　）作为主要电子元件。

    A. 电子管   B. 晶体管   C. 集成电路   D. 微处理器

3. 计算机中最重要的核心部件是（　　）。

    A. DRAM   B. CPU   C. CRT   D. ROM

4. 计算机思维的本质是对求解问题的抽象和实现问题处理的（　　）。

    A. 高速度   B. 高精度   C. 自动化   D. 可视化

5. 将有关数据加以分类、统计、分析，以取得有价值的信息，称为（　　）。

    A. 数据处理   B. 辅助设计   C. 实时控制   D. 数值计算

6. 计算机技术半个多世纪以来虽有很大的进步，但至今其运行仍遵循科学家（　　）提出的基本原理。

    A. 爱因斯坦   B. 爱迪生   C. 牛顿   D. 冯·诺依曼

7. 冯·诺依曼机工作的最重要特点是（　　）。

    A. 存储程序的概念   B. 堆栈操作

    C. 选择存储器地址   D. 按寄存器方式工作

二、填空题

1. 数字式电子计算机的主要特性可从记忆性、可靠性、_____、_____、_____和_____等方面来体现。

2. 世界上第一台数字式电子计算机诞生于_____年。

3. 计算机系统是由_____、_____两部分组成的。

4. 微处理器是由_____、_____和_____组成的。

5. 计算思维的本质是_____和_____。

6. 运用计算机科学的基础概念和知识进行问题求解、系统设计，以及人类行为理解等一系列思维活动为_____。

7. 第一代电子计算机逻辑部件主要由_____组装而成；第二代电子计算机逻辑部件主要由_____组装而成；第三代电子计算机逻辑部件主要由_____组装而成；第四代电子计算机逻辑部件主要由_____组装而成。

8. 从应用计算机的角度看，当前计算机朝着_____、_____、_____和_____等方向发展。

第2章 计算机系统组成

本章学习目标
- 了解计算机软件系统的分类及工作方式
- 了解计算机的硬件系统的技术指标
- 掌握计算机硬件系统的五大组成部分
- 掌握计算机系统的工作过程
- 掌握计算机系统的解题过程

计算机系统包括计算机硬件系统和软件系统。只有配备了软件系统,计算机的硬件系统才能发挥效用。

本章要求学生在了解现代计算机的体系结构、软件系统的分类、工作方式的基础上,掌握计算机硬件系统的五大组成部分以及计算机系统的工作过程。

2.1　计算机硬件系统

2.1.1　计算机的组成和大致工作过程

1. 计算机的组成部分

我们可以想象一下计算机是如何组成的。

计算机中是用 0、1 来表示信息的。从这个角度看,计算机又可称为对数字式信息进行加工的机器。这里的数字式信息即用 0、1 表示的数据。

可以这样描述计算机的工作:将数字、符号、信号输入计算机,经计算机处理后,又以新的数字、符号、信号的形式输出。如此,可以把计算机工作过程初步表示为图 2.1 所示的结构。

将要处理的数据(数字、符号、信号等)输入计算机,计算机按照用户发给它的指令(通知计算机进行各种操作的手段为指令;按顺序排列的计算机指令的集合称为程序)对数据(又称为操作数)进行处理(又称为操作),输出结果(以数字、符号、信号的形式)。

为了计算机能自动、快速工作,需要将程序和数据预先存储在计算机内,然后让计算机自动地一条一条地执行指令。这就需要为计算机安装记忆装置。

图 2.2 中 MEM（Memory，存储器）是计算机内的记忆装置，用于存储程序和数据；CPU（Central Processing Unit，中央处理单元）是分析并控制指令执行的部件。

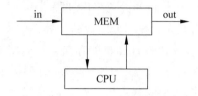

图 2.1　最简计算机描述图　　　　图 2.2　带记忆装置的计算机简图

下面介绍一下有关存储程序的概念。存储程序是目前计算机都遵从的一种理念。用户将程序和数据送入主存储器中，然后启动计算机工作；计算机在不需要人工干预的情况下，自动取出并执行指令。

由于指令是预先保存在计算机中，计算机自动完成取出指令、分析指令和执行指令，因此大大加快了计算机的处理速度。

若将 CPU 分成"分析并控制指令执行"的部件和"具体进行加工"的部件，计算机组成如图 2.3 所示，由存储器、运算器和控制器组成。

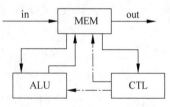

图 2.3 中的 CTL（Control，控制器）负责分析并控制指令的执行。ALU（Arithmetical and Logical Unit，算术逻辑单元）又称运算器，负责进行各种算术和逻辑运算。实线表示指令或数据的流向，虚线表示控制器发送的命令。

图 2.3　三部件计算机结构图

计算机所能进行的各种操作都可分解为传送、存储和运算（算术的或逻辑的）三类运算。其中前两类由传输线路和存储器来完成，运算类由运算器负责。

由存储器、运算器和控制器组成的计算机工作过程可描述为：控制器把指令逐条从存储器取出，经分析后，指挥相应的部件完成相应的动作。如果是传输、存储类的动作，指挥传输线路和存储器来完成；如果是运算类动作，需要把操作数从存储器取出输送到运算器中，经运算器运算后将结果回传给存储器，需要输出的数据再由存储器进行输出。

如果将图 2.3 加上把原始数据和指令输入给计算机及把结果输出给用户的手段（输入/输出设备），就可将计算机描述为如图 2.4 所示的五大组成部分。

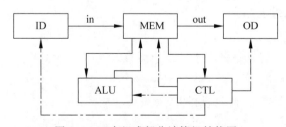

图 2.4　五大组成部分计算机结构图

图 2.4 中 ID（Input Device，输入设备）负责接收用户所能识别的符号代码，并将其转换为计算机所能识别的 0、1 代码输入给计算机，包括鼠标、键盘、纸带输入机、扫描仪、触笔、

MIC、电传打字机、触摸屏、摄像机等；OD(Output Device,输出设备)负责接收计算机所能识别的0、1代码并将其转换为用户所能识别的符号代码输出给用户,包括监视器、打印机、X-Y绘图仪、音箱等。

2. 计算机的大致工作过程

由五大组成部分组成的计算机的大致工作过程可描述为:用户通过输入设备输入程序和数据,存放在计算机的存储器中;控制器逐条从存储器中取出指令,经分析后,指挥相应的部件完成动作。如果是传输、存储类的动作,指挥传输部件和存储器来完成;如果是运算类动作,需要把操作数从存储器取出输入运算器中,经运算器运算后把结果送回存储器,需要输出的数据再由存储器传送给输出设备进行输出。

2.1.2 计算机的五大组成部分及硬件结构

本节将系统介绍现代计算机的结构。

现代计算机都是建立在冯·诺依曼提出的存储程序和程序控制的理论基础上的。采用电子计算机中存储程序的概念,并保持冯·诺依曼体系计算机的基本特征,即:

- 计算机系统由运算器、存储器、控制器、输入设备和输出设备五大基本部件组成;
- 计算机内部采用二进制来表示指令和数据;
- 把编写好的程序和数据输入计算机的主存储器中,启动计算机工作。计算机在不需要操作人员干预的情况下,自动取出指令、分析指令并控制执行指令规定的任务。

在此,对一些术语做出解释。

(1) 数据。数据指计算机所能处理的数字式信息。

(2) 操作。计算机进行的各种处理动作。计算机能进行的操作包括信息的传送、存储和加工。传送通常由输入设备、输出设备完成;存储由存储器完成;而运算类(包括算术类和逻辑类)加工通常由运算器来完成。各种操作都是在控制器的控制下完成的。

(3) 操作数。操作数指被操作的对象。

(4) 指令。通知计算机进行各种操作的手段。

(5) 程序。按顺序编排好的、用指令表示出的计算机解题步骤。

(6) 总线。用于传输信息的导线组。

(7) 计算机硬件。组成计算机的机械的、电子的和光学的物理器件。

1. 计算机的五大组成部分

1) 运算器

运算器(ALU)负责进行各种算术和逻辑运算。

2) 控制器

控制器(CTL)负责控制、监督、协调计算机各功能部件的工作,分析并控制指令的执行。

3) 存储器

存储器(MEM)是计算机的记忆装置,负责存储程序和数据。程序运行期间,需要与相关的数据共同存放于内部存储器(Internal Memory,IM;又称主存储器 Main Memory,MM)中;暂时不用的程序和数据,可存放在计算机的外部存储器(External Memory,EM;

也叫辅助存储器(Auxiliary Memory,AM))中。

　　存储器中最基本的记忆元件能够存储一位二进制代码,它是存储器中最小的存储单位,称为一个存储元或存储位,简称位(bit,简写为b);8位存储元组成的存储单位叫作一个字节(Byte,简写为B);若干记忆元件组成一个存储单元,存储单元编号被称为地址,中央处理器通过定位地址来存取该单元中存放的指令或数据;大量存储单元又集合成存储体;存储体(介质)与其周围的控制电路共同组成了存储器。

　　从计算机的运行速度和造价考虑,计算机的内存储器容量是有限的,为了扩大计算机的存储容量,在计算机的外部设置了辅助存储器。常见计算机辅助存储设备包括硬盘、软盘、光盘以及闪存等,用于存放暂时不用的程序和数据。控制器不能直接访问辅助存储器,需要先将信息调入主存储器。

　　由于计算机的主存储器不能同时满足速度快、容量大和成本低的要求,所以在计算机中必须构建速度由慢到快、容量由大到小的多级层次存储器,以最优的控制调度算法和合理的成本,构成具有性能可接受的多层存储系统。存储系统由高速缓冲存储器、主存储器、辅助存储器三级存储器构成。多层存储器系统与CPU关系如图 2.5 所示。

　　内存储器一般包括寄存器、高速缓冲存储器(Cache)和主存储器。寄存器在CPU芯片的内部,其访问速度最快但容量最小,通常CPU有几个到几十个寄存器;高速缓冲存储器一般也制作在CPU芯片内;主存储器由插在主板内存插槽中的若干内存条组成。内存的质量好坏与容量的大小会影响计算机的运行速度。

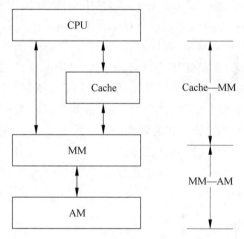

图 2.5　多层存储系统与 CPU 的关系图

　　存储系统中,高速缓冲存储器、主存储器和外存储器三者有机结合,在一定的辅助硬件和软件的支持下,构成一个完整的存储体系。存储系统由上至下存取速度逐步降低、存储空间逐步增大,充分体现出容量和速度的关系。高速缓冲存储器用来改善主存储器与中央处理器的速度匹配问题,硬件即可解决;辅助存储器用于扩大存储空间,用虚拟存储技术思想以硬件与软件相结合的办法填补主存与外存之间在容量上的不足。

　　在概念上,高速缓存技术和虚存技术效果类似。它们的差别主要是它们具体实现的细节不同。计算机系统中没有高速缓冲存储器时,CPU 直接访问主存储器(向主存储器存取信息),有了高速缓冲存储器,CPU 要使用的指令和数据大部分通过高速缓冲存储器获取。另外,CPU 不能直接访问外存储器,当需要使用外存储器上的程序和数据时,先将它们从外存储器调入主存储器,再从主存储器调入高速缓冲存储器后为 CPU 所利用。虚拟存储技术又被称为虚拟存储器,是为了提高主存储器的容量,将存储系统中的一部分辅存与主存组合起来视为一个整体,把两者的地址空间进行统一编址(称为"逻辑地址"或"虚拟地址"),由用户统一支配。当用户真正需要访问主存储器时,在操作系统管理下,调用软硬件将逻辑地址转换成实际主存地址,调取出所需信息。

　　高速缓存技术将高速缓存和主存组成为一级存储。虚拟存储技术将主存和外存构成二级存储。三种性能水平不同的存储器糅合在一起,建立起一个统一的存储体系。其总的效果是:存储速度接近高速缓存水平,存储容量大,能够满足用户对存储器速度和容量的要求。目前,高速缓存和虚拟存储技术已经被普遍采用。

4) 输入设备

输入设备(ID)将用户所能识别的符号代码转换为计算机所能识别的0、1代码输入计算机。参与运算或处理的数据、完成运算或处理的程序都是通过输入设备输入计算机的。输入设备包括鼠标、键盘、纸带输入机、扫描仪、触笔、MIC、电传打字机、触摸屏、摄像机等。

5) 输出设备

输出设备(OD)将计算机所能识别的0、1代码转换为用户所能识别的符号代码输出给用户。输出的信息可以是数字、字符、图形、图像、声音等。输出设备包括显示器、打印机、X-Y绘图仪、耳机、音响等。

输入/输出设备又称为I/O设备或外部设备,简称外设。软磁盘驱动器、硬磁盘驱动器、光盘驱动器及其存储介质既是输入设备,又是输出设备。

存储器、控制器以及运算器合起来被称为主机(HOST)。外设通过接口与主机相连。

接口是指HOST与I/O之间的连接通道及有关的控制电路;也可泛指任何两个系统间的交接部分或连接通道。为了方便和主机连接时的插拔,接口常被制作成卡状,因此又称为接口卡,如显卡(监视器/显示器接口卡)、硬盘卡(硬盘接口卡)等。

2. 计算机的硬件结构

1) 冯·诺依曼计算机结构

典型的冯·诺依曼计算机结构的特点是以运算器为中心,其基本组成框图如图2.6所示。

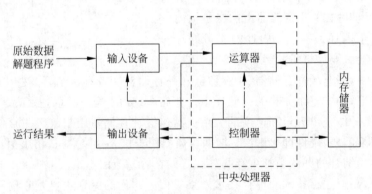

图2.6 典型的冯·诺依曼计算机结构基本组成框图

大致工作过程为:在控制器控制下,输入设备把原始数据和程序经运算器送入内存储器中存储;控制器将指令诸条取出进行分析,然后指挥相应部件完成相应动作;运算器处理后的结果又送回到内存储器,最后经运算器从输出设备输出。

图2.6中的实线为数据线,这里的数据包括被处理的数据和指令;虚线为控制线,表示中央处理器对各部件的控制信号。

2) 现代计算机结构

现代计算机结构以存储器为中心,其基本组成框图如图2.7所示。

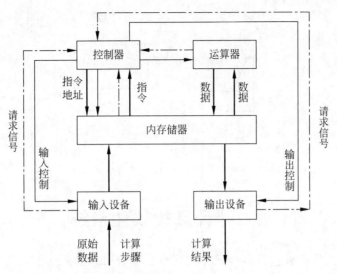

图 2.7　以存储器为中心的计算机结构基本组成框图

大致工作过程为：在控制器控制下，输入设备把原始数据和程序直接送入内存储器中存储；控制器将指令诸条取出进行分析，然后指挥相应部件完成相应动作；运算器处理后的结果再送回到内存储器，最后直接通过输出设备输出。

图中的粗线为数据线，这里的数据包括被处理的数据和指令及指令地址；细线为控制线，表示中央处理器对各部件的控制信号；虚线为回送信号线，表示各部件回送给控制器的信号。

无论是冯·诺依曼结构的计算机还是现代结构的计算机都由五大部件组成，缺一不可。

计算机的基本工作过程就是在控制器的控制下，自动从内存储器中不断地取出指令、分析指令再执行指令的过程。

现在把计算机看成两或三大部分，如图 2.8 所示。

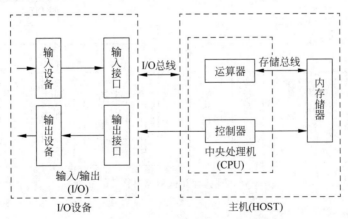

图 2.8　现代计算机两(三)大部分结构图

用户通过输入设备输入程序和数据，通过输出设备接收运行结果。用户与计算机的联系如图 2.9 所示。

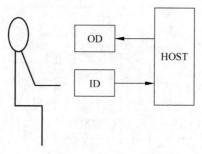

图 2.9　用户与计算机的联系

2.2　计算机软件系统

软件是指通知计算机进行各种操作的指令的集合(即程序)和程序运行时所需要的数据,以及与这些程序和数据有关的文字说明和图表资料。其中,文字说明和图表资料又称为文档;使整个计算机硬件系统工作的程序集合就是软件系统。

2.2.1　软件的分类

软件系统按其功能可分为系统软件和应用软件,如图 2.10 所示。现代的计算机硬件系统要运转工作,必须配以必要的系统软件;同时,计算机要真正发挥效能,也必须通过应用软件。

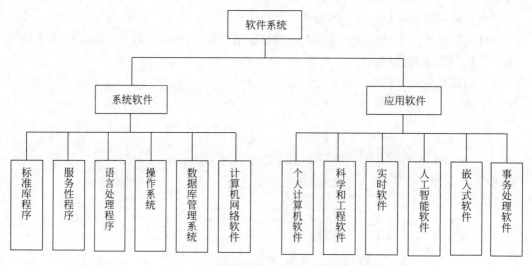

图 2.10　现代计算机系统中软件的分类

1. 系统软件

系统软件(又称系统程序)的主要功能是负责对计算机的软硬件系统进行调度、监视、管理及服务等。早期的计算机系统没有系统程序,用户使用计算机的时候,只能用计算机指令编制二进制代码程序。因此,计算机用户必须接受专门训练,否则无法使用计算机。随着计算机内部结构越来越复杂,运算速度也越来越快,整个机器的管理也就越来越复杂。为了提高机器的运行效率,专家研制出了系统程序,用户只需要使用简单的命令编写程序就可在计算机的硬件系统上得到运行。系统程序使系统的各个资源得到合理的调度和高效的运用。它可以监视系统的运行状态,一旦出现故障,能自动保存现场信息,使之不至于遭到破坏,并且能够立即诊断出故障位置;还可以帮助用户调试程序,查找程序中的错误等。

下面介绍六类系统软件的功能和用途。

1）操作系统

操作系统是系统软件中最核心的部分,是管理计算机硬件与软件资源的计算机程序,负责指挥计算机硬软件系统协调一致的工作。其任务有两方面:一方面管理好计算机的软硬件全部资源,使它们充分发挥作用;另一方面为计算机和用户之间提供接口,为用户提供一个便捷的计算机使用环境,使用户不必掌握计算机的底层操作,而是通过操作系统提供的功能去使用计算机。操作系统具体功能包括处理器管理、内存管理、设备管理、文件管理以及进程管理。

目前,典型的操作系统包括通用系统和移动系统。

通用操作系统包括 Windows、UNIX、Linux、Mac OS。Windows 系列和 Mac OS 系列操作系统是基于图形界面的单用户、多任务的操作系统,只能在各自的硬件平台上应用;UNIX 是一种多用户、多任务的通用分时操作系统,为用户提供了一个交互、灵活的操作界面,支持用户之间共享数据,并提供众多的集成工具以提高用户的工作效率,同时能够移植到不同的硬件平台;Linux 是一套可以免费使用和传播的类似 UNIX 的操作系统,用户不用支付任何费用就可以获得它和它的源代码,并且可以根据自己的需要对它进行修改。它能够在计算机上实现全部的 UNIX 特性,具有多任务、多用户的能力,支持带有多个窗口管理器的 X-Windows 图形用户界面,而且还包括了文本编辑器、高级语言编译器等应用软件。

2）语言处理程序

语言处理程序的主要功能是把用户编制程序用的源程序翻译成计算机硬件所能识别和处理的目标代码,以便使计算机最终能完成用户以各种程序设计语言所描述的任务。

不同语言的源程序对应用不同的语言处理程序。

常见的语言处理程序按翻译方法的不同,可以分为解释程序与编译程序两大类。前者对源程序的翻译采用边解释边执行的方法,并不生成目标程序,称为解释执行;后者必须先将源程序翻译成目标程序,才开始执行,称为编译执行。

计算机能接受的语言与计算机硬件所能识别和执行的语言并不一致。计算机能接受的语言很多,如机器语言(用 0、1 代码按机器的语法规则组成的语言)、汇编语言(将机器语言符号化的语言)、高级程序设计语言(能表达解题算法的面向应用程序的接近人类语言的计算机语言,如 BASIC、FORTRAN、Pascal、C、Visual Basic、Visual C、FoxPro、Delphi 语言以及 Java、Python、C♯等)。而计算机的硬件所能识别和执行的只有机器语言。

无论是系统软件还是应用软件,都是用计算机语言编写出来的,或者说是用程序设计语言编写的。计算机的程序设计语言随着计算机的更新换代也在不断地发展,从机器语言、汇编语言发展到高级语言,从过程性语言又向人工智能语言(即说明性语言)过渡。计算机语言的发展,在方便用户的同时,也使计算机的性能在不断提高。下面,对程序设计语言的发展进行一下回顾。

（1）机器语言。机器语言是一种唯一能被计算机的硬件识别和执行的二进制语言，用二进制代码表示的机器指令来表示。

机器语言的每一条指令都如同开启机器内部电路的钥匙，例如执行加法指令可以启动加法器及相关电路，实现加法运算；执行停机指令可以调动开关电路，停止机器运行等。计算机的设计者提前把所有这些功能和相关指令设计好，并以"指令系统"说明书的形式把一台计算机的全部功能和语法提供给使用者。使用者根据指令说明书来描述所求解问题的过程和步骤，又称编写程序，所得到的程序即为机器语言程序。

机器语言是最贴近机器硬件的语言。目前，采用微程序控制器原理进行控制的系统进行控制仍使用机器语言。

机器语言的优点：由于计算机的机器指令与计算机上的硬件密切相关，用计算机语言编写的程序可以充分发挥硬件功能，程序结构紧凑，运行效率高。

机器语言的不足之处：所编写的程序不够直观，阅读、理解起来比较困难，所以编写、修改、维护都是问题；同时机器语言是一种依赖于计算机"机器本身"的语言，不同类型的计算机其指令系统和指令格式也不一样，缺乏兼容性，因而针对某一型号的计算机编制的机器语言程序不可以在另一型号的机器上运行。

机器语言仅在计算机发明初期使用。

（2）汇编语言。汇编语言是一种将机器语言符号化的语言，它用形象、直观、便于记忆的字母、符号来代替二进制编码的机器指令。

汇编语言基本上与机器语言是一一对应的，但在表示方法上发生了根本的改变。它用一种助记符来代替表示操作性质的操作码，而用符号来表示用于指明操作数位置信息的地址码。这些助记符通常使用能描述指令功能的英文单词的缩写，便于书写和记忆。例如，ADD表示加法，MOVE表示传送等。汇编语言不能直接调动计算机的硬件。用汇编语言编写的程序需要通过翻译将其转换成机器语言程序后才能被机器的硬件识别和执行。完成这种翻译功能的语言处理程序叫作汇编程序。

因此，汇编语言程序是远离计算机硬件的软件。

汇编语言的优点：直观、易懂、易用，而且容易记忆。由于其与机器语言一一对应，所编写的程序也就如机器语言程序一样，质量高，执行速度快，占用内存空间少。因而常用于编写系统软件、实时控制程序、经常使用的标准子程序库和直接用于控制计算机的外设或端口数据输入/输出程序等。

汇编语言的不足之处：不同CPU的计算机，针对同一问题所编写的汇编程序不能通用，兼容性极差，使用不方便。

使用汇编语言编写程序，虽然比机器语言方便得多，但还是没有摆脱机器指令的束缚，汇编语言在某种程度上还是与人类自然语言不够接近的低级语言。这无利于人们的抽象思维和学术交流。机器语言和汇编语言都可以说是"面向机器"的语言。人们需要有更接近人类的逻辑思维、读写方便并且有很强描述解题方法的程序设计语言。于是，经过专家的不断努力，各种"面向应用问题"的程序设计语言应运而生。这就是高级程序设计语言。

（3）高级语言。高级语言是一种能表达解题算法的面向应用问题的语言。

高级语言编写的程序由一系列的语句（或函数）组成。每一条语句常常可以对应十几条、几十条甚至上百条机器指令。用高级语言编写的程序需要通过编译程序(编译器)或解释程序(解释器)将其以编译方式或解释方式翻译成机器语言程序才可被计算机执行。编译器和解释器与汇编语言都属于语言处理程序。

高级语言程序需要借助编译程序或解释程序翻译后才能与硬件建立联系。因此,高级语言程序是更加远离计算机硬件的最接近人类自然语言的软件。

高级语言的种类很多。从最早的 BASIC,到现在已有几百种,而且还在不断涌现。常见的有 BASIC、FORTRAN、ALGOL、COBOL、C、Pascal、Prolog、Python 和 Java 等。新的高级语言不断涌现,已有的语言自身也在不断发展。如 Visual Basic、Delphi 和 Visual C 等就是 BASIC、Pascal 和 C 在面向对象方面得到发展后形成的、可视化编程语言。

Java 是 Sun MicroSystem 公司于 1995 年 5 月推出的面向对象的解释执行的编程语言。它继承了 C++语言面向对象技术的核心,又舍弃了 C++语言中的指针、运算符重载以及多重继承的特性,在继承了现有的编程语言优秀成果的基础上,做了大量的简化、修改和补充,具有简单、面向对象、安全、与平台无关、多线程等特性。

目前流行的网络脚本语言是 Python。Python 是一个结合了解释性、编译性、互动性和面向对象的脚本语言。它是 20 世纪 80 年代末和 90 年代初,Guido van Rossum 在荷兰国家数学和计算机科学研究所设计出来的。Python 本身也是由诸多其他语言发展而来的,包括 ABC、Modula-3、C、C++、Algol-68、SmallTalk、UNIX shell 和其他的脚本语言等。

高级语言的优点:语言简洁、直观,便于用户阅读、理解、修改及维护,还提高了编程效率。非计算机专业人员也可以通过高级语言编制程序,大大地促进了计算机的广泛应用及普及。

3) 标准库程序

标准库程序是指存放常用的按标准格式编写的程序仓库里的程序。

为了方便用户编制程序,通常需将一些常用的程序事先编制好,供用户调用。标准程序库就存放了这些按标准格式编写程序,并存储在计算机中。用户需要时,就选择合适的程序段嵌入自己的程序中。这样既减少了用户的工作量,又提高了程序的质量和程序的工作效率。

例如,计算下面方程式的根:

$$\log y + \sqrt{y} = 0$$

可以从标准程序库中选出求对数子程序、开平方子程序和函数求根子程序,将它们装配起来,就可得到求解此方程的程序。

4) 服务性程序

服务性程序又可称为实用程序。它与辅助计算机运行的各种服务性的程序相对应。

服务性程序的主要功能包括用户程序的装入、连接、编辑、查错和纠错;诊断硬件故障;二进制与十进制的数制转换;磁带、磁盘的复制;磁带文件整理等。

(1) 装入程序。使用计算机时,装入程序将程序从 CPU 的外部经由各种外围设备(如硬盘等)装入内存以便 CPU 运行。装入程序自身必须首先装入内存。它的装入可通过一个引导装入程序。现代计算机中把引导装入程序放在控制台系统的 ROM 中,只要拨动控制台面板上的加载引导开关即可。

(2) 连接程序。连接程序负责将若干目标程序模块连接成单一总程序。在实际应用中,一个源程序常被分成若干相对独立的程序模块,分别编译成相应的目标模块。这些独立的目标模块必须连接成一个程序才能投入运行。连接程序和装入程序的功能组合在一起,称作连接装入程序。这种连接装入程序还可以将某些复合任务所需要的源程序和子程序连接为单一实体送给编译程序。

(3)编辑程序。编辑程序为用户编制源程序提供一种编辑手段,可以使用户方便地改错、删除或补充源程序。通常,用户从键盘输入源程序,计算机的显示器进行显示。借助于编辑程序,用户可以方便地通过键盘输入正确的字符,完成数据或信息的修改。

(4)查错和纠错程序。用户运行程序时发生错误或者根本没有输出时,查错和纠错程序帮助用户检查并排除由这些错误引起的故障。

(5)数制转换程序。数制转换程序可使用户直接采用十进制数进行输入,计算机自动转换成机内二进制数,以方便使用者。高性能、高速度的计算机中已为这种转换设置机器指令,由硬件来实现。

(6)诊断程序。诊断程序也是服务性程序的一种,用来诊断硬件的故障。当机器在运行中出现故障时,诊断程序被启动运行。它从执行指令的角度或从电路结构的角度查出机器的故障位置。诊断程序在现代计算机中用汇编程序编写,而在采用微程序技术的机器中,可以用微指令编写诊断微程序,诊断的效果将更好。

5)数据库管理系统

数据库管理系统(Database Management System,DBMS)是一种操纵和管理数据库的大型软件,用于建立、使用和维护数据库,负责对数据库进行统一的管理和控制,以保证数据库的安全性和完整性。用户通过 DBMS 访问数据库中的数据,数据库管理员也通过 DBMS 对数据库进行维护。常用的数据库管理系统软件包括 Oracle、Sybase、Informix、Microsoft SQL Server、Microsoft Access、DB2、MySQL 等。

(1)Oracle 数据库管理系统。Oracle 数据库管理系统是美国 Oracle 公司开发的以分布式数据库为核心的一组软件产品,是目前最流行的 C/S(Client/Server,客房机/服务器)或 B/S(Browser/Server,浏览器/服务器)体系结构的数据库之一。Oracle 数据库管理系统是目前世界上使用最为广泛的数据库管理系统。

(2)Sybase 数据库管理系统。Sybase 是由美国 SYBASE 公司研制的一种关系型数据库系统,运行于 UNIX 或 Windows NT 平台,是一种典型的 C/S 环境下的大型数据库系统。

(3)Informix 数据库管理系统。Informix 数据库管理系统是使用多线索、多进程、动态伸缩性和高度并发的体系结构系统。该结构系统在用户数和业务量增大时仍可保持较高的系统性能。它也支持多用户和分布式数据处理,允许客户机和服务器、服务器和服务器间进行透明的分布数据操作。

(4)Microsoft SQL Server 数据库管理系统。Microsoft SQL Server 是微软公司推出的关系型数据库管理系统。它具有使用方便、可伸缩性好、相关软件集成程度高等优点,是一个全面的数据库平台,利用集成的商业智能工具提供企业级的数据管理。

(5)Microsoft Access 数据库管理系统。Microsoft Office Access 是由微软发布的关系数据库管理系统,是 Microsoft Office 的系统程序之一。

（6）DB2 数据库管理系统。DB2 是美国 IBM 公司开发的一套关系型数据库管理系统。它主要的运行环境为 UNIX、Linux、IBMi（OS/400）、z/OS，以及 Windows 的各种服务器版本。DB2 主要应用于大型数据库系统，具有较好的可伸缩性，既支持大型机又支持单用户环境，应用于所有常见的服务器操作系统平台。DB2 提供了高层次的数据利用性、完整性、安全性、可恢复性，以及小规模到大规模应用程序的执行能力，具有与平台无关的基本功能和 SQL 命令。

（7）MySQL 数据库管理系统。MySQL 是由瑞典 MySQL AB 公司开发的关系型数据库管理系统，属于 Oracle（甲骨文公司）旗下产品。在 Web 应用方面，MySQL 是优秀的关系数据库管理系统。

6）计算机网络软件

计算机网络软件是为计算机网络配置的系统软件。

所谓计算机网络是指以互相能够以共享资源（包括硬件、软件和数据）的方式连接起来，各自具备独立功能的计算机的集合。计算机网络软件负责对网络资源进行组织和管理，实现网络资源相互之间的通信。

计算机网络软件包括网络操作系统和数据通信处理程序。前者用于协调网络中各台机器的操作及实现网络资源的管理；后者用于网络内的通信，实现网络操作。

（1）网络操作系统。网络操作系统是网络软件的核心部分。它负责与网络中各台机器的操作系统相连，协调各用户与相应操作系统的交互作用，以获得所要求的功能。用于执行数据通信系统基本处理任务的程序驻留在计算机内，通过网络操作系统与主计算机操作系统的数据管理设备相连，提供实际的远程处理设备接口，使网络用户可以拥有与本地用户完全相等的权限。通信双方交换信息时必须遵守一些共同的规则和步骤，称为传输控制规程或数据通信规程，也称为通信协议（Protocol）。现代计算机网络通信协议都采用层次结构。它集合了包括网络、物理链络、操作系统及用户进程（Process，即用户程序的一次执行过程）交换信息所规定的一些规则和约定。它是网络操作系统的关键部分。

（2）数据通信系统。数据通信系统负责执行数据通信中的基本处理任务（也可称为应用程序）。

2. 应用软件

应用软件（又称应用程序）是计算机用户在各自的业务系统中开发和使用的各种程序。应用程序通常都是针对某个具体问题而编制的，种类繁多，名目不一。例如，天气预报中的数据处理、建筑业中的工程设计、商业的信息处理、企业的成本核算、工厂的仓库管理、图书的管理、炼钢厂的过程控制、卫星发射的监控、教学中的辅助教学等，都是可以借助计算机应用软件来提高工作效率和效果的。随着计算机的广泛应用，应用软件的种类和数量越来越多。

按照应用软件的用途划分，可将应用软件分为办公软件、多媒体软件、娱乐与学习软件、Internet 服务软件、数据库管理软件等。

按照应用软件的行业或应用领域划分，可将应用软件分为个人计算机软件、科学和工程计算软件、实时软件（监视、分析和控制现实世界）、人工智能软件（图像和语言自动识别等）、嵌入式软件（航空航天、指挥控制、武器系统）、事务处理软件（业务管理系统等）。

1) 个人计算机软件

个人计算机软件是指主要应用于 PC 上的软件。例如：办公软件，包括 WPS、Office 的文字处理（Word）、报表处理（Excel）、文稿演示（PowerPoint）以及 PDF 编辑等；多媒体技术软件，包括图形图像处理软件（如 Photoshop）、动画处理软件（如 Animate）、视频处理软件（如会声会影）、音频处理软件（如 Audition）等；网页制作软件（如 Dreamweaver）；其他应用软件。

2) 科学和工程计算软件

科学和工程计算软件是以数值算法为基础，对数值量进行处理的软件。其主要用于需要进行科学和工程计算的领域，如天气预报、弹道计算、石油勘探、地震数据处理，计算机系统仿真和计算机辅助设计等。

3) 实时软件

实时软件是一类依赖于处理器系统的物理特性，如计算速度和精度、I/O 信息处理与中断响应方式、数据传输效率等，对发生的事件进行监视、分析和控制且能以足够快的速度对输入信息进行处理并在规定的时间内作出反应的软件。如大型的工业过程自动化软件、导航软件等。

4) 人工智能软件

人工智能软件是一类采用诸如基于规则的演绎推理技术和算法而非传统的计算或分析方法支持计算机系统产生人类某些智能的软件。目前，在专家系统、模式识别、自然语言处理、人工神经网络、程序验证、自动程序设计、机器人等领域开发了许多人工智能应用软件，用于疾病诊断、产品检测、图像和语言自动识别、语言翻译等。

5) 嵌入式软件

嵌入式软件是嵌入式计算机系统所采用的软件。嵌入式计算机系统是将计算机技术嵌入在某一系统之中，使之成为该系统的重要组成部分来控制系统的运行，以实现一个特定的物理过程。大型的嵌入式计算机系统软件可用于航空航天系统、指挥控制系统和武器系统等；小型的嵌入式计算机系统软件可用于工业的智能化产品之中。嵌入式软件驻留在只读存储器内，为该产品提供各种控制功能和仪表的数字或图形显示等功能，例如汽车的刹车控制，空调、洗衣机的自动控制等。

6) 事务处理软件

事务处理软件是用于处理事务信息特别是商务信息的计算机软件。事务处理软件应用广泛，它已由初期零散、小规模的软件系统，如工资管理系统，人事档案管理系统等，发展成为管理信息系统（MIS），如世界范围内的飞机订票系统、酒店管理系统等。

2.2.2 软件的工作模式

目前，软件的工作模式主要是命令驱动和菜单驱动两种。

命令驱动模式是指在字符界面下，由用户按预定的格式输入命令，完成相应的任务；菜单驱动模式是指在图形用户界面下，以菜单的形式列出软件的功能，用户只需选中菜单项即可执行某一功能。

1. 命令驱动

命令即告知计算机执行任务的指令,能让计算机进行特定的动作。

命令通常是英文单词,如 print、save、begin 等;也有些命令使用英文缩写,如 ls 表示列表,cls 表示清除屏幕;还有一些命令使用特别约定的符号,如!表示退出等。

例如,Microsoft DOS 命令"dir/w"可以显示磁盘上的文件信息,如图 2.11 所示。其中,"dir"命令告知计算机显示磁盘驱动器 C 上的目录信息;"/w"为命令参数,表示以紧凑方式显示(一行显示 5 个文件)文件和文件夹。

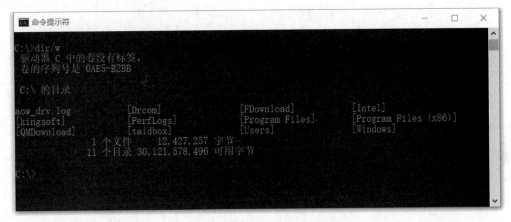

图 2.11　命令驱动模式实例

命令一般由命令名和可选的参数组成。

输入命令要遵守命令的语法格式,语法格式包括命令名和可选的参数序列。如果命令输入错误或存在语法错误,将得到提示出错的消息,此时必须找出错误予以纠正,并重新运行,才能获得正确的结果。

没有一组命令适用于任何计算机和任何软件。所以,使用命令驱动模式,必须记住命令的语法格式及其意义。虽然可以借助软件的联机帮助命令 Help 来查找,但使用起来还是不够方便。尤其是软件没有提供联机帮助的情况下,还需要参阅软件的相关使用手册。

2. 菜单驱动

菜单驱动是目前常用的软件工作模式。使用菜单时,不需要记住命令的格式,只要在菜单列表中选择所需要的菜单项即可。另外,因为列表中所有可选的菜单项都是有效的,不可能产生语法错误。如 Windows 操作系统、Microsoft Office、WPS 等都提供菜单驱动操作方式。

菜单显示了一组命令选项,每行菜单称为菜单项或菜单选项。用户可以通过选中菜单项来激发程序的运行。图 2.12 为 WPS 的文本编辑软件中"文件"菜单下的"视图"菜单项。

当一个软件具有很多功能时,通常有两种方法来组织和管理这些菜单项,即子菜单和对话框。

当在主菜单中选择一项菜单项后显示的一组附加命令即为子菜单。有时,一个子菜单中还包含另一个子菜单来提供更多的命令选项,如图 2.12 所示。

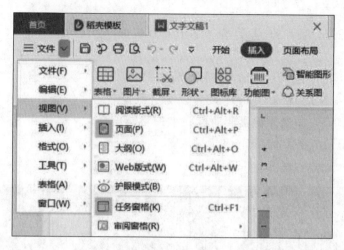

图2.12　菜单驱动模式实例

对话框显示与命令有关的选项。用户通过填充对话框,设置命令如何执行。图2.13为WPS文本编辑软件的"页面设置"对话框,通过在该对话框上进行设置,单击"确定"按钮即可显示页面的效果。

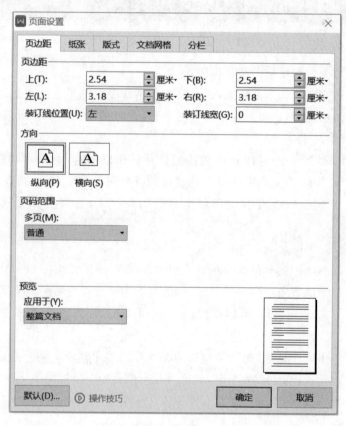

图2.13　对话框实例

2.3 计算机系统及解题过程

2.3.1 计算机系统

所谓系统是指同类事物按一定关系组成的整体。计算机系统就是计算机的硬件系统和软件系统的有机结合,如图 2.14 所示。

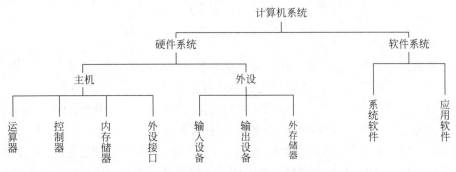

图 2.14 计算机系统的软硬件结合

计算机的硬件系统是计算机工作的必备条件,而软件系统是发挥计算机效能的必要工具。没有软件系统的计算机被称为裸机,裸机只有配备了必要的软件系统才可以工作,因为硬件系统是根据指令进行工作的。

硬件是计算机所使用的电子线路和物理装置。正如前面所描述的计算机的运算器、控制器、存储器、输入设备、输出设备五大组成部分。计算机硬件是组成计算机的机械的、电子的、光学的元件或装置。它们是我们的感官和触觉所能感触得到的实体。

有关计算机的硬件系统构成在前面大部分已经有所描述。此不赘述。

需要注意以下两点。

- 图 2.14 中的外存储器(辅助存储器)既属于输入设备,又属于输出设备(这里之所以单列出来,是为了与内存储器相对应)。
- 外设接口是主机和外部设备之间的接口,原则上既不属于主机,也不属于外设(而图 2.14 中之所以把外设接口划归主机,是感官使然,因为在设计、配置机器时大部分接口被置于主机箱内)。

计算机系统的各个部件之间,是通过总线相连接的,如图 2.15 所示。

总线是计算机的重要组成部分,它是计算机系统之间或者计算机系统内部多个模块之间的一组公共传输通道,数据、地址和控制信息都经由总线传送。总线在计算机中通常表现为一组并行信号线,数量由几十根到几百根,这些信号线根据其功能可以归为如下几类。

地址总线用来传送地址信息。地址总线信息单向传送,通常由总线主控设备(通常为 CPU)传向总线被控设备(如内存和各种接口)。地址总线的根数决定了总线可以直接寻址的范围或者计算机可以配置的最大内存容量。n 根地址总线可以访问的地址空间是 2^n。

数据总线用于传送数据信息。数据总线信息在主控设备和被控设备之间双向传送。数

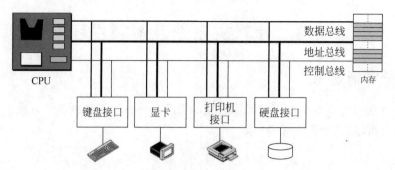

图 2.15　计算机硬件连接示意图

据总线的根数决定了通过该总线一次可以传送的信息量。例如,数据总线为 8 位,则一次可以传送 1 字节;若数据总线为 32 位,则一次可以传送 4 字节。

控制总线用于在主控设备和被控设备之间传送控制信号,包括中断、DMA、时钟、复位、双向提手信号等。其他控制信号线包括电源线、扩展备用线等。

接口是 CPU 与外部设备的连接电路,是 CPU 与外部设备进行信息交换的中转站,负责信息交换、速度协调以及辅助和缓冲等。现在计算机外部设备种类繁多,大多数是光电、机电传动设备,与 CPU 进行数据交换时,存在速度和操作时序不匹配、数据类型和通信格式不一致等问题。因此,外部设备无法直接挂接在系统总线上,CPU 也无法直接和外部设备通信。各种外部设备通过接口电路连接到计算机系统,CPU 是通过接口控制电路间接实现对外部设备控制的。显卡、声卡、网卡等都是常见的接口电路。

软件是相对硬件来说的,是程序和其运行时所需要的数据以及与这些程序和数据有关的文字说明和图表资料的集合,是对解决问题的方法、思想和过程的描述。软件通常存储在介质上(如硬盘、软盘、光盘、磁带及早期的穿孔卡等),人们可以看到的是存储软件的介质(即硬件),而软件是介质上无形的信息,而非介质本身。

一个计算机系统是计算机硬件系统和软件系统的有机结合体。硬件是计算机系统的物质基础,只有配备了基本的硬件,才具备配置软件的条件;然而,软件的配置给计算机带来了生命的活力。因此,可以比喻为“硬件是基础,软件是灵魂”。

需要强调的是,计算机的硬件系统与软件系统之间的分界线是随着计算机的发展而动态地变化的。下面介绍一下现代计算机的软硬件层次结构。

2.3.2　计算机系统的层次结构

计算机的基本功能是在计算机硬件设计时由电子线路固定下来的,并由计算机的指令系统展示出来。用户利用应用程序通过操作系统等系统软件调用指令系统中的指令来调动机器的硬件工作,从而完成任务。

计算机的硬软件层次结构如图 2.16 所示。

裸机就是计算机的硬件部分。裸机外面是微程序。只有采用微程序设计的计算机系统才有这一级层次。它是由硬件直接实现的,为机器指令提供解释执行功能。

指令系统对于采用组合逻辑设计的计算机系统来说是最接近硬件的一层。该层是软件系统与硬件系统间联系的纽带。硬件系统的操作由该层控制,软件系统的各种程序必须转

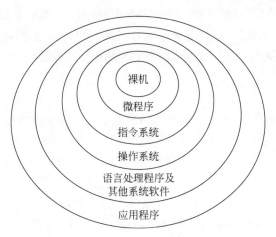

图 2.16　计算机的硬软件层次结构

换成该层的指令才能执行，该层指令用机器语言表示。程序员可以在此层直接编程。

操作系统对计算机系统中的硬件和软件资源进行统一管理和调度。它支撑着其他系统软件和应用软件，使计算机能自动运行，发挥其效用。

语言处理程序及其他系统软件为用户和系统管理员提供了接近人类自然语言的编程符号和各种方便编程、运行的手段。

应用程序层是用户关注的目标。它在以上各层的支持下可以容纳各种用途的程序，处理各种信息。用户可通过应用程序层将计算机看成是信息处理系统。

从上面的分析可以看出，微程序、指令系统、操作系统是面向机器的，是为支持高层的需要而设置的；语言处理程序和其他系统软件及应用程序是面向应用的，是为程序员解决问题而设置的。

层次结构之间的关系十分紧密，外层是内层的扩展，内层是外层的基础。从功能的角度来看，软件和硬件又存在着互相补充的关系，一方没有实现的功能可由另一方来补充；或者可以说硬件与软件之间存在着逻辑等价关系。因此，对于某个具体的功能来说，是由硬件实现还是由软件实现存在着功能分配的问题。如何合理分配软硬件的功能是计算机系统总体结构的重要内容。

随着大规模集成电路技术的发展，软件硬化的趋势也得到迅速的发展。要明确划分计算机系统软件和硬件的界限也就更加困难了。事实上，任何一种操作既可以用硬件来实现，也可以由软件来实现；任何一条指令的执行可以用软件来完成，也可以用硬件来完成。这就是人们常谈到的软件与硬件的逻辑等价性。

对于一台具体的计算机来说，究竟是用软件还是用硬件来完成某一操作，要根据价格、速度、可靠性、存储容量和变更周期等诸多因素来决定。

早期的计算机是依靠硬件系统实现各种基本功能的。当结构简单、功能较强的小型机问世和发展之后，只让硬件系统去完成较简单的指令系统功能，而高一级的复杂任务则由软件系统来实现，这是一种硬件软化的方法；随着集成电路技术的发展，许多原来用机器语言程序实现的操作（如乘法和除法运算、浮点运算等），又可以改由硬件系统来实现，这又是软件硬化的例子；当微程序控制技术与集成电路技术结合之后，使得原来属于软件系统的微程序和一些固定不变的程序,可以装入一个容量大、价格低、体积小和可改写的只读存储器(EPROM)中,制成了"固件"。固件是介于软件系统和硬件系统之间的实体,其功能类似于软件系统,形态类似于硬件系统。因此,典型的软件部分完全可以"固化",甚至"硬化"。

2.3.3 计算机解题过程

从普通用户的角度看,应用计算机解决问题就是通过输入设备输入要解决的问题,然后从输出设备得到结果,至于计算机内部是如何工作的,用户可以把它看作一个暗箱,不必去究其工作的细节,如图 2.17 所示。要研究计算机的工作原理,就是要了解和掌握暗箱内的工作过程。

在应用计算机处理问题之前,必须运用计算思维设计出一个解决问题的算法,再使用具体的程序设计语言进行编程。编制好的程序通过计算机运行,最后问题得以解决。

计算机的解题过程可以描述为:用户应用程序设计语言编写程序,连同数据一起送入计算机(源程序);然后由系统程序将其翻译成机器语言程序(目标程序);再在计算机硬件上运行后输出结果。计算机的解题过程如图 2.18 所示。

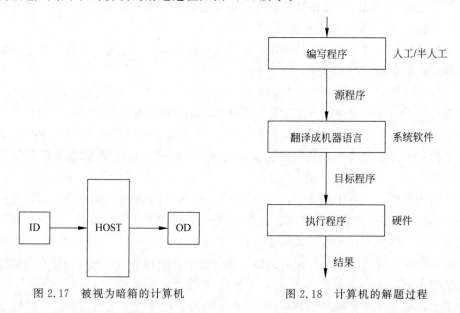

图 2.17　被视为暗箱的计算机　　　　图 2.18　计算机的解题过程

随着计算机的更新换代,程序设计语言经历了从机器语言、汇编语言到高级语言的变迁,从过程性语言向人工智能语言(即说明性语言)过渡,给编程带来了极大便利,也提高了计算机的性能。(详见 2.2.1-1 系统软件)

将用户编制程序的源程序翻译成计算机硬件所能识别和处理的目标程序是由语言处理程序(系统软件的一种)完成的。不同语言的源程序对应不同的语言处理程序。用机器语言编写的源程序可以直接被计算机硬件识别和执行;用汇编语言编写的源程序需要由汇编程序转换成机器语言才可在计算机上执行;用高级语言编写的源程序必须用编译器(程序)或解释器(程序)翻译成机器语言程序,计算机才能执行。

翻译的方式有两种:解释方式和编译方式。解释方式是由解释程序(或解释器)对源程序逐条解释,一边解释,一边执行,解释结束,程序的运行结束;编译方式是由编译程序(或编译器)对源程序文件进行语法检查,并将之翻译(编译)为机器语言表示的二进制程序(即目标程序),编译通过,再运行。

解释方式和编译方式的主要区别如下。

- 编译方式一次性地完成翻译,一旦成功生成可执行程序,则不再需要源代码和编译器即可执行程序;解释方式在每次运行程序时都需要源代码和解释器。
- 解释方式执行需要源代码,所以程序纠错和维护十分方便;另外,只要有解释器负责解释,源代码可以在任何操作系统上执行,可移植性好。
- 编译所产生的可执行程序执行速度比解释方式执行更快。

2.4 计算机系统的技术指标

早期评价计算机系统性能的主要技术指标是字长、容量和运算速度。现在评价计算机系统性能的主要技术指标还包括主频、存取周期以及总线带宽和内存寻址空间等。

1. 主频

主频是指计算机的时钟频率,即计算机的 CPU 在单位时间内发出的脉冲数。主频在很大程度上决定计算机的运算运行速度。主频率越高,CPU 的工作节拍越快。主频的单位是赫兹(Hz),如 486DX166 的主频为 66MHz;Pentium100 的主频为 100MHz,Pentium Ⅱ 233 的主频为 233MHz,Pentium Ⅲ 的主频有 450MHz、500MHz、1.13GHz,Pentium 4 的主频有 1.2GHz、1.4GHz、1.5GHz 和 1.7GHz,i7 的主频为 3.2GHz,而最新的 i9 基本主频达到了 4.0GHz,最大主频为 4.5GHz。

2. 字长

字长指计算机的运算器所能同时并行处理的二进制的位数。它与计算机的功能和用途有很大的关系。

首先,字长决定了计算机的运算精度。字长越长,计算机的运算精度就越高。因此,高性能的计算机字长较长,而性能较差的计算机字长相对要短一些。

其次,字长决定了指令的直接寻址的能力。字长越长,在指令中直接给出地址的机会越大,其直接寻址的能力也就越强。

字长用二进制的位(bit)来衡量。一般机器的字长都是字节(1Byte=8bit)的 1、2、4、8 倍。微型计算机的字长为 8 位、16 位、32 位和 64 位,如 286 机为 16 位机,386 机与 486 机是 32 位机,奔腾 3 代(Pentium Ⅲ)和奔腾 4 代(Pentium Ⅳ)的字长是 64 位。现在的高档微机字长有望达到 128 位。

3. 容量

容量一般是指计算机内存系统的容量,即计算机的内存系统所能容纳的二进制信息的总量。

容量有 3 种衡量方法:用位(bit,简写为 b)数来衡量(极少用);用字节(Byte,简写为 B)数来衡量(最常用的方法);用字(Word)数来衡量(首先要知道字长,总容量=字数×字长,此方法也很少用)。

容量的单位还有 KB、MB、GB 和 TB。它们之间的关系如下:

$$1B = 8bit$$

$$1KB = 1024B = 2^{10}B$$

$$1MB = 1024KB = 2^{20}B = 1\ 048\ 576B$$

$$1GB = 1024MB = 2^{30}B = 1\ 073\ 741\ 824B$$

$$1TB = 1024GB = 2^{40}B = 1\ 099\ 511\ 627\ 776B$$

处理器为 PentiumⅢ、Pentium 4 的微机内存容量都在 128MB 以上,目前以 i7 和 i9 为处理器的微机内存容量有 4GB、8GB,高容量达到 16GB。

内存容量是用户在购买计算机时关注的一个很重要的指标。同一型号的计算机内存容量可以有所不同。内存的容量越大,其处理速度也就越快,能运行的系统程序和应用程序的范围也就越广,但其相对成本也就越高。

4. 存取周期

连续两次访问存储器所需要的最短时间间隔为存取周期。微型机的内存储器目前存取周期在几十到一百纳秒(ns)范围内,存取速度很快。

5. 运算速度

速度是指计算机的运算速度。运算速度是评价计算机的一项综合性的指标。衡量计算机的运算速度通常有 3 种方法。

普通法:用计算机每秒所能执行的指令条数来衡量,单位为 MIPS(Million of Instructions Per Second)。由于各种不同的指令其执行时间也不一样,所以,用此法来衡量运算速度不够准确。

吉普森法:吉普森法又称综合指令时间法。其运算公式为:$T = \sum_{i=1}^{n} f_i \times t_i$。假设指令系统中共有 i 条指令,其中 f_i 为第 i 条指令的执行频度(单位时间内的所能被执行到的次数),t_i 为第 i 条指令的执行时间。此方法衡量计算机运算速度科学、精确,但各条指令的执行频度的获得需要用到各种统计手段,可谓得之不易。

基准程序法:基准程序法的基本思路是编制一段能全面综合考虑各种因素的程序,让其在不同的计算机系统上运行,进行运算速度的比较。此方法虽不尽精确,但对于在不同的计算机系统间进行比较,还是很有益的。此方法关键在于基准程序的编制。

影响计算机运行速度的因素很多,主要是 CPU 的主频和存储器的存取周期。从计算机的整体设计来说,速度和容量在一般的情况下是相互匹配的。通常说来,高速计算机应该是大容量的;而大容量的计算机要有高速度的支撑,否则就不可能发挥出计算机的整体效能。一般情况下,CPU 的时钟频率与速度是成正比的,CPU 的时钟频率越高,它的运行速度也就越快。所以,人们习惯于用 CPU 的主频来衡量速度。

6. 总线带宽

总线带宽表示总线每秒可以传输的数据信息总量,常用单位为 MB/s,即兆字节/秒。总线带宽与总线存取时间、总线数据线位数有关。若总线存取时间为 T,总线数据线位数为 n,则总线带宽 $= n/T$,单位为 bit/s(可简写为 b/s),即位/秒。

对于 64 位、800MHz 的前端总线,数据传输率就等于 64bit×800MHz÷8(Byte)= 6.4GB/s;32 位、33MHz PCI 总线数据传输率为 133MB/s。

7. 内存寻址空间

内存寻址空间,表示计算机中最大可配置的内存容量,通常与系统总线中地址总线的根数有关。若地址线根数为 n,则内存寻址空间大小为 2^n。

衡量计算机系统性能的技术指标很多。除了上述七项主要指标外,还要考虑机器的兼容性、系统的可靠性及性能/价格比、机器的软硬件配置、I/O 吞吐量等。

兼容性:兼容性也可理解为与其他系统的各方面的通用性。它包括数据和文件的兼容、程序(语言)兼容、系统兼容、设备兼容等。兼容有利于机器的推广和用户工作量的减少。

系统可靠性:用平均无故障时间 MTBF(Mean Time Between Failures)来衡量。$\mathrm{MTBF}=\sum_{i=1}^{n}t_i/n$,其中,MTBF 为平均无故障时间;$t_i$ 为第 i 次无故障时间;n 故障总次数。很显然,MTBF 越大,系统越可靠。

性能/价格比:性能指系统的综合性能,包括软件和硬件的各种性能;价格要考虑整个系统的价格。一般情况下,性能越高,价格也越高。所以,二者的比率要适当才能被用户所接受。

软硬件配置:系统所能配备的软硬件的种类和数量。

I/O 吞吐量:I/O 吞吐量是指系统的输入输出能力。

除上述所谈及的指标外,还应考虑计算机系统的汉字处理能力、数据管理系统及网络功能等。总之,评价一个计算机系统是一项综合性的工作,比较复杂,需要进行细致的处理,切不可片面得出结论。

2.5　本章小结

计算机系统是计算机硬件系统和软件系统的有机结合。只有配备了软件系统,计算机的硬件系统才能发挥作用。

本章主要介绍计算机硬件系统的五大组成部分、现代计算机的体系结构、软件系统的分类、计算机的工作方式以及计算机系统的工作过程。

希望学生在了解现代计算机硬件系统体系结构、软件系统分类及工作方式的基础上,掌握计算机系统硬件与软件的关系、硬件系统的五大组成部分、工作过程以及计算机系统的解题过程。

习　　题

一、选择题

1. 目前的 CPU 包括(　　)。
　　A. 控制器、运算器　　　　　　　　　　B. 控制器、逻辑运算器
　　C. 控制器、算术运算器　　　　　　　　D. 运算器、算术运算器
2. 下列软件不属于系统软件的是(　　)。
　　A. 编译程序　　　　B. 诊断程序　　　　C. 大型数据库　　　D. 财务管理软件
3. 下面不属于操作系统的是(　　)。
　　A. Windows　　　　B. Linux　　　　　　C. Android　　　　　D. Flash

4. 整个计算机系统是受( )控制的。

    A. 中央处理器   B. 接口   C. 存储器   D. 总线

5. 计算机安装的最大主存容量取决于( )。

    A. 字长   B. 数据总线位数

    C. 控制总线位数   D. 地址总线位数

6. 下列不是控制器的功能的是( )。

    A. 程序控制   B. 操作控制   C. 时间控制   D. 信息存储

7. 下列不是磁表面存储器的是( )。

    A. 硬盘   B. 光盘   C. 软盘   D. 磁带

8. CPU读/写速度最快的器件是( )。

    A. 寄存器   B. 内存   C. Cache   D. 磁盘

9. 不属于输出设备的是( )。

    A. 光笔   B. 显示器   C. 打印机   D. 音箱

10. 不属于计算机主机部分的是( )。

    A. 运算器   B. 控制器   C. 鼠标   D. 内存

11. 下列说法错误的是( )。

    A. 主存存放正在运行的程序和数据

    B. Cache的使用目的是提高主存的访问速度

    C. CPU可以直接访问硬盘中的数据

    D. 运算器主要完成算术和逻辑运算

12. 计算机主要性能指标通常不包括( )。

    A. 主频   B. 字长   C. 功耗   D. 存储周期

13. 冯·诺依曼计算机包括( )、控制器、存储器、输入设备和输出设备五大部分组成。

    A. 显示器   B. 运算器   C. 键盘   D. 存储周期

二、填空题

1. 冯·诺依曼机器结构由_____、_____、_____、_____和_____五大部分组成。

2. 中央处理器由_____和_____两部分以及一些寄存器组成。

3. 计算机中的字长是指_____。

4. 运算器又被称为_____,负责进行各种_____。

5. 存储器在计算机中的主要功能是_____和_____。

6. 控制器负责_____并_____指令的执行,协调全机进行工作。

7. 接口是指_____。

8. 存取周期是指_____。

9. 计算机的兼容性是指_____。

10. 早期评价计算机硬件特性的主要性能指标有_____、_____、_____,现在要考虑的主要技术指标也包括_____和_____以及总线带宽和内存寻址空间。

11. 可由硬件直接识别和执行的语言是_____。

12. 系统软件(又称系统程序)的主要功能是_____。

13. 计算机系统就是计算机的_____和_____系统的有机结合。

14. 存储器的最基本组成单位是存储元,它只能存储_____,一般以_____为单位。8位存储元组成的单位叫作一个_____。

15. 1KB=_____字节；1MB=_____KB。

16. 每个存储单元在整个存储器中的位置都有一个编号,这个编号称为该存储单元的_____。

17. 设置Cache的目的是_____,设置虚拟存储器的主要目的是_____。

18. _____是外部设备和CPU之间的信息中转站。

19. _____是计算机中多个模块之间的一组公共信息传输通道,根据作用不同又可分为_____,_____,_____。

20. 数据总线的位数决定了_____,地址总线的位数决定了_____。

21. _____表示总线每秒可以传输的数据信息总量。

22. 按照计算机的控制层次,计算机的软件可分为_____和_____。

23. 计算机软件是计算机运行所需要的各种_____和_____的总称。

24. _____软件主要有两种工作模式,分别为称为_____和_____。

三、解答题

1. 描述五大部分组成的计算机的大致工作过程。

2. 简述冯·诺依曼机器结构的主要思想。

3. 简述计算机的解题过程。

第3章 计算机中数据的表示与运算

本章学习目标

- 了解计算机内数值数据和非数值数据的组织格式和编码规则
- 掌握数值数据中指导计算机进行算术运算的理论基础——进位计数制、小数点的处理以及符号的表示
- 熟练掌握进位计数制、补码及浮点数

计算机所要处理的对象是数据信息,而指挥计算机操作的信息是控制信息。因此,可以把计算机的内部信息分为数据信息和控制信息两大类。其中,数据信息包括数值数据和非数值数据,非数值数据包括逻辑数据、字符数据(字母、符号、汉字)以及多媒体数据(图形、图像、声音)等,控制信息包括指令和控制字。

在计算机内部,信息的表示依赖于机器硬件电路的状态。数据采用什么表示形式,直接影响到计算机的性能和结构。应该在保证数据性质不变和工艺许可的条件下,尽量选用简单的数据表示形式,以提高机器的效率和通用性。

本章将使学生在了解计算机内数值数据和非数值数据的组织格式和编码规则的基础上,掌握计算机内数据信息的表示。其中,数值数据中指导计算机进行算术运算的理论基础——进制、补码、浮点数将作为学习的重点。

3.1 数 值 数 据

数值数据是指具有确定的值,能表示其大小,在数轴上能够找到对应点的数据。

在现实生活中习惯采用十进制来表示数据,而计算机却用二进制表示信息。计算机采用二进制原因如下:

(1) 二进制表示数据便于物理实现。在物理器件中,具有两个稳定状态的物理器件是很多的(如具有开关两个状态的灯、具有导通和截止两个状态的二极管、具有闭合和断开两个状态的开关等),恰好可以利用器件的两个状态对应表示二进制的 0 和 1 两个数字符号;而十进制具有从 0 到 9 的 10 个数字符号,要找到具有 10 个稳定状态的物理器件几乎是不可能的。这也是计算机采用二进制表示数据的最重要的理由。

(2) 二进制表示数据运算简单。用二进制表示数据,在做加法和乘法运算时,只需要记住 0 和 0、0 和 1、1 和 1,2×(2+1)/2 共 3 对数的和与积就可以了,而十进制运算却要考虑 10×(10+1)/2 共 55 对数的和与积。计算机采用二进制表示数据,其运算器件的电路实现起来十分简单。

(3) 二进制表示数据工作可靠。如果要采用十进制表示信息,那么,由于具有 10 个稳定状态的物理器件是不存在的,只能用器件的物理量来代表十进制的数字符号(如用电流量、电压的高低,假如用流过导线的电流量表示信息,0~0.1 安培代表"0"、0.1~0.2 安培代表"1"、0.2-0.3 安培代表"2"……);而二进制的表示,完全可以用物理器件的"质"来表示,比如用二极管的导通和截止或灯的亮与灭分别代表二进制的"0"和"1"。如果电路电压不够稳定,通过导线的电流量变化零点几安培是完全有可能的,而二极管导通与截止、灯的亮与灭的状态的跳变却不可能由电路电压的不稳定造成。也就是说用"质"来区分数字符号的二进制要比用"量"来区分数字符号的十进制工作起来稳定得多。

(4) 二进制表示数据便于逻辑判断。逻辑判断中,只有"是"和"非"两种状况,似是而非的状况是不存在的。正好可以用二进制的 0 和 1 分别代表逻辑判断的是与非。

当然,二进制表示数据也有它的不足,即它表示的数容量小。同样是 n 位数,二进制最多可表示 2^n 个数,而十进制可以表示 10^n 个数。如 3 位二进制数,可以表示从二进制的 000 到二进制的 111 一共 8 个数;而 3 位十进制数却可以表示从十进制的 000 到十进制的 999 共 1000 个数。

尽管二进制表示数据也有它的缺点,但基于它所带来的方便与简洁,计算机采用了二进制作为信息表示的基础。

十进制和二进制表示数据都是采用进位计数制。因此,要研究计算机内数值数据的表示,首先要研究进位计数的理论。不仅如此,还要考虑小数点和符号在计算机内如何处理。

所以,表示一个数值数据要有三个要素:进制、小数点和符号。

3.1.1 进位记数制及进制间的相互转换

本节介绍各种进位制结构的特性,以及它们之间的相互转换。

1. 进位记数制

为了协调人与计算机所用进制之间的差别,必须研究数字系统中各种进位制结构的特性,以及它们之间的相互转换,从中找出规律性的东西。下面,从我们习惯的十进制开始,系统研究进位计数制。

1) 十进制及十进制数

十进制采用逢十进一的进位规则表示数字。具体规则如下:

(1) 十进制用 0,1,…,9 十个数字符号分别表示 0,1,…,9 十个数。

(2) 当要表示的数值大于 9 时,用数字符号排列起来表示,表示规则如下:

* 数字符号本身具有确定的值。
* 不同位置的值由数字符号本身的值乘以一定的系数表示。
* 系数为以 10 为底的指数。

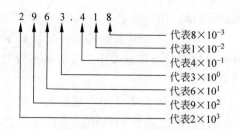

（3）一个数的实际值为各位上的实际值总和。如：

$$1\,966\,298.735 = 1 \times 10^6 + 9 \times 10^5 + 6 \times 10^4 + 6 \times 10^3 + 2 \times 10^2 + 9 \times 10^1 +$$
$$8 \times 10^0 + 7 \times 10^{-1} + 3 \times 10^{-2} + 5 \times 10^{-3}$$

2）R 进制及 R 进制数

通过对十进制的总结，可以得出任意（R）进制数按逢 R 进一的规则表示数字的规则如下。

（1）R 进制用 $0,1,\cdots,R-1$ 共 R 个数字符号分别表示 $0,1,\cdots,R-1$ 共 R 个数。这里的 R 为数制系统所采用的数字符号的个数，被称为基数。

（2）当要表示的数值大于 $R-1$ 时，用数字符号排列起来表示，表示规则如下。

• 数字符号本身具有确定的值。

• 不同位置的值由数字符号本身的值乘以一定的系数表示。

• 系数为以 R 为底的指数。

• 假设数字符号序列为

$$x_{n-1}x_{n-2}\cdots x_i \cdots x_1 x_0 . x_{-1} x_{-2} \cdots x_{-m}$$

通常在数字符号序列后面加上标注以示声明，如上面的 R 进制数表示为：$(x_{n-1}x_{n-2}\cdots x_i \cdots x_1 x_0 . x_{-1} x_{-2} \cdots x_{-m})_R$。$x_i$ 为 0 和 $R-1$ 之间的整数；x_i 的下标为数字符号的位序号，它所代表的值为 $x \times R^i$。系数 R^i（$R^{位序号}$）被称为 x_i 所在位置的权。

（3）一个数的实际值为各位上的实际值总和。例如：

$$x = x_{n-1}x_{n-2}\cdots x_i \cdots x_1 x_0 . x_{-1} x_{-2} \cdots x_{-m}$$
$$V(x) = x_{n-1} \times R^{n-1} + x_{n-2} \times R^{n-2} + \cdots x_i \times R^i + \cdots x_1 \times R^1 + x_0 \times R^0 +$$
$$x_{-1} \times R^{-1} + x_{-2} \times R^{-2} + \cdots x_{-m} \times R^{-m}$$

即

$$V(x) = \sum_{i=0}^{n-1} x_i \times R^i + \sum_{i=-1}^{-m} x_i \times R^i$$

$V(x)$ 表示 x 的值，m、n 为正整数。

3）二进制及二进制数的运算

二进制采用逢二进一的进位规则表示数字，采用 0 和 1 两个数字符号。二进制的运算规则如下。

（1）加法规则："逢 2 进 1"。

$$0+0=0 \quad 0+1=1+0=1 \quad 1+1=10$$

【例 3-1】 求 $1010.110+1101.010$。

解：

$$\begin{array}{r} 1010.110 \\ +\ 1101.010 \\ \hline 11000.000 \end{array}$$

结果：1010.110＋1101.100＝11000.000

（2）减法规则："借 1 当 2"。

$$0-0=0 \quad 1-0=1 \quad 1-1=0 \quad 10-1=1$$

【例 3-2】 求 11000.000－1101.010。

解：
```
   11000.000
 -  1101.010
 ───────────
    1010.110
```

结果：11000.000－1101.010＝1010.110

（3）乘法规则。

$$0\times 0=0 \quad 0\times 1=0 \quad 1\times 0=0 \quad 1\times 1=1$$

由规则可以看出,二进制乘法要远比十进制乘法简单。

【例 3-3】 求 1010.11×1101.01。

解：
```
         1010.11
      ×  1101.01
      ───────────
         10.1011
        000.000
        1010.11
       00000.0
      101011
     101011
    ─────────────
    10001110.0111
```

结果：1010.11×1101.01＝10001110.0111

在乘法运算的过程中,由于乘数的每一位只有 0 和 1 两种可能,那么,部分积也只有 0 和乘数本身两个值(不考虑小数点的位置)。根据这一特点,可以把二进制的乘法归结为移位和加法运算,即通过测试乘数的相应位是 0 还是 1 决定要加的部分积是 0 还是被乘数。

（4）除法规则。

【例 3-4】 求 10001110.0111÷1010.11。

解：
```
                0000001101.01
        101011 │ 1000111001.11
                 101011
                 ────────
                 0111000
                 101011
                 ────────
                 00110101
                  101011
                 ────────
                  001010 11
                  1010 11
                 ────────
                        0
```

结果：10001110.0111÷1010.11＝1101.01

除法是乘法的逆运算,可以归结为与乘法相反方向的移位和减法运算。因此,在计算机中,使用具有移位功能的加法/减法运算,就可以完成四则运算。

这里所举的例子恰好是可以整除的,最后的余数是0000.00。如果是不可以整除的,那么在商达到了足够的精度后,最下面的部分就是余数。

4）八进制与十六进制

除了二进制与十进制外,八进制与十六进制由于其与二进制的特殊关系($8=2^3$,$16=2^4$)也常被使用。一般在机器外部,为了书写方便,也为了减少书写错误,常采用八进制与十六进制。八进制的基数为8,采用逢八进一的原则表示数据,权值为$8^{位序号}$,数字符号为0、1、2、3、4、5、6、7;十六进制的基数为16,采用逢十六进一的原则表示数据,权值为$16^{位序号}$,数字符号为0、1、2、3、4、5、6、7、8、9、A、B、C、D、E、F。十六进制后面常加后缀 H 以示用于表示数字符号的 A、B、C、D、E、F 与字母的区别,如 13AH、E25 等。

二、八、十、十六进制之间的关系表示如表 3.1 所示。

表 3.1　四种进位计数制

二 进 制 数	八 进 制 数	十 进 制 数	十六进制数
0000	0	0	0
0001	1	1	1
0010	2	2	2
0011	3	3	3
0100	4	4	4
0101	5	5	5
0110	6	6	6
0111	7	7	7
1000	10	8	8
1001	11	9	9
1010	12	10	A
1011	13	11	B
1100	14	12	C
1101	15	13	D
1110	16	14	E
1111	17	15	F
⋮	⋮	⋮	⋮
101101	55	45	2D
01101011	153	107	6B
110011010	632	410	19A

2. 进制间的相互转换

1）十进制转换为 R 进制

将十进制数转换为 R 进制数时,可以将数分为整数和小数两部分分别转换,然后再组合起来即可实现整个转换。

假设某十进制的数已转换为 R 进制的数,数字符号序列为:

$$x_{n-1}x_{n-2}\cdots x_1x_0.x_{-1}x_{-2}\cdots x_{-m}$$

（1）整数部分。

$$V(x)=x_{n-1}x_{n-2}\cdots x_i\cdots x_1x_0$$

$$=x_0+x_1\times R^1+x_2\times R^2+\cdots x_i\times R^i+\cdots x_{n-2}\times R^{n-2}+x_{n-1}\times R^{n-1}$$

若将其除以 R,可得:

$$V(x)/R = Q_0/R$$
$$= [x_0 + R \times (x_1 + x_2 \times R^1 + \cdots + x_i \times R^{i-1} + \cdots + x_{n-1} \times R^{n-2})]/R$$
$$= x_0 + Q_1$$

其中,x_0 为小于 R 的数,所以 x_0 为余数,Q_1 为商。

再将 Q_1 除以 R,可得

$$Q_1/R = x_1 + Q_2$$

x_1 为新得到的余数。

依此类推,$Q_i/R = x_i + Q_{i+1}$

如此循环下去,直到商为 0,就得到了从 x_0、x_1 一直到 x_{n-1} 的数字符号序列。

也就是说,要把十进制的整数转换为 R 进制的整数时,只需将十进制的整数连续地除以 R,其逐次所得到的余数即为从低位到高位的 R 进制的数字符号序列。

【例 3-5】 将 $(58)_{10}$ 转换为二进制的数。

```
                商
    2 | 58        余数
      | 29         0      低位
      | 14         1
      | 7          0
      | 3          1
      | 1          1
        0          1      高位
```

由此可得 $(58)_{10} = (111010)_2$

【例 3-6】 将 $(58)_{10}$ 转换为八进制的数。

```
                商
    8 | 58        余数
      | 7          2      低位
        0          7      高位
```

由此可得 $(58)_{10} = (72)_8$

【例 3-7】 将 $(58)_{10}$ 转换为十六进制的数。

```
                 商
   16 | 58            余数
      | 3        10——十六进制的A    低位
        0        3——十六进制的3     高位
```

由此可得 $(58)_{10} = (3A)_{16}$

（2）小数部分。

$$V(x) = 0. x_{-1} x_{-2} \cdots x_{-m}$$

$$= x_{-1} \times R^{-1} + x_{-2} \times R^{-2} + \cdots + x_{-m} \times R^{-m}$$

若将其乘以 R，可得：

$$V(x) \times R = F_0 \times R$$

$$= x_{-1} + x_{-2} \times R^{-1} + x_{-3} \times R^{-2} + \cdots + x_{-m} \times R^{-(m-1)}$$

$$= x_{-1} + F_1$$

其中，x_{-1} 为大于 1 的数，所以 x_{-1} 为整数，F_1 为小数部分。

再将 F_1 乘以 R，可得：

$$F_1 \times R = x_{-2} + F_2$$

x_{-2} 为新得到的整数。

依此类推，$F_i \times R = x_{-(i+1)} + F_{i+1}$

如此循环下去，直到小数部分为 0 或商的精度达到要求为止，就得到了从 x_{-1}、x_{-2} 一直到 x_{-m} 的数字符号序列。

也就是说，要把十进制的小数转换为 R 进制的小数数时，只需将十进制的小数连续地乘以 R，其逐次所得到的整数即为从 x_{-1} 到 x_{-m} 的 R 进制小数的数字符号序列。

【例 3-8】 将 $(0.5625)_{10}$ 转换为二进制的数。

```
                余数
        0.5625       整数
    ×       2
    ─────────────
        0.125        1      高位
    ×       2
    ─────────────
        0.25         0
    ×       2
    ─────────────
        0.5          0
    ×       2
    ─────────────
        0.0          1      低位
```

由此可得 $(0.5625)_{10} = (0.1001)_2$

【例 3-9】 将 $(0.5625)_{10}$ 转换为八进制的数。

```
                余数
        0.5625       整数
    ×       8
    ─────────────
        0.5000       4      高位
    ×       8
    ─────────────
        0.0          4      低位
```

由此可得$(0.5625)_{10}=(0.44)_8$

【例 3-10】 将$(0.5625)_{10}$转换为十六进制的数。

$$
\begin{array}{r}
\text{余数} \\
0.5625 \quad \text{整数} \\
\times \quad 16 \\
\hline
0.0000 \qquad 9 \quad \text{高位}
\end{array}
$$

由此可得$(0.5625)_{10}=(0.9)_{16}$

【例 3-11】 将$(0.6)_{10}$转换为二进制的数。

$$
\begin{array}{r}
\text{余数} \\
0.6 \quad \text{整数} \\
\times \quad 2 \\
\hline
0.2 \qquad 1 \quad \text{高位} \\
\times \quad 2 \\
\hline
0.4 \qquad 0 \\
\times \quad 2 \\
\hline
0.8 \qquad 0 \\
\times \quad 2 \\
\hline
0.6 \qquad 1 \\
\times \quad 2 \\
\hline
0.2 \qquad 1 \\
\times \quad 2 \\
\hline
0.4 \qquad 0 \\
\times \quad 2 \\
\hline
0.8 \qquad 0 \\
\times \quad 2 \\
\hline
0.6 \qquad 1 \quad \text{低位} \\
\times \quad 2 \\
\vdots \qquad \vdots
\end{array}
$$

由此可得$(0.6)_{10}=(0.10011001\cdots\cdots)_2$

小数部分在转换过程中出现了循环,永远也不可能出现 0。就要根据需要的精度(或说计算机可能表示的精度)进行截止舍入。

假如要保留小数点后 n 位,那么至少要求出 $n+1$ 位整数,然后进行舍入。

下面介绍一下二进制的舍入问题。

(3)二进制的舍入。

二进制的舍入有两种方法。下面对比进行介绍。

- 0舍1入法：被舍去的部分最高位如果为1,就将其加到保留部分的最低位,否则直接舍去。
- 恒1法：被舍去的部分如果含有真正的有效数位(即1),就使保留部分的最低位为1(不管其原来是0还是1)。

【例3-12】 将0.101100101保留到小数点后5位。

解：

按0舍1入法保留后的结果为0.10110。

按恒1法舍入后的结果为0.10111。

【例3-13】 将0.101111101保留到小数点后5位。

解：

按0舍1入法保留后的结果为0.11000。

按恒1法舍入后的结果为0.10111。

由上可知,$(0.6)_{10}$转换为二进制后,若小数点后保留5位,则无论采用0舍1入法还是恒1法,其结果都为$(0.10011)_2$。

上面分别介绍了从十进制到R进制的整数和小数部分的转换。

从上面的例题中可得

$$(58.5625)_{10} = (111010.1001)_2$$
$$(58.5625)_{10} = (72.44)_8$$
$$(58.5625)_{10} = (3A.9)_{16}$$

2) R进制转换为十进制

按照求值公式得

$$x = x_{n-1}x_{n-2}\cdots x_1 x_0 . x_{-1}x_{-2}\cdots x_{-m}$$

$$V(x) = \sum_{i=0}^{n-1} x_i \times R^i + \sum_{i=-1}^{-m} x_i \times R^i$$

基数为R的数,只要将各位数字与它所在位置的权R^i($R^{位序号}$)相乘,其积相加(按逢十进一的原则),即为相应的十进制数。

【例3-14】 将$(21A.8)_{16}$、$(3A.9)_{16}$转换为十进制的数。

解：

$$V((21A.8)_{16}) = 2 \times 16^2 + 1 \times 16^1 + 10 \times 16^0 + 8 \times 16^{-1}$$
$$= 2 \times 256 + 1 \times 16 + 10 \times 1 + 8/16 = 538.5$$
$$V((3A.9)_{16}) = 3 \times 16^1 + 10 \times 16^0 + 9 \times 16^{-1}$$
$$= 3 \times 16 + 10 \times 1 + 9/16 = 58.5625$$

由此可得$(21A.8)_{16} = (538.5)_{10}$,$(3A.9)_{16} = (58.5625)_{10}$

【例3-15】 将$(72.44)_8$转换为十进制的数。

解：

$$V((72.44)_8)) = 7 \times 8 + 2 \times 8^0 + 4 \times 8^{-1} + 4 \times 8^{-2}$$
$$= 7 \times 8 + 2 \times 1 + 4/8 + 4/64 = 58.5625$$

由此可得$(72.44)_8 = (58.5625)_{10}$

【例3-16】 将$(111010.1001)_2$转换为十进制的数。

解：

$$V((111010.1001)_2) = 1 \times 2^5 + 1 \times 2^4 + 1 \times 2^3 + 0 \times 2^2 + 1 \times 2^1 + 0 \times 2^0$$
$$+ 1 \times 2^{-1} + 0 \times 2^{-2} + 0 \times 2^{-3} + 1 \times 2^{-4}$$
$$= 32 + 16 + 8 + 2 + 0.5 + 0.625 = 58.625$$

由此可得$(111010.1001)_2 = (58.5625)_{10}$

3）二、八、十六进制间的相互转换

二进制、八进制与十六进制之间的转换由于它们之间存在着权的内在联系而得到简化。由于$2^4 = 16, 2^3 = 8$，所以，每一位十六进制数相当于四位二进制数，而每一位八进制数相当于三位二进制数。

（1）二进制转换为八进制或十六进制。

可将二进制的3位或4位一组转换为一位八进制或十六进制数。在转换中，位组的划分是以小数点为中心向左右两边延伸的，不足者补齐0。整数部分在高位补0，小数部分在低位补0。

【例3-17】 将$(111010.1001)_2$转换为八进制的数。

解：

位组划分： <u>111</u>   <u>010</u> . <u>100</u> <u>100</u>
八进制数：   7   2   4   4

由此可得$(111010.1001)_2 = (72.44)_8$

【例3-18】 将$(111010.1001)_2$转换为十六进制的数。

解：

位组划分： <u>0011</u>   <u>1010</u> . <u>1001</u>
十六进制数： 3   A   9

由此可得$(111010.1001)_2 = (3A.9)_{16}$

（2）八进制或十六进制转换为二进制。

将每一位八进制或十六进制数转换为3位或4位的一组二进制数。

【例3-19】 将$(D3A.94)_{16}$转换为二进制的数。

解：

十六进制数：   D   3   A . 9   4
           ↓   ↓   ↓   ↓   ↓
相应二进制数：1101 0011 1010 1001 0100

由此可得$(D3A.94)_{16} = (110100111010.100101)_2$

【例3-20】 将$(376.52)_8$转换为二进制的数。

解：

八进制数：   3   7   6 . 5   2
          ↓   ↓   ↓   ↓   ↓
相应二进制数：011 111 110 101 010

由此可得$(376.52)_8 = (11111110.10101)_2$

掌握了二、八、十六进制之间的内在联系，在它们之间的数制转换就不必用十进制作为

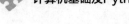

桥梁,既方便又不容易出错。

3.1.2 定点数与浮点数

在前面的内容中,介绍了进位计数制。在掌握了计算机内的二进制表示及二进制与其他进位计数制之间的相互转换之后,再来看一下小数点在计算机内是如何处理的。

数既可以是整数,也可以是小数。但是,计算机并不识别小数点。这就引出了小数点在机器内如何处理的问题。

计算机处理小数点的方式有两种:定点表示法和浮点表示法。定点表示法中,所有数的小数点都固定到有效数位间的同一位置;浮点表示法中,一个数的小数点可以在有效数位间任意游动。

小数点的位置固定不变的数称为定点数;小数点可以在有效数位间任意游动的数为浮点数。

采用定点表示法的计算机被称为定点机;采用浮点表示法的计算机称为浮点机。

假设一个二进制数 X,可以表示为

$$X = 2^E \times M$$

其中,E 是一个二进制整数,称为 X 的阶;2 为阶的基数;M 称为数 X 的尾数。尾数表示 X 的全部有效数字,而阶 E 指明该数的小数点的位置,阶和尾数都是带符号的数。在机器内部表示时,需要表示尾数和阶,至于基数和小数点,是不需要用任何设备表示的,只是一种约定。关于正负号表示,将在后面进行介绍。

定点表示法中所有数的 E 值都相同。浮点表示法中一个数的 E 值就可以有多个,不同的 E 值,其尾数中小数点的位置就不同。

比如:

0.10、10.101 和 1011.011 这三个数,在八位字长的时候,如果小数点固定在第 4 位和第 5 位之间,那么它们分别为 0000.1000、0010.1010 及 1011.0110。

而浮点表示中,一个数就可以因小数点在有效数位间任意移动而有多种表示。如:

$$0.1011011 = 0.001011011 \times 2^2 = 101.1011 \times 2^{-3}$$

$$100.10000 = 0.1001 \times 2^3 = 1001 \times 2^{-1}$$

下面分别介绍定点数和浮点数。

1. 定点数

1)定点整数和定点小数

计算机内,通常采取两种极端的形式表示定点数。要么所有数的小数点都固定在最高位,称为定点的纯小数机;要么所有数的小数点都固定在最低位,称为纯整数机。

在定点的纯小数机中,若不考虑符号位,那么数的表示可归纳为:$0.x_{-1}x_{-2}\cdots x_{-m}$,其中 x_i 为各位数字符号,m 为数值部分所占位数;0 和小数点不占表示位,只是为了识别方便,在表示的时候才书写出来,而在机器中,小数点的位置是默认的,无须表示。

定点的纯整数机中,数的表示可归纳为 $x_{n-1}x_{n-2}\cdots x_i\cdots x_1 x_0$,其中,$x_i$ 为各位数字符号;n 为数值部分所占位数。

2）定点数的表示范围

（1）n 位定点小数的表示范围。

最大数：$0.11\cdots11$

最小数：$0.00\cdots01$

范围：$2^{-n}\leqslant|x|\leqslant1-2^{-n}$

（2）n 位定点整数的表示范围。

最大数：$11\cdots11$

最小数：0

范围：$0\leqslant|x|\leqslant2^{n}-1$

如果运算的数小于最小数或大于最大数，则产生溢出。这里所说的溢出是指数据大小超出了机器所能表示的数的范围。

当数据大于机器所能表示的最大数时，就产生了上溢；而数据小于机器所能表示的最小数时，就产生了下溢。

一般下溢可当成 0 处理，不会产生太大的误差。如果参加运算的数、中间结果或最后结果产生上溢，就会出现错误的结果。因此，计算机要用溢出做标志迫使机器停止运行或转入出错处理程序。早期，程序员使用定点机进行运算要十分小心，常常通过选用比例因子来避免溢出的发生。

3）比例因子及其选取原则

在纯小数机或纯整数机中，若要表示的数不在纯小数或纯整数的范围之内，就要将其乘上一定的系数进行缩小或扩大为纯小数或纯整数以适应机器的表示，在输出的时候再做反方向调整即可。这个被乘的系数，称之为比例因子。

从理论上讲，比例因子的选择是任意的，因为尾数中小数点的位置可以是任意的。

比例因子不能过大。如果比例因子选择太大，将会影响运算精度。比如 $N=0.11$，机器字长为 4 位，则：

当比例因子为 2^{-1} 时，相乘后的结果为 0.011；

当比例因子为 2^{-2} 时，相乘后的结果为 0.001；

当比例因子为 2^{-3} 时，相乘后的结果为 0.000。

比例因子也不能选择过小。比例因子太小有可能使数据超出机器范围。如 $0.0110+0.1101=1.0011$。纯小数相加，产生了整数部分。

在选取比例因子时，必须要保证初始数据、预期的中间结果和运算的最后结果都在定点数的表示范围之内。

4）定点数的优缺点

定点数的最大优点是其表示简单，电路相对实现起来就容易，速度也比较快，但由于其表示范围有限，所以很容易产生溢出。

2．浮点数

1）浮点数的两部分

在机器内部，浮点数由阶和尾数两部分构成。尾数部分必须为纯小数；而阶的部分必须为纯整数。

例如：-0.101100×2^{-1011}。

在表示浮点数的时候,除了要表示尾数和阶的数值部分,还要表示它们的符号。所以,要完整地表示一个浮点数,须包括阶的符号(阶符)、阶的数值(阶码)、尾数的符号(尾符)、尾数的数值(尾码)四部分。它们的顺序与位置在不同的机器中会有所不同,但必须完整表示这四部分。

2)浮点数的表示范围

假设浮点数的尾数部分数值位为 n 位,阶的部分数值位为 l 位,那么,它的表示范围为

最大数:$0.11\cdots\cdots11\times2^{+11\cdots11}$

最小数:$0.00\cdots\cdots01\times2^{-11\cdots11}$

范围:$2^{-(2^l-1)}\times2^{-n}\leqslant|x|\leqslant(1-2^{-n})\times2^{+(2^L-1)}$

可以看出,浮点数的表示范围要远远超过定点数的表示范围。浮点数的最大数和最小数要比定点小数的最大数和最小数大或小 $2^{+(2^L-1)}$ 倍。

3)浮点数的优缺点

从上面的形式可以看出,要表示一个浮点数,其实现要比定点数的复杂,因而速度也会有所下降;但它的表示范围和数的精度要远远高于定点数。

4)浮点数的规格化

一个数所能保留的有效数位越多,其精度也就越高。

假如有下面三个浮点数:

A=0.001011×2^{00};

B=0.1011×2^{-10};

C=$0.00001011\times2^{+10}$。

这实际是同一个数的三个不同表示形式。

现在依据机器的要求,尾数的数值部分只能取 4 位,那么,三个数变为:

A=0.0010×2^{00};

B=0.1011×2^{-10};

C=$0.0000\times2^{+10}$。

A 只保留了两个有效数位,B 保留了全部的有效数位,而 C 却丢失了全部的有效数位。

如何尽可能地利用有限的空间保留尽可能多的有效数位呢?总结一下,可以发现:尾数部分的有效数位最高位的 1 越接近小数点,它的精度就越高。于是,要想办法使浮点数的尾数部分的最高位为 1 赢取最高的精度。这就涉及浮点数的规格化的问题。

所谓浮点数的规格化是指:在保证浮点数数值不变的前提下,适当调整它的阶,以使它的尾数部分最高位为 1。

规格化浮点数尾数部分的数值特征为 $0.1X\cdots\cdots XX$,即 $\frac{1}{2}\leqslant|m|<1$。

3. 定点数与浮点数的比较

一台计算机究竟采用定点表示还是浮点表示,要根据计算机的使用条件来确定。定点表示与浮点表示的比较见表 3.2。

表 3.2 定点表示与浮点表示的比较

比 较 项	定 点 表 示	浮 点 表 示
表示范围	较小	比定点范围大
精度	决定于数的位数	规格化时比定点高
运算规则	简单	运算步骤多
运算速度	快	慢
控制电路	简单,易于维护	复杂,难于维护
成本	低	高
程序编制	选比例因子,不方便	方便
溢出处理	由数值部分决定	由阶大小判断

从上面的介绍可以看出,定点数无论在数的表示范围、数的精度还是溢出处理方面,都不及浮点数。但浮点数的线路复杂,速度低。因此,在不要求精度和数的范围的情况下,采用定点数表示方法往往更快捷、经济。

一台机器可以采用定点数表示,也可以采用浮点数表示;但同时只能采用一种方式。相应地,机器被称为定点机或浮点机。

3.1.3 数的符号表示——原码、补码、反码

前面讨论了数的进制和小数点的处理。要真正表示一个数,还要考虑它的符号。数的符号是如何被处理的呢? 下面来讨论计算机内处理带符号的二进制表示系统——码制。

1. 机器数与真值

二进制的数也有正负之分,如 A=+1011,B=−0.1110,A 是一个正数,而 B 是一个负数。然而,机器并不能表示"+""−"。为了在计算机中表示数的正负,引入了符号位,即用一位二进制数表示符号。这被称之为符号位的数字化。

为了方便区分计算机内的数据和实际值,引入机器数和真值的概念。

真值:数的符号以通常的习惯用"+""−"表示。

机器数:数的符号数字化后用"0""1"表示。

数的符号数字化后,是否参加运算? 符号参加运算后数值部分又如何处理呢? 计算机内有原码、补码、反码三种机器数形式,还有专门用于阶的移码形式。下面分别介绍原码、补码和反码;限于篇幅,移码不予介绍。

2. 原码表示法

数的符号数字化后用"0"和"1"来表示,用户最自然的是想到用"0"和"1"在原来的"+""−"号位置上简单取代。这也正是原码表示法的基本思想。

在原码表示法中,用机器数的最高位表示符号,0 代表正,1 代表负;机器数的其余各位表示数的有效数值,为带符号数的二进制绝对值。所以,原码又称符号-绝对值表示法。

【例 3-21】 原码表示法。

$$[+1010110]_原 = 01010110$$
$$[-1010110]_原 = 11010110$$
$$[+0.1010110]_原 = 0.1010110$$

$$[-0.1010110]_{原}=1.1010110$$

数的符号数值化后,就可把原码的定义数学化出来。下面系统研究原码。

1) 原码的数学定义

n 字长定点整数(1 位符号位,$n-1$ 位数值位)的原码数学定义为

$$[x]_{原}=\begin{cases}x, & 0\leqslant x<2^{n-1}\\ 2^{n-1}+|x|, & -2^{n-1}<x\leqslant 0\end{cases}$$

n 字长定点小数的原码数学定义为

$$[x]_{原}=\begin{cases}x, & 0\leqslant x<1\\ 1+|x|, & -1<x\leqslant 0\end{cases}$$

【例 3-22】 求在 16 位字长的机器中,$+1010110$、-1010110 和 $+0.1010110$、-0.1010110 的原码。

解:

$$[+000000001010110]_{原}=0000000001010110$$
$$[-000000001010110]_{原}=1000000001010110$$
$$[+0.101011000000000]_{原}=0.101011000000000$$
$$[-0.101011000000000]_{原}=1.101011000000000$$

数值部分不足 $n-1$ 位的时候,要在整数数值位前面和小数数值位后面补足 0。

2) 关于零的原码

对于 0 来讲,正负 0 的原码是不同的。

$$[+00\cdots\cdots00]_{原}=000\cdots\cdots00$$
$$[-00\cdots\cdots00]_{原}=100\cdots\cdots00$$

3) 已知原码求真值

在已知二进制数原码的情况下,要求得它的真值也非常简单。

符号位为 1 的原码减去 1 或 2^{n-1} 就可得出真值的绝对值,符号位填上"$-$"就可得到真值。而符号位为 0 的原码,其本身就是真值的绝对值,只需把 0 改为"$+$"号或直接在前面加"$+$"(对于纯小数)即可。

【例 3-23】 已知原码求真值。

原码 10101100 的真值为

$$-(10101100-2^{8-1})=-(10101100-10000000)=-0101100$$

原码 1.010011000000000 的真值为

$$-(1.010011000000000-1)=-0.101011000000000$$

原码 00101100 的真值为 $+0101100$,原码 0.101011000000000 的真值为 $+0.101011000000000$。也可以简单地把原码的符号位的"1"改为"$-$"、把"0"改为"$+$"而求得真值。

4) 原码的运算

从上面的介绍可以看出,原码表示法只是简单地把"$+$""$-$"号数字化成了"0"和"1"。其他的与真值是相同的。

所以,原码的运算与真值的运算规则是相同的,即把符号和数值部分分开来处理。

这对于乘除法来讲是十分适合的,因为两个数相乘除时,符号和绝对值就是分别处理

的。而对于加减法来讲,似乎就比较麻烦。两个数进行加减的时候,要先比较它们的绝对值,然后再决定是做加法还是减法。也就是说两个数相加,实际做的有可能不是加法而是减法,反之也一样。

那么,可不可以把加减法变得简单起来呢? 比如只做加法而不必做减法。下面引进的补码表示法就大大简化了加减法。

3. 补码表示法

1) 补的概念及模的含义

为了引进"补"的概念,先来看看日常使用的时钟。

时钟若以小时为单位,表盘上有 12 个刻度。时针每转动一周,其计时范围为 1～12 点。若把 12 点称作 0 点,计时范围为 0～11,共 12 个小时。

假设现在时针指向 3。那么,要想让时针指向 9,可有两种方法。

方法一:让时针顺时针转 6 个刻度。可表示为
$$3+6=9$$

方法二:让时针逆时针转 6 个刻度。表示为
$$3-6=9(在共有 12 个数的前提下)$$

再来看时针指向 8 的情形。如果把时针顺时针转动 7 个刻度,它指向 3;逆时针转 5 个刻度也会指向 3。可表示为:$8+7\equiv8-5$(在共有 12 个数的前提下)。

为什么加一个数和减一个数会是等价的呢? 是因为表盘只有 12 个刻度,是有限的。为了系统研究加与减等价的问题,再来看一个实例。

假设某二进制计数器共有 4 位,那么它能记录 0000～1111 即十进制的 0～15 共 16 个数。它能记录的数是有限的。如果它现在的内容是 1011,那么把它变为 0000 也有两种方法:

$$
\begin{array}{r}
1011 \\
-\ 1011 \\
\hline
0000
\end{array}
\qquad
\begin{array}{r}
1011 \\
+\ 0101 \\
\hline
10000
\end{array}
$$

可以得出:$1011-1011=0000$,$1011+0101=0000$(在只有 4 位二进制共可表示 2^4 即 16 个数的前提下)。第二个式子中最高位的 1 会因只有 4 位而自动丢失。可以表示为:$1011-1011\equiv1011+0101$(在只有 16 个数的前提下)。

仔细观察上面的例子可以得出结论:在计数系统容量有限的前提下,加一个数和减一个数可以等价;并且它们的绝对值之和就等于这个计数系统的容量。如对于表盘来讲,$-6\equiv+6$,$-5\equiv+7$,6 与 6 之和以及 7 与 5 之和都为表盘刻度的总数 12;对于 4 位二进制计数器,1011 和 0101 之和为计数器的容量 16。

可以依此类推,假设计数系统的容量为 100,可有下面的式子存在:
$$97+7\equiv97-93,25+67\equiv25-33$$

简单表示为
$$+7\equiv-93,\quad+67\equiv-33$$

前面的 3 个系统中,12、16 和 100 是计数系统的容量。在计算机科学中称为"模"。

所谓模就是指一个计量系统的量程或它所能表示的最多数。

在有了模的概念之后,上面的等价式子可以表示为
$$+7\equiv-5(\bmod 12)$$

$$-1011 \equiv +0101 (\mathrm{mod}\ 2^4)$$
$$+7 \equiv -93 (\mathrm{mod}\ 100)$$

这里的 $+7$ 与 -5、-1011 与 $+0101$ 以及 $+7$ 与 -93 互称为在模 12、2^4 和 100 下的补数。

电子计算机系统是一种有限字长的数字系统。因此,它所有的运算都是有模运算。在运算过程中超过模的部分都会自然丢失。

补码的设计就是利用有模运算的这种自然丢失的特点,把减法变成加法,从而使计算机中的运算变得简单明了。

2) 正数的补码和负数的补码

在有模运算中,加上一个正数(加法)或加上一个负数(减法)可以用加上一个负数或加上一个正数来等价。如果加一个负数在运算过程中用加一个正数来等价,就把减法变成了加法;反过来,如果一个正数用一个负数来等价,就把加法变成了减法。后者是我们所不希望的。所以,为了简化加减运算,在运算过程中,把正数保持不变,负数用它的正补数来代替。这就引出了补码的概念。将补码简单定义为

$$[x]_{\text{补}} = \begin{cases} x, & x \geqslant 0 \\ x\ \text{的正补数}, & x \leqslant 0 \end{cases}$$

考虑到互为补数的两个数的绝对值之和为计数系统的模,又可将补码进一步定义为:

$$[x]_{\text{补}} = \begin{cases} x, & x \geqslant 0 \\ \text{模} - |x|, & x \leqslant 0 \end{cases}$$

对于用二进制表示信息的计算机系统来讲,如果不考虑符号位,n 位二进制数可表示的数从 $00\cdots00$ 到 $11\cdots11$ 共 2^n 个数,其模即为 2^n。

3) 补码的数学定义

n 字长定点整数(1 位符号位,$n-1$ 位数值位)的补码数学定义为

$$[x]_{\text{补}} = \begin{cases} x, & 0 \leqslant x < 2^{n-1} \\ 2^n - |x|, & -2^{n-1} \leqslant x < 0 \end{cases} \quad (\mathrm{mod}\ 2^n)$$

n 字长定点小数的补码数学定义为

$$[x]_{\text{补}} = \begin{cases} x, & 0 \leqslant x < 1 \\ 2 - |x|, & -1 \leqslant x < 0 \end{cases} \quad (\mathrm{mod}\ 2)$$

这里,有必要对补码数学定义中的模进行说明。$n-1$ 位数值位可表示的数据个数为 2^{n-1} 个,其模应为 2^{n-1},但前面定义中的模却为 2^n。

下面以 4 位二进制数为例。4 位数中,符号占 1 位,3 位数值位。如果以 2^3 为模,做如下运算:

$$\begin{array}{r} 1000 \\ -\ 101 \\ \hline 0011 \end{array}$$

可以看到,得到的数为 0011。至于这个 0011 是 -101 的补数,还是 $+011$ 本身,无从知晓。

倘若以 2^4 为模,运算如下:

$$
\begin{array}{r}
10000 \\
-\quad 101 \\
\hline
1011
\end{array}
$$

此时的结果 1011,就可以与 +011 区分开来。

由此可知,用 2^n 做模求出来的负数的补数在最高位带出了特征位"1",而用 2^{n-1} 做模却达不到这样的效果。小数补码的模由 1 变为 2,也是同样的道理。

【例3-24】 已知真值求补码。

$$[+1010110]_{补} = 01010110 \ (\bmod \ 2^8)$$

$$[-1010110]_{补} = 10101010 \ (\bmod \ 2^8)$$

$$[+0.1110010]_{补} = 0.1110010 \ (\bmod \ 2)$$

$$[-0.1110010]_{补} = 1.0001110 \ (\bmod \ 2)$$

4) 求补码的方法

由定义可知:正数的补码只要把真值的符号位变为 0,数值位不变(n 位字长,数值位应为 $n-1$ 位。超过 $n-1$ 位时要适当舍入,不足 $n-1$ 位时,要在整数的高位或小数的低位补足 0)即可求得。下面介绍的补码求法主要是针对负数而言。假设真值的数值位为 $n-1$ 位。

方法一:按补码的数学定义求。

方法二:从真值低位向高位检查,遇到 0 的时候照写下来,直到遇到第一个 1,也照写下来;第一个 1 前面的各位按位取反(0 变成 1,1 变成 0),符号位填 1。

【例3-25】 已知:$X = -1101100$,求 X 在 8 位机中的补码。

解:补码求法示意为

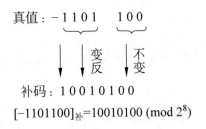

$$[-1101100]_{补} = 10010100 \ (\bmod \ 2^8)$$

方法三:对其数值位各位按位取反末位加 1 符号填 1。

【例3-26】 已知:$X = -0.1010100$,求 X 在 8 位机中的补码。

解:

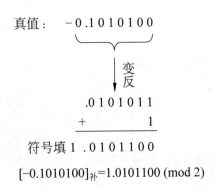

$$[-0.1010100]_{补} = 1.0101100 \ (\bmod \ 2)$$

用同样的方法可以求得：$[-1101100]_{补}=10010100\ (\bmod\ 2^8)$

计算机中常采用此种方法求补码。

5）关于零的补码

对于 0 来讲，正负 0 的补码是相同的。

$$[+00\cdots\cdots00]_{补}=000\cdots\cdots00$$

$$[-00\cdots\cdots00]_{补}=000\cdots\cdots00$$

6）已知补码求真值

先判断补码的最高位，若为 0，则表明该补码为正数的补码，只要将最高位用正号表示，即得到其真值。若为 1，则表示该补码为负数的补码，只需将其数值部分再求一次补，将最高位用负号表示，便得到其真值。

【例 3-27】 已知：$[X]_{补}=10110110$，$[Y]_{补}=0.0101011$，求 X，Y。

解：$[X]_{补}$ 最高位为 1，所以 X 为负数。数值部分按求补的方法变换后为 1001010，因此，$X=-1001010$。

$[Y]_{补}$ 最高位为 0，所以 Y 为正数，数值部分不变，$Y=+0.0101011$。

7）补码的运算

补码在运算的时候，符号和数值部分一起参加运算。补码的引进，为加减法带来了极大便利。限于篇幅，关于补码运算方法，此处不再赘述。

4. 反码表示法

补码表示法确实为加减法运算带来了方便。但是，按照定义求负数的补码时却用到了减法。下面来做一下变换，以整数为例。

令 $X=-X_{n-2}X_{n-3}\cdots X_1 X_0$，则有

$$[X]_{补}=2^n+X$$

$$=1000\cdots00-X_{n-2}X_{n-3}\cdots X_1 X_0$$

$$=111\cdots11+00\cdots01-X_{n-2}X_{n-3}\cdots X_1 X_0$$

$$=1\ \overline{X}_{n-2}\overline{X}_{n-3}\cdots\overline{X}_1\overline{X}_0+00\cdots01$$

上式中的 $1\ \overline{X}_{n-2}\overline{X}_{n-3}\cdots\overline{X}_1\overline{X}$ 即为负数 X 的反码。

一个负数的反码即为对其原码除符号位以外的各位按位取反，或补码减去末位的 1。

1）反码的数学定义

n 字长定点整数（1 为符号位，$n-1$ 位数值位）的反码数学定义为

$$[x]_{反}=\begin{cases}x, & 0\leqslant x<2^{n-1}\\ 2^n-1-|x|, & -2^{n-1}<x\leqslant 0\end{cases}\quad\bmod(2^n-1)$$

n 字长定点小数的反码的数学定义为

$$[x]_{反}=\begin{cases}x, & 0\leqslant x<1\\ 2-2^{-(n-1)}-|x|, & -1<x\leqslant 0\end{cases}\quad\bmod(2-2^{-(n-1)})$$

反码又被称为"1"补码。

【例 3-28】 求 16 位字长的机器中，$+1010110$、-1010110 和 $+0.1010110$、-0.1010110 的反码。

解：

$$[+000000001010110]_反 = 0000000001010110$$

$$[-000000001010110]_反 = 1111111110101001$$

$$[+0.101011000000000]_反 = 0.101011000000000$$

$$[-0.101011000000000]_反 = 1.010100111111111$$

数值部分不足 $n-1$ 位的时候，要在整数数值位前面和小数数值位后面补足 0。

2）关于零的反码

对于 0 来讲，正负 0 的反码是不同的。

$$[+00\cdots\cdots00]_反 = 000\cdots\cdots00$$

$$[-00\cdots\cdots00]_反 = 111\cdots\cdots11$$

3）已知反码求真值

在已知数的反码的情况下，要求得它的真值也非常简单。

可以按照公式，符号位为 1 的反码用 1.11……11 或 11……11(n 个 1)减去反码就可得出真值的绝对值，符号位填上"-"就可得到真值。而符号位为 0 的反码，其本身就是真值的绝对值，只需把 0 改为"+"号或直接在前面加"+"(对于纯小数)即可。

【例 3-29】 已知反码求真值（整数）。

解：

反码 10101100 的真值为

$$-(11111111 - 10101100) = -1010011$$

反码 1.101011000000000 的真值为

$$-(1.111111111111111 - 1.101011000000000) = -0.010100111111111$$

反码 00101100 的真值为 +0101100，反码 0.101011000000000 的真值为 +0.101011000000000。

也可以把负数反码的符号位的"1"改为"-"、把数值部分各位按位取反来求得真值。

【例 3-30】 已知反码求真值（小数）。

解：

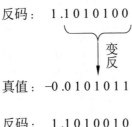

反码：　1.1010100

变反

真值：－0.0101011

反码：　1.1010010

变反

真值：－0.0101101

4）反码的运算

反码在运算的时候，符号和数值部分一起参加运算。关于反码运算方法，此处不予详述。

5. 原码、补码、反码三种机器数的比较

1）正数与负数的不同码制

三种码制最高位均为符号位。

真值为正时：三种码制相同。符号位为 0，数值部分与真值同。

真值为负时：符号位均为 1。原码的数值部分与真值同，反码为原码的各位按位取反，补码为反码的末位加 1。

2）数的范围

0 的表示原、反码各有两种，补码只有一种。

原、反码表示的正、负数范围相对于 0 对称。

$$对于整数：-2^{n-1} < X < +2^{n-1}$$
$$对于小数：-1 < X < +1$$

补码表示的负数范围比正数范围大，多表示一个最小负数 $100\cdots\cdots00$，真值为 -2^{n-1} 或 -1，无可被表示的最大正数与之对应。

$$对于整数：-2^{n-1} \leqslant X < +2^{n-1}$$
$$对于小数：-1 \leqslant X < +1$$

3）运算规则

补码、反码的符号位与数值位一起参加运算，原码符号位与数值位分开处理。

整数通常采用补码形式在计算机中存储及运算。

6. 综合例题

计算机要表示一个数值数据，需要考虑三个方面的因素：数制的处理，小数点的处理和符号的处理。计算机内的数值数据用二进制来表示；小数点的处理方法有定点表示法和浮点表示法；符号的处理有原码表示法、补码表示法、反码表示法以及阶的移码表示法。表 3.3 是 8 字长计算机中常用数据的各种码制对照表。

表 3.3　8 字长计算机常用数据的各种码制对照表

真　　值	原码表示	反码表示	补码表示	移码表示
127	01111111	01111111	01111111	11111111
126	01111110	01111110	01111110	11111110
1	00000001	00000001	00000001	10000001
+0	00000000	00000000	00000000	10000000
−0	10000000	11111111	00000000	10000000
−1	10000001	11111110	11111111	01111111
−127	11111111	10000000	10000001	00000001
−128	无法表示	无法表示	10000000	00000000

下面，通过两个具体的实例来体会计算机中数值数据的表示。

【例 3-31】　已知 $X = +13/128$，试用二进制表示成定点数和浮点数（尾数数值部分取 7 位，阶码部分取 3 位，阶符、尾符各占 1 位），并写出它们在定点机和浮点机中的机器数形式。

解：
$$X = +1101/2^7 = +0.0001101$$

定点：$X = +0.0001101$

规格化浮点：$X=+0.1101000\times2^{-011}$

定点机中：

$$[X]_原=[X]_补=[X]_反=00001101$$

浮点机中：

$$[X]_原=1011\quad01101000$$
$$[X]_补=1101\quad01101000$$
$$[X]_反=1100\quad01101000$$

【例 3-32】 已知 $X=-17/64$，试用二进制表示成定点数和浮点数，要求同上例。

解：

$$X=-10001/2^6=-0.010001$$

定点：$X=-0.0100010$

规格化浮点：$X=-0.1000100\times2^{-001}$

定点机中：

$$[X]_原=10100010$$
$$[X]_补=11011110$$
$$[X]_反=11011101$$

浮点机中：

$$[X]_原=1001\quad11000100$$
$$[X]_补=1111\quad10111100$$
$$[X]_反=1110\quad10111011$$

注：因小数点可以在有效数位间任意位置，一个数的浮点表示可以有很多种。这里只表示出规格化后的形式。

另外，在机器中，浮点数的阶、尾两部分不一定都用同一种码制表示。这里如此列出，只是为了方便。

3.2 非数值数据

计算机不仅能够对数值数据进行处理，还能够对逻辑数据、字符数据（字母、符号、汉字）以及多媒体数据（图形、图像、声音）等非数值数据信息进行处理。非数值数据是指不能进行算术运算的数据。

3.2.1 逻辑数据的表示与逻辑运算

1. 逻辑数据的表示

逻辑数据是用二进制代码串表示的参加逻辑运算的数据。其主要应用于逻辑判断。

逻辑数据由若干位无符号二进制代码串组成，位与位之间没有权的内在联系，只进行本位操作。每一位只有逻辑值："真"或"假"。一般情况下，0 对应逻辑假，1 对应逻辑真，如 10110001010。从表现形式上看，逻辑数据与数值数据区别不大，要由指令来识别是否为逻辑数据。

2. 逻辑运算

逻辑运算包括逻辑与、逻辑或、逻辑非、逻辑异或、逻辑同或、逻辑移位等。

1）逻辑与运算

逻辑与运算又被称为逻辑乘。其运算规则为

$$0 \wedge 0=0, \quad 0 \wedge 1=0, \quad 1 \wedge 0=0, \quad 1 \wedge 1=1$$

逻辑与运算可以简单描述为：当且仅当两个操作数都为逻辑真时，逻辑与运算的结果才为真；其他情况时，运算结果均为假。

2）逻辑或运算

逻辑或运算又被称为逻辑加。其运算规则为

$$0 \vee 0=0, \quad 0 \vee 1=1, \quad 1 \vee 0=1, \quad 1 \vee 1=1$$

逻辑或运算可以简单描述为：当且仅当两个操作数都为逻辑假时，逻辑或运算的结果才为假；其他情况时，运算结果均为真。

3）逻辑非运算

逻辑非运算又被称为逻辑取反。其运算规则为

$$\bar{1}=0, \quad \bar{0}=1$$

逻辑非运算可以简单描述为：非假即真，非真即假。

4）逻辑异或运算

逻辑异或运算的规则为

$$0 \oplus 0=0, \quad 0 \oplus 1=1, \quad 1 \oplus 0=1, \quad 1 \oplus 1=0$$

逻辑异或运算可以简单描述为：两个操作数相同时，异或运算结果为假；两个操作数不同时，异或运算结果为真。

5）逻辑同或运算

逻辑同或运算的规则为

$$0 \odot 0=1, \quad 0 \odot 1=0, \quad 1 \odot 0=0, \quad 1 \odot 1=1$$

逻辑同或运算与逻辑异或运算结果正好相反：两个操作数相同时，同或运算结果为真；两个操作数不同时，同或运算结果为假。

6）逻辑移位运算

逻辑移位运算分为逻辑左移和逻辑右移。逻辑左移时，所有位向左移动移位，最高位丢弃，最低位补 0；逻辑右移时，所有位向右移动移位，最低位丢弃，最高位补 0。

【例 3-33】 计算 11010001 和 01010000 两个数据的逻辑与、逻辑或、逻辑异或、逻辑同或的结果。

解：根据逻辑运算规则，4 种逻辑运算结果如下：

$$
\begin{array}{cccc}
11010001 & 11010001 & 11010001 & 11010001 \\
\wedge\,01010000 & \vee\,01010000 & \oplus\,01010000 & \odot\,01010000 \\
\hline
01010000 & 11010001 & 10000001 & 01111110
\end{array}
$$

【例 3-34】 计算 11010001 的逻辑非、逻辑左移一位、逻辑右移两位的结果。

解：11010001 逻辑非的结果为：00101110；

11010001 逻辑左移一位的结果为：10100010；

11010001 逻辑右移两位的结果为：00110100。

用计算机处理数据时,若需要把数据中的某些位变为 0 而其他位保持不变时,可以用与运算来实现;若需要把数据中的某些位变为 1 而其他位保持不变时,可以用或运算来实现;若需要把数据中的某些位取反而其他位保持不变时,可以用异或运算来实现。

3.2.2　十进制数字编码

计算机内毫无例外地都使用二进制数进行运算,但通常采用八进制和十六进制的形式读写。

计算机技术专业人员理解这些数的含义是没问题的,但非专业人员理解起来就不那么容易了。由于日常生活中,人们最熟悉的数制是十进制,因此专门规定了一种二进制的十进制码,简称 BCD 码(Binary-Coded Decimal),它是一种以二进制表示十进制数的编码。

BCD 编码是用 4 位二进制码的组合代表十进制数的 0、1、2、3、4、5、6、7、8、9 十个数字符号。4 位二进制数码有 16 种组合,原则上可任选其中的 10 种作为代码,分别代表 10 个数字符号。因 $2^4 = 16$,而十进制数只有十个不同的数码,故 16 种组合中选取 10 组,可组成多种 BCD 码方案。

根据 4 位代码中每位是否有确定的位权进行划分,分为有权码和无权码两类。

在有权码中使用最普遍的是 8421 码,即 4 个二进制位的位权从高到低分别为 8、4、2、1。有权码还有 2421 码、5211 码及 4311 码。无权码中常用的是余 3 码和格雷码。余 3 码是在 8421 码的基础上,把每个代码加 0011 而构成。格雷码的编码规则是相邻的两个代码之间只有一位不同。常用的二-十进制编码见表 3.4。

表 3.4　常用的二-十进制编码表

十 进 制 数	8421 码	2421 码	5211 码	4311 码	余 3 码	格 雷 码
0	0000	0000	0000	0000	0011	0000
1	0001	0001	0001	0001	0100	0001
2	0010	0010	0011	0011	0101	0011
3	0011	0011	0101	0100	0110	0010
4	0100	0100	0111	1000	0111	0110
5	0101	1011	1000	0111	1000	0111
6	0110	1100	1010	1011	1001	0101
7	0111	1101	1100	1100	1010	0100
8	1000	1110	1110	1110	1011	1100
9	1001	1111	1111	1111	1100	1101

【例 3-35】 求十进制数的编码。

解:

$$(1945.628)_{10}$$
$$= (0001100101000101.011000101000)_{8421}$$
$$= (0100110001111000.100101011011)_{余3码}$$
$$= (0001110101100111.010100111100)_{格雷码}$$

3.2.3 字符数据编码

字符数据是指用二进制代码序列表示的字母、数字、符号等的序列。字符数据主要用于主机与外设之间进行信息交换。

字符数据也是一种编码。编码最早源于电报的明码。例如,北京为 0554 0019,4 位十进制数表示一个汉字。在计算机中,关于字符数据的编码包括表示最基本字符的 ASCII 字符编码、汉字及其他文字编码等。

1. ASCII 字符编码

我们在使用计算机进行输入/输出操作及各种动作的时候,基本上要用到 95 种可打印字符(能用键盘输入并可显示的字符,包括大小写英文字母 A~Z;数字符号 0~9;标点符号;特殊字符)和 32 种控制字符(不可打印的 Ctrl、Shift、Alt 等)。需将它们进行数字化处理之后才能输入计算机。数字化处理后的数据即为字符数据。

目前,国际上广泛使用的字符是美国信息标准码,简称 ASCII 码。每个 ASCII 字符用 7个二进制位编码,共可表示 $2^7=128$ 个字符。ASCII 字符表如表 3.5 所示。

表 3.5　ASCII 码字符表

$b_3 b_2 b_1 b_0$	$b_6 b_5 b_4$							
	000	001	010	011	100	101	110	111
0000	NUL	DLE	SP	0	@	P	、	p
0001	SOH	DC1	!	1	A	Q	a	q
0010	STX	DC2	"	2	B	R	b	r
0011	ETX	DC3	#	3	C	S	c	s
0100	EOT	DC4	$	4	D	T	d	t
0101	ENQ	NAK	%	5	E	U	e	u
0110	ACK	SYM	&	6	F	V	f	v
0111	BEL	ETB	'	7	G	W	g	w
1000	BS	CAN	(	8	H	X	h	x
1001	HT	EM	)	9	I	Y	i	y
1010	LF	SUB	*	:	J	Z	j	z
1011	VT	ESU	+	;	K	[	k	{
1100	FF	FS	,	<	L	\	l	|
1101	CR	GS	—	=	M	]	m	}
1110	SO	RS	.	>	N	↑	n	Esc
1111	SI	US	/	?	O	↓	o	Del

为了构成一个字节,ASCII 码允许加一位奇偶校验位,一般加在一个字节的最高位,用作奇偶校验。通过对奇偶校验位设置"1"或"0"状态,保持 8 位字节中的"1"的总个数是奇数(称奇校验)或偶数(称为偶校验),用以检测字符在传送(写入或读出)过程中是否出错。

表 3.5 中的 ENQ(查询)、ACK(肯定回答)、NAK(否定回答)等,是专门用于串行通信的控制字符。

在 ASCII 码字符表中查找一个字符所对应的 ASCII 码的方法是:向上找 $b_6 b_5 b_4$ 向左

找 $b_3b_2b_1b_0$。例如，字母 Z 的 ASCII 码中的 $b_6b_5b_4$ 为 101B(5H)，$b_3b_2b_1b_0$ 为 1010B(AH)。因此，Z 的 ASCII 码为 1011010B(5AH)。

ASCII 码也是一种 0,1 码，把它们当作二进制数看待，称为字符的 ASCII 码值。用它们代表字符的大小，可以对字符进行大小比较。

1981 年，我国参照 ASCII 码颁布了国家标准《信息处理交换用汉字编码字符集——基本集》，与 ASCII 码基本相同。

2. 汉字编码

由于信息在计算机中都是以二进制形式存在的，若想让计算机能够存储和处理汉字，也必须对汉字进行编码，为每个汉字分配一个唯一的二进制代码。汉字信息处理必须考虑汉字的输入、存储以及显示。汉字编码包括将汉字输入计算机的汉字输入码、将汉字存储在计算机内的汉字机内码以及将汉字在输出设备上显示出来的汉字字形码。

计算机进行汉字处理的过程如图 3.1 所示。

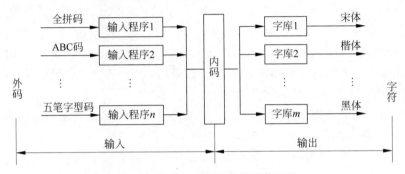

图 3.1 计算机进行汉字处理的过程

用户按照一定的输入方法（拼音、偏旁部首、数字等）输入汉字信息，相应的输入程序将输入码转换成计算机机内码存储在计算机内；需要输出的时候，相应的程序再通过调用相应字库里的字模信息将机内码转换成字形码，并以汉字的形式显示出来。

内码与字符是一一对应的，而外码（输入码）与内码具有多对一的关系，字库（输出码）与内码也是多对一的关系。

1）汉字输入码

将汉字输入计算机，有模式识别输入和汉字编码输入两种途径。

（1）通过模式识别输入。模式识别是指对表征事物或现象的各种形式的（数值的、文字的和逻辑关系的）信息进行处理和分析，以及对事物或现象进行描述、辨认、分类和解释的过程，是信息科学和人工智能的重要组成部分。模式识别法输入即指计算机通过"视觉""听觉"及"触觉"装置（如扫描仪、话筒、手写板、触摸屏等）提取相应的输入信息，再经过模式识别软件的处理、辨识与解释，形成相应的汉字并转换成机内码的过程。

（2）通过汉字编码输入。用户借助输入设备（通常为键盘）并根据一定的编码方法通过相应的输入方法将汉字输入计算机。如何利用标准英文键盘输入汉字，目前已提出的方法约有 2000 种，可分为以下几类：

- 汉字拼音输入码，如全拼码、双拼码等；
- 汉字字形编码，如五笔字型码、首尾码、101 码等；

- 汉字音形编码；
- 汉字数字编码，如区位码、电报码等。

每一种汉字输入程序的基本功能都是将输入码转换成机内码。

2）汉字机内码

机内码是指计算机系统内部处理和存储字符时使用的代码。

由于英文处理比较简单，所以其机内码就是 ASCII 码。ASCII 码用 8 位二进制数表示一个字符，其中第 1 位是奇偶校验位。

汉字被许多国家和地区所使用，所以目前存在多种汉字机内码标准。常用的汉字编码标准有 GB 2312—1980、GB 18030—2000 和 BIG5 码。这些码简称国标码，经过适当的转换（以区别于基本字符编码 ASCII 码），称为汉字在计算机内存储的机内码。

（1）GB 2312—1980 码。GB 2312—1980 码也称为国标交换码、国标码和 GB 码，是中华人民共和国国家汉字信息交换用途码，全称《信息处理交换用汉字编码字符集——基本集》，由国家标准总局于 1981 年发布。GB 2312 共收录 6763 个汉字及 682 个图形字符。

（2）GB 18030—2000 码。GB 18030—2000 码是最新的汉字编码字符集国家标准，向下兼容 GBK 和 GB 2312—1980 标准。GB 18030 编码根据 Unicode 标准对 GBK 进行了扩充，在双字节接触上对生僻字采用四字节进行编码，共收录了 27 533 个汉字，还收录了日文、朝鲜语和中国藏族、蒙古族等少数民族的文字。

（3）BIG5 码。BIG5 码是通行于我国台湾、香港地区的繁体汉字编码方案，也称为大五码。它是双字节编码方案，共收录了 13 461 个汉字和符号。

总之，不管是用哪一种输入码输入的汉字，以什么编码标准方案进行的转换，在计算机内部存储时，都使用机内码。这也是为什么用一种汉字输入法输入的文档也可以用另一种汉字输入法对其进行修改的原因之所在。

3）汉字字形码

字库也称为字形码或字模码，与机内码是多对一的关系，一个机内码对应多个字模码，用于输出不同的字形，可以将内码转换成各种不同的字形。或者说，不同的字体有不同的字库。简单地说，输出时机内码作为字库的地址，选定了字体后，每一个机内码驱动一个字将其输出。全部汉字字形的集合叫作汉字字形库（简称汉字库）。汉字的字库分为点阵字库和矢量字库两类。

（1）点阵字库。点阵字库就是将每个汉字（包括一些特殊符号）看成是一个矩形框内的一些横竖排列的点的集合，有笔画的位置用黑点表示，无笔画的位置用白点表示，分别对应二进制的 1 和 0，将这些点阵信息记录下来，就成了字库。一般汉字系统中汉字字形的点阵规格有 16×16、24×24、48×48 几种。点阵越大，每个汉字的笔画越清晰，打印质量也就越高。点阵字库显示或打印速度快，但占用存储空间大，且不能缩放。假设每个汉字由 16×16 点阵组成，那么，需要占 32 个字节；24×24 点阵需要占 72 个字节（每个汉字字模占用的字节数＝点阵行数×点阵列数/8）。点阵字库常用于针式打印机和屏幕显示。

（2）矢量字库。保存的是汉字的笔画轮廓信息，包括组成汉字的每一个笔画的起点坐标、终点、半径、弧度等。在显示和打印这类字库的字形，要经过一系列的数学运算才能输出结果。矢量字库的汉字显示速度慢，但占用存储空间小，汉字可任意缩放。缩放后的笔画轮廓仍能保持圆滑、流畅。矢量字库多用于激光打印机和绘图仪。

3.2.4 多媒体数据

多媒体数据包括文字、声音、图形、图像及视频数据。文字可以理解为字符。在前面已经叙述过了,此处不再赘述。

1. 声音编码

1) 音调、音强和音色

声音是通过声波改变空气的疏密度,引起鼓膜振动而作用于人的听觉的。从听觉的角度,音调、音强和音色称为声音的三要素。

音调决定于声波的频率。声波的频率越高,则声音的音调越高;声波的频率越低,则声音的音调越低。人的听觉范围为 20Hz～20kHz。

音强又称响度,决定于声波的振幅。声波的振幅越高,则声音越强;声波的振幅越低,则声音越弱。

音色决定于声波的形状。混入音波基音中的泛音不同,得到不同的音色。

图 3.2 形象地说明了两种不同的声音的三要素的不同。

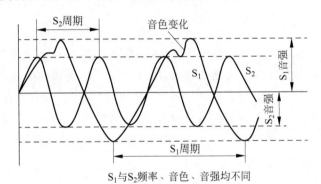

图 3.2 两种不同声音的三要素

显然,声音媒体的质量主要决定于它的频宽。

2) 波形采样量化

任何用符号表示的数字都是不连续的。如图 3.3 所示,波形的数字化过程是将连续的波形用离散的(不连续的)点近似代替的过程。在原波形上取点,称为采样。用一定的标尺确定各采样点的值(样本),称为量化(见图 3.3 中的粗竖线)。量化之后,很容易将它们转换为二进制(0,1)码(见图 3.3 中的表)。

3) 采样量化的技术参数

一个数字声音的质量,决定于下列技术参数。

(1) 采样频率。

采样频率即一秒内的采样次数,它反映了采样点之间的间隔大小。间隔越小,丢失的信息越少,数字声音越细腻逼真,要求的存储量也就越大。由于计算机的工作速度和存储容量有限,而且人耳的听觉上限为 20kHz,所以采样频率不能也不需要太高。根据奈奎斯特采样定律,只要采样频率高于信号中的最高频率的两倍,就可以从采样中恢复原始的波形。因此,40kHz 以上的采样频率足以使人满意。目前,多媒体计算机的标准采样频率有 3 个:44.1kHz、22.05kHz 和 11.025kHz。CD 唱片采用的是 44.1kHz。

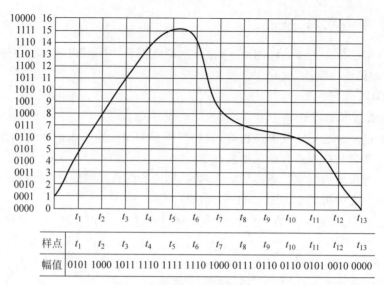

样点	t_1	t_2	t_3	t_4	t_5	t_6	t_7	t_8	t_9	t_{10}	t_{11}	t_{12}	t_{13}
幅值	0101	1000	1011	1110	1111	1110	1000	0111	0110	0110	0101	0010	0000

图 3.3 波形的采样与量化

（2）测量精度。

测量精度是样本在纵向方向的精度，是样本的量化等级，它通过对波形纵向方向的等分而实现。由于数字化最终要用二进制数表示，所以常用二进制数的位数表示样本的量化等级。若每个样本用 8 位二进制数表示，则共有 $2^8=256$ 个量级。若每个样本用 16 位二进制数表示，则共有 $2^{16}=65\,536$ 个量级。量级越多，采样越接近原始波形；数字声音质量越高，要求的存储量也越大。目前，多媒体计算机的标准采样量级有 8 位和 16 位两种。

（3）声道数。

声音记录只产生一个波形，称为单声道。声音记录产生两个波形，称为立体声双声道。立体声比单声道声音丰满、空间感强，但需两倍的存储空间。

2. 图形与图像编码

图形（Graphic）和图像（Image）是画面在计算机内部的两种表示形式。

图像表示法是将原始图画离散成 $m \times n$ 个像点-像素组成的矩阵。每一个像素根据需要用一定的颜色和灰度表示。对于 GRB 空间的彩色图像，每个像素用 3 个二进制数分别表示该点的红（R）、绿（G）、蓝（B）3 个彩色分量，形成 3 个不同的位平面。此外，每一种颜色又可以分为不同的灰度，当采用 256 个灰度等级时，各位平面的像素位数都为 8 位。这样，对于 RGB 颜色空间，且具有 256 个灰度级别时，要用 24 位二进制数表示（称颜色深度为 24）。24 位共可以表示 2^{24} 种颜色。图像表示常用于照片以及汉字字形的点阵描述。

图形表示是根据图画中包含的图形要素——几何要素（点、线、面、体）、材质要素、光照环境和视角等进行描述表示。图形表示常用于工程图纸、地图以及汉字字形的轮廓描述。

3.3　数据校验编码

计算机系统工作过程中，由于脉冲噪声、串音、传输质量等原因，有时在信息的形成、存取、传送中会发生错误。为减少和避免这些错误，一方面要提高硬件的质量，另一方面可以先对要传输的数据进行编码,使编码后的数据具有检测或者更正错误的功能,再将编码后的数据进行传输。这种具有发现错误,甚至能够更正少量错误的数据编码,称为抗干扰码或数据校验码。

数据校验码的工作原理是:按一定的规律在有用信息的基础上再附加上一些冗余信息,使编码在简单线路的配合下能发现错误、确定错误位置甚至自动纠正错误。

通常,一个 k 位的信息码组应加上 r 位的校验码组,组成 $k+r$ 位抗干扰码字(在通信系统中称为一帧)。

在现代计算机硬件制造和数据通信领域广泛采用数据编码校验技术来提高数据的可靠性。常用的校验技术有奇偶校验码、循环冗余校验码和汉明校验码等。其中,奇偶校验码和循环冗余校验码主要用于检测数据错误,奇偶校验码主要用于单个字符的错误检测,循环冗余校验码主要用于一批数据的错误检测;而汉明校验码不但可以检测数据错误,还可以纠正错误。

3.3.1 奇偶校验码

奇偶校验码是奇校验码和偶校验码的统称,是一种最基本的检错码。它是在被传输的 n 位二进制信息元上额外加上 1 位二进制校验位。如果是奇校验码,在附加上 1 位校验位后,码长为 $n+1$ 位的码字中 1 的个数必须保证为奇数个;如果是偶校验码,则在附加上 1 位校验位后,码长为 $n+1$ 位的码字中 1 的个数必须保证为偶数个。当采用奇偶校验码时,通信双方必须采用统一的校验方式(奇校验或偶校验)才可正常通信。表 3.6 给出了几个奇偶校验的例子。

表 3.6 奇偶校验码示例

原 始 数 据	奇校验编码结果	偶校验编码结果
0101110	10101110	00101110
0010000	00010000	10010000
1010110	11010110	01010110

表 3.6 中编码结果中最高位为附加的校验位,低 7 位为有效数据位,在数据传输和存储前计算校验信息时,有效数据位中的信息要保持不变。

奇偶校验码可以检测出被传输的数据在传输过程中是否出现了差错。当数据进行通信时,需要将位信息元和 1 位校验元构成的 $n+1$ 位数据码一起发送,接收方收到数据后重新计算数据中 1 的个数,由此可知道数据是否正确。例如,通信系统双方约定采用奇校验,发送方发送的每个码字中 1 的个数一定都是奇数,如果某次通信时因受到外界干扰发生错误,数据中某个位由 0 变成 1,或者由 1 变成 0,则接收到的数据中 1 的个数就变成了偶数,接收方即可知道数据通信出错。

奇偶校验是一种有效地检测单个错误的方法,但无法判断错误出现的位置。之所以将注意力集中在检测或者纠正单个错误,主要是因为在现代数字通信中发生单个错误的概率要比发生两个或多个错误的概率大得多,要检测或者纠正多位错误,首先要解决单个错误。用奇校验码来检测单个错误,在低速、小批量数据通信情况下会取得良好的效果。另外,奇偶校验码的编码效率很高,$n+1$ 的码字中有 n 位有效数据,其通信效率可达到 $n/(n+1)$,

随 n 的增大而趋近于1。

在数字信息传输中,奇偶校验码的编码生成以及编码校验可以用软件实现,也可用硬件电路实现。

假设有效 n 位数据为 $X=X_0X_1\cdots X_{n-1}$,校验位为 C,则 C 可以由下式计算生成:

$$C=X_0 \oplus X_1 \oplus \cdots \oplus X_{n-1} \qquad 偶校验$$
$$C=X_0 \oplus X_1 \oplus \cdots \oplus X_{n-1} \oplus 1 \qquad 奇校验$$

其中,$\oplus$ 表示异或运算。

接收方收到数据后,可以用下列验证方程进行校验,若满足方程,则数据正确;若不满足方程,则接收到的数据有错误。

偶校验方程: $C \oplus X_0 \oplus X_1 \oplus \cdots \oplus X_{n-1}=0$

奇校验方程: $C \oplus X_0 \oplus X_1 \oplus \cdots \oplus X_{n-1}=1$

奇偶校验码目前广泛应用于计算机中内存的数据读/写校验以及单个 ASCII 码字符传输过程中的数据校验。

3.3.2 汉明校验码

汉明校验码是 Richard Hamming 于 1950 年提出的,目前被广泛采用的一种很有效的校验方法。它只要增加少数几个校验位,就能提供多位检错信息,以指出最大可能是哪位出错,从而将其纠正。

一般数据校验的基本原理是,在合法的数据编码之间加入一些非法数据编码。发送时,只发送合法的数据编码。如果数据传输过程中出错,将变为非法数据编码,这样接收方即可检测出来。合理安排非法编码数量和编码规则,可以提高检测错误能力,还可以达到纠正错误的目的。

汉明校验码的实现原理是,在 k 个数据位之外加上 r 个校验位,从而形成一个 $k+r$ 位的新的码字,使新的码字的码距比较均匀地拉大。把数据的每一个二进制位分配在几个不同的偶校验位的组合中,当某一位出错后,就会引起相关的几个校验位的值发生变化,这不但可以发现出错,还能指出是哪一位出错,为进一步自动纠错提供了依据。

假设为 k 个数据位设置 r 个校验位,则校验位能表示 2^r 个状态,可用其中的一个状态指出"没有发生错误",用其余的 2^r-1 个状态指出错误发生在哪一位。

3.3.3 循环冗余码校验码

循环冗余校验(Cyclic Redundancy Check,CRC)是利用除法及余数的原理来实现错误检测。在发送端根据要传送的 k 位二进制码序列,用一定的生成多项式产生一个校验用的位——r 位校验码(即 CRC 码),并附在信息后边,构成一个新的二进制码序列,共 $k+r$ 位,最后一起发送出去。接收方使用相同的生成多项式进行校验,用接收到的数据除以生成多项式,如果能够除尽,则数据正确;如果不能除尽,则数据错误,并且余数给出了出错位的有关信息,可用于纠正错误。

CRC 校验中最关键的是找到满足一定条件的生成多项式。下面列出了国际上常用的

CRC 循环冗余校验标准生成多项式。

$$CRC\text{-}12 = X^{12} + X^{11} + X^3 + X^2 + X + 1$$

$$CRC\text{-}16 = X^{16} + X^{15} + X^2 + 1$$

$$CRC\text{-}CCITT = X^{16} + X^{12} + X^5 + 1$$

$$CRC\text{-}32 = X^{32} + X^{26} + X^{23} + X^{16} + X^{12} + X^{11} + X^{10} + X^8 +$$
$$X^7 + X^5 + X^4 + X^2 + X + 1$$

用 CRC-12 生成的 CRC 码为 12 位，CRC-16 和 CRC-CCITT 生成的 CRC 码为 16 位，CRC-32 生成的 CRC 码为 32 位。CRC 校验可以完全检测出所有奇数个随机错误和长度小于或等于 k（生成多项式的阶数）的突发错误。所以，CRC 的生成多项式的阶数越高，那么误判的概率就越小，当然复杂性也随之增加。

CRC 校验在磁表面存储器例如硬盘、磁带方面以及计算机高速通信领域得到了应用。例如，著名的通信协议 X.25 的 FCS（帧检错序列）采用的是 CRC-CCITT，ARJ 和 LHA 等压缩工具软件采用的是 CRC-32，磁盘驱动器的读/写采用了 CRC-16，通用的图像存式 GIF、TIFF 等也采用 CRC 作为检错手段。

关于汉明码和 CRC 校验码的更多内容，此不详述。有兴趣的读者可查阅相关文献。

3.4　本章小结

本章从进制转换、小数点处理、符号表示几方面系统介绍了计算机内数值数据的表示方法。有关非数值数据的组织格式和编码规则，也作了简要介绍。在学习中，学生要重点掌握进制、补码以及浮点数。

习　　题

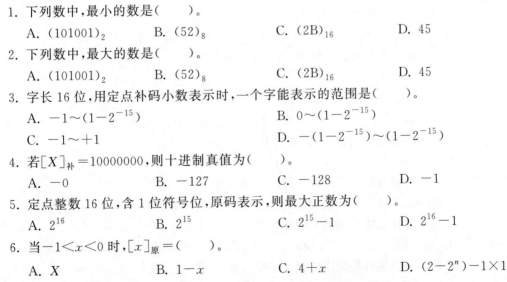

一、选择题

1. 下列数中，最小的数是（　　）。
   A. $(101001)_2$
   B. $(52)_8$
   C. $(2B)_{16}$
   D. 45

2. 下列数中，最大的数是（　　）。
   A. $(101001)_2$
   B. $(52)_8$
   C. $(2B)_{16}$
   D. 45

3. 字长 16 位，用定点补码小数表示时，一个字能表示的范围是（　　）。
   A. $-1 \sim (1 - 2^{-15})$
   B. $0 \sim (1 - 2^{-15})$
   C. $-1 \sim +1$
   D. $-(1 - 2^{-15}) \sim (1 - 2^{-15})$

4. 若 $[X]_{补} = 10000000$，则十进制真值为（　　）。
   A. -0
   B. -127
   C. -128
   D. -1

5. 定点整数 16 位，含 1 位符号位，原码表示，则最大正数为（　　）。
   A. 2^{16}
   B. 2^{15}
   C. $2^{15} - 1$
   D. $2^{16} - 1$

6. 当 $-1 < x < 0$ 时，$[x]_{原} = $（　　）。
   A. X
   B. $1 - x$
   C. $4 + x$
   D. $(2 - 2^n) - 1 \times 1$

7. 8 位反码表示数的最小值为（　　），最大值为（　　）。

  A. -127 B. $+255$ C. $+127$ D. -255

8. $N+1$ 位二进制正整数的取值范围是（　　）。

  A. $0\sim2^n-1$ B. $1\sim2^n-1$ C. $0\sim2^{n+1}-1$ D. $1-2^{n+1}-1$

9. 浮点数的表示范围和精度取决于（　　）。

  A. 阶的位数和尾数的位数   B. 阶的位数和尾数采用的编码

  C. 阶采用的编码和尾数采用的编码   D. 阶采用的编码和尾数的位数

10. 在浮点数编码表示中，（　　）在机器数中不出现，是隐含的。

  A. 尾数   B. 符号   C. 基数   D. 阶码

11. 正 0 和负 0 的机器数相同的是（　　）。

  A. 原码   B. 真值   C. 反码   D. 补码

12. 不区分正数和负数的机器数是（　　）。

  A. 原码   B. 移码   C. 反码   D. 补码

13. 最适合做乘法运算的码制是（　　）。

  A. 原码   B. 移码   C. 反码   D. 补码

14. 做加减法运算最方便的码制是（　　）。

  A. 原码   B. 移码   C. 反码   D. 补码

15. 下面真值最大的补码数是（　　）。

  A. $(10000000)_2$ B. $(11111111)_2$

  C. $(01000001)_2$ D. $(01111111)_2$

16. 下面最小的数字是（　　）。

  A. $(123)_{10}$ B. $(136)_8$ C. $(10000001)_2$ D. $(8F)_{16}$

17. 整数在计算机中通常采用（　　）格式存储和运算。

  A. 原码   B. 反码   C. 补码   D. 移码

18. 下面不合法的数是（　　）。

  A. $(11111111)_2$ B. $(139)_8$ C. $(2980)_{10}$ D. $(1AF)_{16}$

19. -128 的 8 位补码机器数是（　　）。

  A. $(10000000)_2$ B. $(11111111)_2$ C. $(01111111)_2$ D. 无法表示

20. 8 位字长补码表示的整数 N 的数据范围是（　　）。

  A. $-128\sim127$ B. $-127\sim127$ C. $-127\sim128$ D. $-128\sim128$

21. 8 位字长原码表示的整数 N 的数据范围是（　　）。

  A. $-128\sim127$ B. $-127\sim127$ C. $-127\sim128$ D. $-128\sim128$

22. 若用 8421BCD 码表示十进制的 16，应该是（　　）。

  A. 10000   B. 00010110   C. 11   D. 10110

23. ASCII 码是对（　　）进行编码的一种方案。

  A. 字符、数字、符号   B. 汉字   C. 多媒体   D. 声音

24. 汉字在计算机中存储所采用的编码是（　　）。

  A. 国标码   B. 输入码   C. 字形码   D. 机内码

25. 下列（　　）编码是常用的英文字符编码。

A. ASCII   B. Unicode   C. GB 2312   D. GBK

26. 最简单的数据校验法是(　　)。

    A. 循环冗余码校验   B. 汉明码校验

    C. 判别校验   D. 奇偶校验

二、填空题

1. 二进制中的基数为 _____，十进制中的基数为 _____，八进制中的基数为 _____，十六进制中的基数为 _____。

2. $(27.25)_{10}$ 转换成十六进制数为 _____。

3. $(0.65625)_{10}$ 转换成二进制数为 _____。

4. 在原码、反码、补码三种编码中，_____数的表示范围最大。

5. 在原码、反码、补码三种编码中，符号位为 0，表示数是 _____。符号位为 1，表示数是 _____。

6. 0 的原码为 _____；0 的补码为 _____；0 的反码为 _____。

7. 在 _____表示的机器数中，零的表示形式是唯一的。

8. 8 字长的机器中，-1011011 的补码为 _____，原码为 _____，反码为 _____。

9. 8 字长的机器中，$+1001010$ 的补码为 _____，原码为 _____，反码为 _____。

10. 浮点数的表示范围由 _____部分决定。浮点数的表示精度由 _____部分决定。

11. 在浮点数的表示中，_____部分在机器数中是不出现的。

12. 计算机定点整数格式字长为 8 位(包含 1 位符号位)，若 x 用补码表示，则 $[x]_{补}$ 的最大正数是 _____，最小负数是 _____。(用十进制真值表示)

13. 真值为 -100101 的数在字长为 8 的机器中，其补码形式为 _____。

14. 浮点数一般由 _____和 _____两部分组成。

15. 在计算机中，数据信息包括 _____和 _____。

16. 模是指 _____。

17. 表示一个数据的基本要素是 _____、_____、_____。

18. 在计算机内部信息分为两大类，即 _____和 _____。

19. 设字长为 8 位，则 -1 的原码表示为 _____，反码表示为 _____，补码表示为 _____。

20. 设字长为 n 位，则原码表示范围为 _____，补码的表示范围为 _____。

21. $(200)_{10} = (\quad)_2 = (\quad)_8 = (\quad)_{16}$。

22. $(326.2)_8 = (\quad)_2 = (\quad)_{16}$。

23. $(528.0625)_{10} = (\quad)_{16}$。

24. 一个 R 进制数转换为十进制数常用的办法是 _____，一个十进制数转换为 R 进制数时，整数部分常用的方法是 _____，小数部分常用的方法是 _____。

25. 国际上常用的英文字符编码是 _____。它采用 7 位编码，可以对 _____种符号进行编码。

26. 若字母 A 的 ASCII 编码是 65，则 B 的 ASCII 编码是 _____。

三、解答题

1. 设字长为 8 位，分别用原码、反码、补码表示−127 和 127。

2. 将 63 表示为二进制、八进制、十六进制数。

3. 将 $(3CD.6A)_{16}$ 转换为二进制和八进制数。

4. 设字长为 8 位，$X=10100101$，$Y=11000011$，求 $X \wedge Y$，$X \vee Y$，$X \oplus Y$ 的结果。

5. 将二进制数−0.0101101 用规格化浮点数格式表示。格式要求：阶 4 位，含 1 位符号位；尾数 8 位，含 1 位符号位。阶和尾数均用补码表示。

6. 将二进制数＋1101.101 用规格化浮点数格式表示。格式要求：阶 4 位，含 1 位符号位；尾数 8 位，含 1 位符号位。阶和尾数均用补码表示。

7. 什么是机器数？

8. 数值数据的三要素是什么？

9. 在计算机系统中，数据包括哪两种？简要解释。

第4章　计算机网络

本章学习目标

- 了解计算机网络的基础知识
- 掌握计算机网络的性能指标
- 掌握计算机网络体系结构和模型
- 了解局域网的体系结构
- 了解网际协议 IPv4
- 掌握 Internet 的域名结构及其域名转换
- 了解物联网的层次结构
- 了解计算机网络安全的一般概念(威胁和需求)
- 了解数据加密技术(加密模型和两种密钥密码体制)

计算机网络是通信技术与计算技术紧密结合的一门学科。如今,计算机网络已经深入到了人们的日常生活和生产的方方面面,对社会管理、企业经营、个人生活等产生了巨大的影响。本章主要介绍计算机网络的概念、计算机网络的体系结构、Internet 的基础知识、物联网和网络安全等知识。

4.1　概　　述

4.1.1　计算机网络的定义

互联网可以说是人类所创造的伟大的系统工程,数以亿计的计算机通过通信链路和各式各样的通信设备相互连接,为人类的工作、生活和娱乐提供便利。万物皆可互联,包括游戏机、监控系统、手表、汽车等,互联网几乎改变了每一个人的工作、生活、消费、沟通、出行的方式。

对于信息化的社会,其重要特征就是数字化、网络化和信息化,它是一个以网络为核心的信息时代。要实现信息化就必须要有完善的网络,网络已经成为信息社会的命脉和发展知识经济的重要基础。

计算机网络是指将地理位置不同的具有独立功能的多台计算机及其外部设备,通过通信线路连接起来,在网络操作系统、网络管理软件及网络通信协议的管理和协调下,实现资源共享和信息传递的计算机系统。

网络的目的是实现资源的共享和信息的传递,资源共享的目标是让网络中的任何人都可以访问所有的程序、设备和数据,并且这些资源与用户所处的物理位置无关。任何一家企业,无论规模大小,都需要进行数据的信息化。大多数企业都有顾客记录、产品信息、库存数据和财务信息等其他各种的在线信息,企业员工都可以通过计算机网络即时访问有关的信息和文档。

互联网是由数量极大的各种计算机网络互联起来的,是一个互联了遍及世界数以亿计的计算机设备的网络,这些计算机设备包括了个人计算机、移动计算机、智能手机、汽车、环境传感设备等。我们将这些互联的计算机设备称之为主机(Host)或端系统(End System)。端系统通过 Internet 服务提供商(Internet Service Provider,ISP)接入互联网。ISP 指的是面向公众提供下列信息服务的经营者:一是接入服务,即帮助用户接入 Internet;二是导航服务,即帮助用户在 Internet 上找到所需要的信息;三是信息服务,即建立数据服务系统,收集、加工、存储信息,定期维护更新,并通过网络向用户提供信息内容服务。

4.1.2 计算机网络的发展历史

计算机网络是计算机技术与通信技术相结合的产物。随着计算机技术和通信技术的不断发展,计算机网络也经历了从简单到复杂,从单机到多机的发展过程,其发展过程大致可以分为以下 4 个阶段。

第一阶段:面向终端的计算机网络。

20 世纪 50—60 年代,计算机网络进入面向终端的阶段,以主机为中心,通过计算机实现与远程终端的数据通信,如图 4.1 所示。

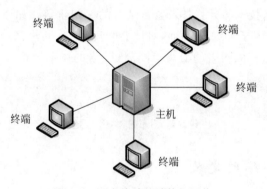

图 4.1　面向终端的计算机网络

这一阶段的主要特点是:数据集中式处理,数据处理和通信处理都是通过主机完成,数据的传输速率就受到了限制;而且系统的可靠性和性能完全取决于主机的可靠性和性能,但这样却便于维护和管理,数据的一致性也较好;然而主机的通信开销较大,通信线路利用率低,对主机依赖性大。

第二阶段:多台计算机互联的计算机网络。

在主机-终端系统中,随着终端设备的增加,主机负荷不断加重,处理数据效率明显下降,数据传输速率较低,线路的利用率也低。因此,采用主机-终端系统的计算机网络已不能满足人们对日益增加的信息处理的需求。

由于计算机的性价比提高,在 20 世纪 60 年代末,出现了计算机与计算机相互连接的系统,它将多台自主计算机通过通信线路相互连接起来为用户提供服务,实现了计算机与计算机之间的通信,它的产生标志着计算机网络的兴起,并为 Internet 的形成奠定了基础。这个阶段也称为以通信子网为中心的网络阶段,如图 4.2 所示。

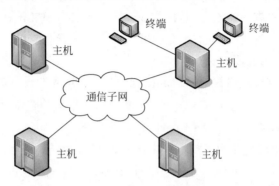

图 4.2　以通信子网为中心的计算机网络

这个阶段主要有两个标志性成果:一是提出分组交换技术,二是形成 TCP/IP 雏形。

面向终端计算机系统与分组交换网的区别主要是:早期的面向终端的计算机网络是以单个主机为中心的星状网,各终端通过通信线路共享中心主机的硬件和软件资源。分组交换网则是以网络为中心,主机都处在网络的外围。用户通过分组交换网可共享连接在网络上的许多硬件和各种丰富的软件资源。

这个阶段的标志就是高级研究计划局网络(Advanced Research Projects Agency Network,ARPAnet)的建立,是美国国防高级研究计划局开发的世界上第一个运营的数据包交换网络,是全球互联网的始祖。从现在看,这个最早的网络显得非常原始,传输速度也极其慢。但 ARPAnet 已经具备网络的基本形态和功能,所以 ARPAnet 是计算机网络技术发展的一个里程碑。

ARPAnet 问世之初,大部分计算机还互不兼容。如何使硬件和软件都不同的计算机实现真正的互联,就是人们力图解决的难题。在这个过程中温顿·瑟夫(Vinton Cerf)发明了 TCP/IP,被称为"互联网之父"。

这个阶段虽然有两大标志性成果,并建立了计算机与计算机的互联与通信,实现了计算机资源的共享。缺点是没有形成统一的互联标准,使网络在规模与应用等方面受到了限制。

第三阶段:面向标准化的计算机网络。

20 世纪 70 年代末至 20 世纪 80 年代初,微型计算机得到了广泛的应用,各机关和企事业单位为了适应办公自动化的需要,迫切要求将自己拥有的为数众多的微型计算机、工作站、小型计算机等连接起来,以达到资源共享和相互传递信息的目的,而且迫切要求降低联网费用,提高数据传输速率。这一时期计算机之间的组网是有条件的,在同一网络中只能接入同一厂家生产的计算机,其他厂家生产的计算机无法接入。

在此期间,各大公司都推出了自己的网络体系结构,比如 IBM 公司的系统网络体系结构(SNA),DEC 公司的数字网络系统结构(DNA),Univac 公司的数据通信体系结构

（DCA），Burroughs 公司的宝来网络体系结构（BNA）。

为了适应计算机网络向标准化方向发展的形势，ISO 在 1984 年颁布了"开放系统互联基本参考模型"的正式文件，即 ISO 7498 国际标准，通常人们将它称为 OSI（Open System Interconnection）参考模型，并记为 OSI/RM。该模型按层次结构划分为七个子层，也称为 OSI 七层模型，已被国际社会普遍接受，是目前计算机网络系统结构的基础。

在实际应用中，形成了以 TCP/IP 为核心的 Internet。即任何一台计算机只要遵循 TCP/IP 协议族标准，并有一个合法的 IP 地址，就可以接入到 Internet。从某种意义上来说，TCP/IP 协议族已成为"事实上的工业标准"，已广为流行和应用。

第四阶段：面向全球互联的计算机网络。

20 世纪 90 年代以后，随着数字通信的出现，计算机网络进入到第四个发展阶段，其主要特征是综合化、高速化、智能化和全球化。1993 年，美国政府发布了名为"国家信息基础设施行动计划"的文件，其核心是构建国家信息高速公路。

这一时期的计算机通信与网络技术以高速率、高服务质量、高可靠性等为指标，出现了高速以太网、虚拟专用网络（VPN）、无线网络、P2P 网络、下一代网络（NGN）等技术，计算机网络的发展与应用渗入人们生活的各个方面，进入一个多层次的发展阶段。

4.1.3　计算机网络的组成

1. 通信子网和资源子网

计算机网络要完成数据处理和数据通信两大基本功能，在结构上就必须分成两个部分：负责数据处理的主计算机与终端；负责通信处理的通信控制处理器（Communication Control Processor，CCP）与通信线路。

从计算机网络组成的角度看，典型的计算机网络从逻辑功能上可以分为资源子网和通信子网两部分，如图 4.3 所示。通信子网相当于通信服务提供者。资源子网负责全网的数据处理业务，向网络用户提供各种网络资源和网络服务。

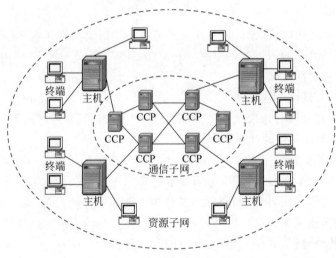

图 4.3　计算机网络的基本结构

资源子网由计算机系统、终端、终端控制器、联网外设、各种软件资源和信息资源组成。

通信子网由通信介质、通信设备组成,完成网络数据传输、转发等通信处理任务,即通信子网为资源子网提供信息传输服务。

如果没有通信子网,整个网络就无法工作。如果没有资源子网,通信子网也将失去存在的意义,只有两者结合才能构成统一的资源共享的层次式网络。这样,用户不仅共享通信子网的资源,而且还共享资源子网中的软件和硬件资源。

2. 软件系统和硬件系统

从物理结构上来看,计算机网络像计算机系统一样,是由硬件和软件组成的;计算机网络系统是由软件系统和硬件系统组成。

在计算机网络中,硬件对网络的选择起着决定性的作用,硬件是提供数据处理、数据传输和建立通信通道的物质基础。而网络软件是挖掘网络潜力的工具,软件的各种功能需依赖于硬件去完成,两者缺一不可。根据不同应用的需要,网络可能有不同的软硬件配置。

计算机网络的功能是由软件系统实现的。在计算机网络中,网络上的每个用户都可以享有网络中的各种资源,网络必须对用户进行控制,否则就会造成系统混乱、信息数据的破坏和丢失。为了能够协调网络资源,网络需要通过软件工具对网络资源进行全面的管理、调度和分配,并且采取一系列的安全保密措施,以防止用户对数据和信息进行不合理访问,防止数据和信息的破坏和丢失。

计算机网络的软件系统通常包括通信协议、网络操作系统和网络管理及网络应用软件。

在计算机网络中要做到有条不紊地交换数据,就必须遵守一些事先约定好的规则,这些规则明确规定了所交换的数据格式以及有关的同步(同步具有时序的意思,表示通信事件发生的顺序)问题。这些为进行网络中数据交换而建立的规则、标准或约定称为网络协议(Network Protocol)。网络协议可以简称为协议。协议主要由三个要素组成:第一,语法,规定数据和控制信息的格式;第二,语义,规定通信双方发出何种控制信息,完成何种动作,以及做出何种响应;第三,同步,规定通信事件发生的顺序并详细说明。

我们可以将这三个要素描述为:语义表示要做什么,语法表示要怎么做,同步表示做的顺序。计算机网络广泛地使用了协议,不同的协议用于完成不同的通信任务。而掌握计算机网络领域知识的过程就是理解网络协议的构成、原理和工作的过程。

协议通常有两种不同的表述形式:一种是使用便于人们阅读和理解的文字描述,另一种是使用让计算机能够理解的程序代码。这两种形式的协议都必须能够对网络上的信息交换过程做出精确的解释。

网络操作系统是网络软件的重要组成部分,是最主要的网络软件。网络操作系统是使网络中每台计算机能方便有效地共享网络资源,为网络用户提供所需的各种网络服务的软件系统。

网络操作系统是计算机网络中用户与网络资源的接口,由一系列软件模块组成,负责控制和管理网络资源,提供基本的网络服务、网络操作界面、网络安全性和可靠性等。目前流行的网络操作系统主要有 UNIX、Netware、Linux 和 Windows 等。

网络管理及网络应用软件是根据应用需求而开发的基于网络环境的应用软件。例如,银行、医院、宾馆等各行各业中使用的办公自动化、生产自动化、企业管理信息系统、电子银行系统、决策支持系统、医疗管理服务系统、电子商务和辅助教学等应用软件。

4.2 计算机网络的类别

计算机网络种类繁多、性能各异,根据不同的分类原则,可以得到各种不同类型的计算机网络。下面通过以下几种最常用的分类方式介绍计算机网络的类别。

1. 按照网络的作用范围进行分类

(1) 个域网(Personal Area Network,PAN)是在个人工作区域内把使用的电子设备用无线技术或其他短程通信技术连接起来的网络,其作用范围在 10m 左右。比如家庭娱乐设备之间的无线连接、计算机与其外设之间的无线连接等。

(2) 局域网(Local Area Network,LAN)是一种私有网络,一般在一座建筑物内或建筑物附近,比如家庭、办公室或工厂等。局域网覆盖范围较小(比如 1km 左右),一般采用微型计算机或工作站通过高速通信线路相连,其传输速率通常在 10Mb/s 以上。

局域网的特点是连接范围窄、用户数少、配置容易、连接速率高。IEEE 802 标准委员会定义了多种主要的局域网,包括以太网(Ethernet)、令牌环网(Token Ring)、光纤分布式接口网络(FDDI)、异步传输模式网(ATM)和无线局域网(WLAN)。

(3) 城域网(Metropolitan Area Network,MAN)的作用范围可以覆盖一个城市,其作用距离可达几十千米,最有名的城域网就是城市中的有线电视网。城域网可以为一个或几个单位所拥有,但也可以是一种公用设施,用来将多个局域网进行互联。如在一个大型城市或都市地区,城域网可以连接政府机构的局域网、医院的局域网、公司企业的局域网等。

(4) 广域网(Wide Area Network,WAN)的范围很大,能跨越很大的地理区域,通常为几十到几千千米,可以是一个国家或者地区,广域网是互联网的核心,其任务是通过长距离(比如跨越不同的国家或地区)运送主机所发送的数据。连接广域网各节点交换机的链路一般都是高速链路,具有较大的通信容量。蜂窝移动电话网络是采用无线技术的广域网,目前5G 已经投入商用,并在不断发展中。

2. 按计算机网络拓扑结构分类

网络拓扑(Topology)是指网络的形状,或者是网络在物理上的连通性。如果不考虑网络的地理位置,而把连接在网络上的设备看作是一个节点,把连接计算机之间的通信线路看作一条链路,这样就可以抽象出网络的拓扑结构。

网络拓扑结构是指把网络中的计算机和其他设备隐去具体的物理特性,抽象成"点",将网络中的通信线路抽象成"线",由这些点和线组成的几何图形。计算机网络的拓扑结构是网络中通信线路和各节点之间的几何排列,是解释一个网络物理布局的形式图,主要用来反映各个模块之间的结构关系。

计算机网络按照网络的拓扑结构可分为总线型、环状、星状、树状和网状。

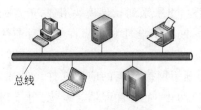

图 4.4 总线型网络

1) 总线型网络

总线型网络采用一个信道作为传输媒体,所有站点都通过相应的硬件接口直接连到这一公共传输媒体上,该公共传输媒体即称为总线,如图 4.4 所示。

任何一个站发送的信号都沿着传输媒体传播,而且能被所有其他站所接收。因为所有站点共享一条公用的传输信道,所以一次只能由一个设备传输信号。

总线型网络的优点是结构简单,布线容易,可靠性高,易于扩充,节点的故障不会殃及系统,是局域网常用的拓扑结构。著名的总线型网络是共享介质式以太网。

总线型网络的缺点是出现故障后诊断困难,出错节点的排查比较困难,因此节点不宜过多;传送数据的速度较慢,总线利用率不高。因为所有节点共享一条总线,在某一时刻,只能有其中一个节点发送信息,其他节点只能接收,不能发送。

2)环状网络

环状网络指各节点通过环路接口连在一条首尾相连的闭合环形通信线路中,环路上任何节点均可以请求发送信息,如图4.5所示。请求一旦被批准,便可以向环路发送信息。环状网络中的数据可以是单向也可以是双向传输。

由于环线公用,一个节点发出的信息必须穿越环中所有的环路接口,信息流中的目的地址与环上某节点地址相符时,信息被该节点的环路接口所接收,之后信息继续流向下一个环路接口,直到流回到发送该信息的环路接口节点为止。

环状网络的优点是结构简单、控制简便、结构对称性好、传输速率高。

环状网络的缺点是任意节点出现故障都会造成网络瘫痪,节点故障检测困难,节点的增加和删除过程复杂,节点过多时,影响传输效率。

3)星状网络

星状网络是由中心节点和连接到中心节点的各个站点组成,如图4.6所示。中心节点执行集中式通信控制策略,因此中心节点十分复杂,而各个站点的通信处理负担都很小。

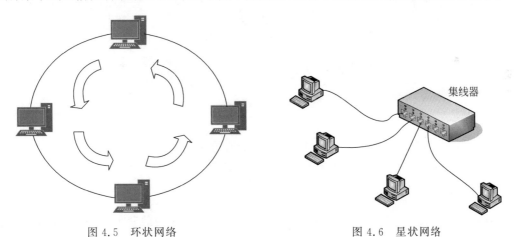

图4.5 环状网络   图4.6 星状网络

星状网络的优点是结构简单、便于维护和管理,当网络中某个节点或者某条线缆出现问题时,不会影响其他节点的正常通信,维护比较容易。

星状网络的缺点是通信线路专用,电缆成本高;中心节点是全网络的可靠瓶颈,中心节点出现故障会导致网络的瘫痪。

4)树状网络

树状网络可以认为是多级星状结构组成,只不过这种多级星状结构自上而下如同一棵倒置的树,最顶端的枝叶少些,中间的多些,而最下面的枝叶最多,如图4.7所示。它采用分级的集中控制方式,其传输介质可有多条分支,但不形成闭合回路,每条通信线路都必须支持双向传输。在树状网络中,节点按层次进行连接,信息交换主要在上、下节点之间进行,相邻及同层节点之间一般不进行数据交换或数据交换量少。

树状网络的优点是成本低、结构简单、维护方便、扩充节点方便灵活。这种结构可以延伸出很多分支,这些新节点和新分支都能容易地加入网内,并且如果某一分支的节点或线路发生故障,很容易将故障分支与整个系统隔离开。

树状网络的缺点是资源共享能力差,可靠性低,对根节点的依赖性大,一旦根节点出现故障,将导致全网不能工作,电缆成本高。

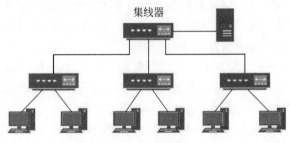

图 4.7　树状网络

5)网状网络

网状网络是容错能力最强的网络拓扑结构,在这种网络中,网络上的每台计算机至少与其他两台计算机直接相连,甚至可能是全连接的,如图 4.8 所示。

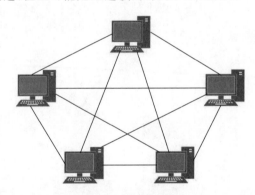

图 4.8　网状网络

在网状网络中,如果一台计算机或一段线缆发生故障,网络的其他部分仍可以运行,数据可以通过其他计算机或线路到达目的计算机。

网状网络的优点是具有较高的可靠性,局部故障不会影响整个网络的工作;因为有多条路径,所以可以选择最佳路径,减少时延,改善流量分配,提高网络性能,但路径选择比较复杂。

网状网络的缺点是结构复杂、不易管理和维护、线路成本高。通常网状网络只用于大型网络系统和公共通信骨干网,目前广域网结构基本都是采用网状网络。

3. 按计算机网络的传输介质分类

网络的传输介质是通信网络中发送方和接收方之间的媒介,是网络中传输信息的载体,不同的传输介质,其特性也各不相同,它们不同的特性对网络中数据通信质量和通信速率有很大的影响。常用的传输介质分为有线传输介质和无线传输介质两大类,因此按照计算机网络的传输介质不同,计算机网络可以分为有线网络和无线网络。

1) 有线网络

有线传输介质是指在两个通信设备之间实现的物理连接部分,它能将信号从一方传输到另一方,有线传输介质主要有双绞线、同轴电缆和光纤。双绞线和同轴电缆传输电信号,光纤传输光信号。采用双绞线、同轴电缆、光纤等物理媒介连接的计算机网络称为有线网络。

双绞线由两条互相绝缘的铜线组成,其典型直径为1mm。双绞线既能用于传输模拟信号,也能用于传输数字信号,其带宽取决于铜线的直径和传输距离。但是在许多情况下,几千米范围内的传输速率可以达到每秒几兆位。由于双绞线性能较好且价格便宜,得到了广泛应用。双绞线可以分为无屏蔽双绞线(UTP)和屏蔽双绞线(STP)两种,适合于短距离通信,其中屏蔽双绞线性能优于无屏蔽双绞线,如图4.9所示。双绞线共有6类,其传输速率为4～1000Mb/s。

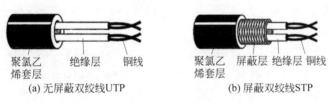

图4.9 两种双绞线

同轴电缆比双绞线的屏蔽性更好,因此能够以更高的传输速率将信号传输得更远。它以硬铜线为芯线(导体),外包一层绝缘材料(绝缘层),这层绝缘材料外用密织的网状导体环绕构成屏蔽,最外层又覆盖一层保护性材料(护套),如图4.10所示。同轴电缆的这种结构使它具有更高的带宽和极好的噪声抑制特性。1km的同轴电缆可以达到1～2Gb/s的数据传输速率。同轴电缆的应用包括有线电视传播、长途电话传输、计算机系统之间的短距离连接以及局域网等。

光纤又称为光缆或光导纤维,由光导纤维纤芯(纤芯)、玻璃网层(包层)和能吸收光线的外壳(护套)组成,如图4.11所示。

图4.10 同轴电缆　　　　　　　　　图4.11 光纤

应用光学原理,由光发送机产生光束,将电信号变为光信号,再把光信号导入光纤,在另一端由光接收机接收光纤上传来的光信号,并把它变为电信号,经解码后再处理。

信号在光纤中的传输,利用的是光的全反射原理,如图4.12所示。当光线从高折射率的介质射向低折射率的介质时,其折射角将大于入射角。因此,如果入射角足够大,就会出现全反射,光信号也就沿着光纤一直传输下去。

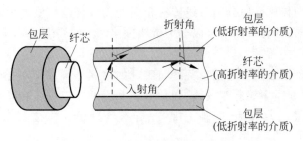

图 4.12　光线在光纤中的折射

与其他传输介质比较,光纤的电磁绝缘性能好、信号衰弱小、频带宽、传输速度快、传输距离大。主要用于要求传输距离较长、布线条件特殊的主干网连接,可以实现每秒万兆位的数据传送,尺寸小、质量轻,数据可传送几百千米,但价格昂贵。

2）无线网络

无线传输介质指我们周围的自由空间。利用无线电波在自由空间的传播可以实现多种无线通信。无线传输介质有无线电波、红外线、微波,我们将采用无线传输介质作为传输媒介的计算机网络称为无线网络。

根据网络覆盖范围的不同,可以将无线网络划分为无线广域网（Wireless Wide Area Network,WWAN）、无线局域网（Wireless Local Area Network,WLAN）、无线城域网（Wireless Metropolitan Area Network,WMAN）和无线个人局域网（Wireless Personal Area Network,WPAN）。

无线广域网是基于移动通信基础设施,由网络运营商如中国移动、中国联通、中国电信等所经营,负责一个城市所有区域甚至一个国家所有区域的通信服务。

无线局域网是一个负责在短距离范围之内无线通信接入功能的网络,它的网络连接能力非常强大。就目前而言,无线局域网络是以 IEEE 802.11 技术标准为基础,这也就是所谓的 WiFi 网络。

无线城域网是可以让接入用户访问到固定场所的无线网络,将一个城市或者地区的多个固定场所连接起来。

无线个人局域网则是用户个人将所拥有的便携式设备通过通信设备进行短距离无线连接的无线网络。

4. 按照网络的使用者进行分类

按照网络的使用者进行分类,将计算机网络分为公用网和专用网。

（1）公用网（Public Network）是指电信公司（国有或私有）出资建造的大型网络。"公用"的意思是,所有愿意按电信公司的规定缴纳费用的用户都可以使用这种网络。因此,公用网也可称为公众网。

（2）专用网（Private Network）是某个部门为满足本单位的特殊业务工作的需要而建造的网络。这种网络不向本单位以外的用户提供服务。例如,军队、铁路、银行、电力等系统均有本系统的专用网。

5. 按照资源共享方式进行分类

按照资源共享方式进行分类,计算机网络分为客户机/服务器网和对等网。

1）客户机/服务器网

在客户机/服务器(Client/Server,C/S)网络中,使用一台计算机来协调和提供服务给网络中的其他节点。服务器提供被访问的资源,如网页、数据库、应用软件和硬件等。服务器节点协调和提供某种服务,客户机节点获取这些服务。客户机/服务器模式如图4.13所示。

图4.13 客户机/服务器模式

在客户机/服务器模式中,客户(Client)和服务器(Server)都是指通信中所涉及的两个应用进程。客户机/服务器模式描述的是进程之间服务和被服务的关系,即客户是服务的请求方,服务器是服务的提供方。

2）对等网

对等网(Peer to Peer,P2P)采用分散管理的方式。网络中的每台计算机既作为客户机又可作为服务器来工作,每个用户管理自己机器上的资源。如图4.14所示,一台计算机能够获取另一台计算机上的文件,同时也能为其他计算机提供文件。

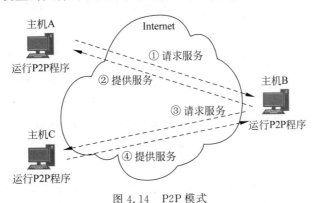

图4.14 P2P模式

传统的C/S模式能够实现一定程度的资源共享,但客户和服务器所处的地位是不对等的。服务器通常为功能强大的计算机,作为资源的提供者响应来自多个客户的请求,这种模式在可扩展性、自治性、稳定性等方面存在诸多不足。

在P2P模式中,两台主机通信时所处的地位是对等的,可以同时起着客户机和服务器的作用并向对方提供服务。在P2P系统中,把任务分布到整个网络的大量相似节点上,就可以避免中心节点或超级节点的存在。将资源的所有权和控制权分散,使这些节点成为服务的提供者,既充分利用了各节点的计算、存储和带宽资源,又减少了网络关键节点的拥塞状况,可大大提高网络资源的利用率。同时,由于没有中央节点的集中控制,可以避免发生故障,增强了系统的伸缩性,从而提高了系统的容错性和坚定性。因此,P2P网络具有自组织、自管理,以及稳定性好和负载均衡等优点。

4.3　计算机网络的性能

计算机网络的性能一般是指计算机的几个重要的性能指标。除了这些重要的性能指标外,还有一些非性能特征也对计算机网络的性能有很大的影响。

4.3.1　计算机网络的性能指标

性能指标从不同的方面来度量计算机网络的性能。下面介绍常用的性能指标。

1. 速率

计算机发送出的信号都是数字形式的。比特(bit,简称 b)是计算机中的数据量的单位。一比特就是二进制数字中的一个 1 或 0。如二进制"010110011010",每个 0 或 1 表示 1b,这个二进制数共 12b。

网络技术中的速率指的是连接在计算机网络上的主机在数字信道上传送数据的速率,即每秒传输的比特数量,也称为数据率(data rate)或比特率(bit rate)。速率的单位是 b/s(比特每秒)。当数据率较高时,可以使用 kb/s(k(千)$=10^3$),Mb/s(M(兆)$=10^6$),Gb/s(G(吉)$=10^9$)或 Tb/s(T(太)$=10^{12}$)。

现在人们在谈到网络速率时,常省略了速率单位中应有的 b/s,而使用不太准确的说法,例如"40G 的速率"。另外需要注意的是,当提到网络的速率时,往往指的是额定速率或标称速率,而非网络实际上运行的速率。

2. 带宽

带宽(Bandwidth)包含两种含义:

第一,带宽指某个信号具有的频带宽度。信号的带宽是指该信号所包含的各种不同频率成分所占据的频率范围。例如,在传统的通信线路上传送的电话信号的标准带宽是 3.1kHz(从 300Hz 到 3.4kHz,即声音的主要成分的频率范围)。这种意义的带宽的单位是 Hz。在以前的通信的主干线路传送的是模拟信号(即连续变化的信号)。因此,表示通信线路允许通过的信号频带范围即为线路的带宽。

第二,在计算机网络中,带宽用来表示网络的通信线路所能传送数据的能力,因此网络带宽表示在单位时间内从网络的某一点到另一点所能通过的"最高数据率"。这种意义的带宽的单位是数据率的单位"比特每秒",即 b/s。这种单位的前面也通常加上千(k)、兆(M)、吉(G)、太(T)这样的倍数。

以上两种"带宽"的描述中,前者是频域称谓,两者本质是相同的。也就是说,一条通信链路的"带宽"越宽,其所能传输的"最高数据率"也越高。

通常把 8b 叫作一个字节(Byte)。有时计算机上连接的网络是"10M"带宽,但是当下载文件的时候,网速却显示为 1MB/s,这是因为 1MB/s 指的是每秒传输的字节数,而"10M"指的是每秒传输的比特数,网速一般是带宽的 1/10 左右。

3. 吞吐量

吞吐量(Throughput)表示在单位时间内通过某个网络(或信道、接口)的数据量,包括全部的上传和下载的流量,如图 4.15 所示。

吞吐量经常用于对现实生活中网络的一种测量,以便知道实际上到底有多少数据量能

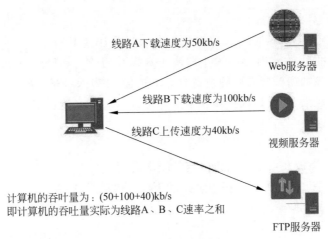

图 4.15 吞吐量实例

够通过网络。显然,网络带宽的大小或网络允许的最高速率限制会影响吞吐量。例如,对于一个 100Mb/s 的以太网,其额定速率(即最高速率)为 100Mb/s,那么这个数值也是该以太网的吞吐量的绝对上限值。因此,对 100Mb/s 的以太网,其典型的吞吐量可能只有 70Mb/s,甚至更低,远没有达到额定速率。

4.时延

时延指数据(一个报文或者分组)从网络(或链路)的一端传送到另一端所需的时间。时延是一个非常重要的性能指标,也可以称为延迟或者迟延。

需要注意的是,网络中的时延是由以下几个不同的部分组成:发送时延、传播时延、处理时延和排队时延。计算一个数据分组的时延时,应该同时考虑这几个时延。

1)发送时延

发送时延是主机或路由器发送数据帧所需要的时间,也就是从该数据帧的第一个比特算起,直到最后一个比特发送完毕所需要的时间。例如,开始发送如图 4.16 所示,发送结束如图 4.17 所示。

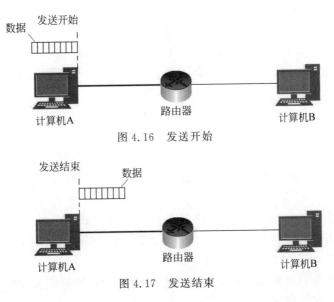

图 4.16 发送开始

图 4.17 发送结束

发送时延的计算公式为

$$发送时延 = 数据帧长度(b) / 发送速率(b/s) \tag{4-1}$$

从式(4-1)中可知,发送时延的大小取决于数据帧的长度和发送速率,如果发送的数据帧长度越长,那么该数据帧所需要的发送时间也越长,即发送时延也越长。对于发送速率来说,如果发送速率越大,那么该数据帧在发送时可以发送更多的数据,那么所需要的时间减少,发送时延也就越小。

2)传播时延

传播时延是电磁波在信道中传播一定的距离需要花费的时间。图 4.18 所示为数据从计算机 A 到达计算机 B 的传播过程中经过的距离。传播时延的计算公式为:

$$传播时延 = 信道长度(m) / 电磁波在信道上的传播速率(m/s) \tag{4-2}$$

图 4.18　传播时延

电磁波在自由空间中传播速率是光速,即 $3.0 \times 10^5 \text{km/s}$,电磁波在网络传输介质中的传播速度比在自由空间中要低一些。其中,在铜线中的传播速度为 $2.3 \times 10^5 \text{km/s}$,在光纤中的传播速度为 $2.0 \times 10^5 \text{km/s}$。例如,1000km 长的光纤线路产生的传播延时为 5ms,这里所说的铜线和光纤就代表着不同的信道。

从传播时延的公式可知,传播时延的大小取决于信道长度和电磁波在信道上的传播速度。如果信道长度越长,那么电磁波在传输过程中的距离也越长,传输时所需要的时间也更多,即传播时延也就越长。如果电磁波在不同信道上的传播速度越大(即电磁波在光纤、铜线等传输介质上的传播速度),那么对应的传播时延越小。

结合发送时延和传播时延的公式来看,它们本质的区别在于:发送时延一般发生在机器(网络设备)内部中的网络适配器,与传输的信道无关;而传播时延发生在机器外部的传输信道介质上(光纤、同轴线缆等),与信号的传输速率无关;一般来说,信号传输的距离越远(信道长度越长),传播时延就越大。

3)处理时延

主机或路由器在收到分组时要花费一定的时间进行处理,例如分析首部,从分组中提取数据部分,进行差错校验或查找路由转发数据等,这就是处理时延。

4)排队时延

数据分组在网络中传输时,要经过许多路由器,但分组到达路由器时要先在输入队列中排队等待处理。在路由器确定了从哪个接口转发后,还要在输出队列中排队等待转发,这就是排队时延。

排队时延的长短往往取决于网络当时的通信量,当网络中通信流量较大时,就会发生队列溢出,使分组丢失,导致排队时延更大。

5)总时延

总时延包括了发送时延、传播时延、排队时延和处理时延。平时我们所说的数据在网络中经历的时延就是指总时延。即:

$$总时延 = 发送时延 + 传播时延 + 处理时延 + 排队时延 \qquad (4-3)$$

对于高速网络链路,提高的仅仅是数据的发送速率而不是比特在链路上的传播速度。荷载信息的电磁波在通信线路上的传播速度与数据的发送速率并无关系,而提高数据的发送速率只是减小了数据的发送时延。

5. 时延带宽积

将传播时延和带宽这两个网络性能指标相乘,就得到另外一个性能指标——时延带宽积,即:

$$时延带宽积 = 传播时延 \times 带宽 \qquad (4-4)$$

时延带宽积表示链路上可容纳多少比特的数据,单位是 b。

设某段链路的传播时延为 20ms,带宽为 10Mb/s,依据式(4-4)可算出:

$$时延带宽积 = 20 \times 10^{-3} \times 10 \times 10^{6} = 2 \times 10^{5} (b)$$

通过示例可以看出,若发送端连续发送数据,则在发送的第一个比特即将达到终点时,发送端已经发送了 20 万比特,而这 20 万比特都在链路上向前移动。

6. 往返时间(Round-Trip Time,RTT)

在计算机网络中,往返时间(RTT)也是一个重要的性能指标,表示从发送方发送数据开始,到发送方收到来自接收方的确认,共经历的时间。如图 4.19 所示,计算机 A 发送数据给计算机 B,计算机 B 再发送数据给 A 的这个过程产生的时间称为往返时间。

图 4.19 往返时间

上述例子中,往返时间 RTT 就是 40ms,而往返时间与带宽的乘积是 4×10^{5} b。

往返时间与带宽乘积的意义是,当发送方连续发送数据时,假如发送方能够及时收到接收方的确认,此时发送方已经将许多比特发送到链路上了。对于上述例子,假如数据的接收方及时发现了差错,并告知发送方,使发送方立即停止发送,但发送方也已经发送了 40 万比特。

往返时间与所发送的分组长度有关,发送很长的数据块的往返时间,应当比发送很短的数据块的往返时间要长些。

7. 利用率

利用率分为信道利用率和网络利用率。信道利用率指出某信道有百分之几的时间是被利用的(有数据通过)。网络利用率是全网络的信道利用率的加权平均值。信道利用率并非越高越好,因为根据排队的理论,当某信道的利用率增大时,该信道引起的时延也就迅速增加。

如果 D_0 表示网络空闲时的时延,D 表示当前网络时延,可以用以下公式来表示 D、D_0

和利用率 U 之间的关系。

$$D = D_0/(1-U) \tag{4-5}$$

U 的数值在 0 和 1 之间,由式(4-5)可知,当利用率趋近于 1 时,网络的当前时延就趋近于无穷大,说明信道利用率或网络利用率的提高都会加大时延。因此,在现实中要控制信道利用率,使其维持在较低的数值,而不是提高信道利用率。

信道往往被用户所共享,若从用户的角度出发,信道利用率越低越好。此时,用户可随时使用信道,不会遇到信道繁忙而无法使用的情况。用户使用公用的信道是随机的,如果在某个时间,使用信道的人数过多,信道就可能处于繁忙状态,那么部分用户可能就无法使用。

从通信公司的角度出发,他们要考虑到通信线路的建设成本和利润问题。如果通信公司使信道的容量能够满足用户通信量最高峰的需求,那么这种信道的造价一定很高。在平时,这种信道的利用率肯定是很低的,从经济上说就很不划算。因此,通信公司希望所建造的通信信道的利用率越高越好。若信道的利用率总是很高(此处信道的利用率指平均信道利用率,而非瞬时峰值。若平均信道利用率很高,那么信道利用率的瞬时峰值可能达到饱和,即 100%),用户就会经常无法得到满意的服务。

综合利润和用户的需求,一些 Internet 服务提供商(ISP)通常会把信道利用率控制在50% 以内,否则就需要进行扩容,增大线路的带宽。

4.3.2 计算机网络的非性能指标

计算机网络还有一些非性能特征也很重要。这些非性能特征与前面介绍的性能指标有很大的关系。下面简单进行介绍。

1) 费用

网络的价格(包括设计和实现的费用)是必须考虑的,因为网络的性能与其价格密切相关。一般说来,网络的速率越高,其价格也越高。

2) 质量

网络的质量取决于网络中所有构件的质量,以及这些构件是怎样组成网络的。网络的质量影响到很多方面,如网络的可靠性、网络管理的简易性,以及网络的一些性能。但网络的性能与网络的质量并不是一回事。例如,有些网络,运行一段时间后就出现了故障,无法再继续工作,说明网络质量不好。高质量的网络往往价格也较高。

3) 标准化

网络的硬件和软件的设计既可以按照通用的国际标准,也可以遵循特定的专用网络标准。最好采用国际标准的设计,这样可以得到更好的互操作性,更易于升级换代和维修,也更容易得到技术上的支持。

4) 可靠性

可靠性与网络的质量和性能都有密切关系。传输速率高的网络的可靠性不一定会更差。但传输速率高的网络可靠运行往往很困难,同时所需的费用也会高。

5) 可扩展性和可升级性

在构造网络时就应当考虑到以后会需要扩展(即规模扩大)和升级(即性能和版本的提高)。网络的性能越高,其扩展费用往往越高,难度也会相应增加。

6）易于管理和维护

网络如果没有良好的管理和维护，就很难达到和保持所设计的性能。

4.4　计算机网络体系结构

计算机网络是个非常复杂的系统，相互通信的两个计算机系统必须高度协调工作才行，而这种"协调"也是十分复杂的。采用"分层"的思想可将庞大而复杂的问题，转化为若干较小的局部问题，而这些较小的局部问题比较易于研究和处理。

计算机网络体系结构是指计算机网络层次结构模型，它是各层的协议以及层次之间端口的集合，同时也是计算机网络及其部件所应该完成功能的精确定义，即计算机网络应设置几层，每层应提供哪些功能的精确定义，至于功能如何实现，则不属于网络体系结构讨论的范围。网络体系结构只是从功能上描述计算机网络的结构，不涉及每层硬件和软件的组成，也不涉及这些硬件或软件的实现问题。体系结构是抽象的，实现是具体的，是运行在计算机软件和硬件之上的。

在网络互联中，有两个标准可以考虑：合法的和事实的。OSI 参考模型是国际标准化组织（ISO）于 1984 年发布的标准，为供应商提供一个网络模型，产品可以在网络上协调工作。TCP/IP 则是一个事实的标准，虽然没有得到官方或法律上的承认，但已经广泛应用于计算机中。

4.4.1　OSI 参考模型

世界上第一个网络体系结构是美国 IBM 公司于 1974 年提出的，命名为系统网络体系结构（System Network Architecture，SNA）。此后，很多公司也纷纷建立自己的网络体系结构，由于网络体系结构的不同，不同公司的设备很难互相连通。

为了适应计算机网络向标准化方向发展的趋势，ISO 在 1984 年颁布了"开放系统互联基本参考模型"的正式文件，即 ISO 7498 国际标准，通常称为 OSI 参考模型，这是一个使各种计算机在世界范围内互联为网络的标准框架。

"开放"这个词表示：只要遵循 OSI 标准，一个系统可以与位于世界上任何地方的，遵循 OSI 标准的其他任何系统进行连接。开放式系统互联（OSI）参考模型是一个描述网络层次结构的模型，保证了各种类型网络技术的兼容性和互操作性。

OSI 参考模型的优点是简化了网络通信设计的复杂性。性质相似的工作划分在同一层，性质相异的工作划分到不同层，易于实现技术上的更新换代。

OSI 参考模型分为七层，如图 4.20 所示，自下而上依次为物理层、数据链路层、网络层、传输层、会话层、表示层和应用层。其中，物理层、数据链路层和网络层是网络服务平台，主要任务是数据通信，在物理上实现把数据从一个设备传送到另一个设备。会话层、表示层和应用层是用户服务平台，任务是数据处理，使一些无关的软件具有互操作性。而传输层是七层中最为重要的一层，位于上三层和下三层之间，起到承上启下的作用。

1）物理层

在 OSI 参考模型中，物理层（Physical Layer）是参考模型的最底层。

物理层的数据传输单元是比特。物理层的主要功能是利用传输介质为通信的网络节点

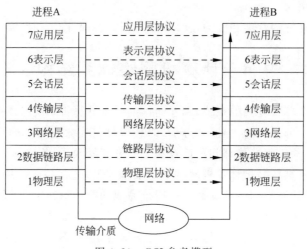

图 4.20　OSI 参考模型

之间建立、管理和释放物理连接。规定在物理层传送 0、1 数据的电平参数(波形、频率、电平)。规定所用的设备的机械特性、电气特性、功能特性和规程特性。物理层尽可能地屏蔽掉具体传输介质和物理设备的差异,使数据链路层不必关心网络的具体传输介质,为数据链路层提供数据传输服务。

2) 数据链路层

数据链路层(Data Link Layer)是 OSI 模型的第二层,负责建立和管理节点间的链路,控制网络层与物理层之间的通信。链路(Link)是一条无源的点到点的物理线路段,中间没有任何其他的交换节点,一条链路只是一条通路的一个组成部分。数据链路(Data Link)除了物理线路外,还必须有通信协议来控制这些数据的传输。因此,若把实现这些协议的硬件和软件加到链路上,就构成了数据链路。现在最常用的方法是使用适配器(即网卡)来实现这些协议的硬件和软件。一般的适配器包括数据链路层和物理层这两层的功能。链路和数据链路的区别如图 4.21 所示。

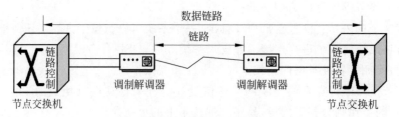

图 4.21　链路与数据链路

数据链路层完成了数据在不可靠的物理线路上的可靠传递。在计算机网络中,由于各种干扰的存在,物理链路是不可靠的。为了保证数据的可靠传输,数据链路层通过校验、确认以及反馈重发等手段将原始的物理连接改造成无差错的数据链路。

数据链路层传输以帧(Frame)为单位的数据包,每一帧不仅包括原始数据,还包括发送方和接收方的物理地址以及纠错和控制信息。其中的物理地址确定了数据帧将发送到何处,而纠错和控制信息则确保数据帧无差错的传递。数据链路层接收来自物理层的比特流形式的数据,并封装成帧,传送到上一层;同样,也将来自上层的数据帧,转化为比特流形式的数据转发到物理层。

3）网络层

网络层（Network Layer）是 OSI 模型的第三层，是最复杂的一层，也是通信子网的最高层，在物理层和数据链路层的基础上向资源子网提供服务。网络层在数据链路层服务的基础上，实现整个通信子网的连接，并通过网络连接交换网络服务数据单元。

网络层传输的数据单元是分组或包（Packet），主要任务是将网络地址翻译成对应的物理地址，并通过路由选择算法为分组通过通信子网选择最适当的路径。网络层将通过综合考虑发送优先权、网络拥塞程度、服务质量以及可选路由的花费来决定从一个网络节点到另一个网络节点的最佳路径。网络层建立的网络连接为传输层提供服务。

一般情况下，数据链路层是解决同一网络内节点之间的通信，而网络层主要解决不同子网间的通信，例如广域网间的通信。数据链路层和网络层的任务比较如图 4.22 所示。

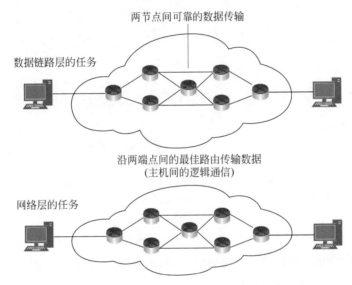

图 4.22 数据链路层和网络层的任务比较

数据链路层中使用的是物理地址（如 MAC 地址），仅解决网络内部的寻址问题。网络层使用的是 IP 地址，解决在不同子网之间通信时的寻址问题。

当源节点和目的节点之间存在多条路径时，网络层可以根据路由算法，为数据分组选择最佳路径，并将信息从最合适的路径由发送端传送到接收端。

数据链路层控制的是网络中相邻节点间的流量，网络层控制的是从源节点到目的节点间的流量。

4）传输层

传输层（Transport Layer）既是负责数据通信的最高层，又是面向网络通信和面向信息处理之间的中间层，是资源子网和通信子网的桥梁，主要是为两台计算机的通信提供可靠的应用进程到应用进程之间的数据传输服务。

传输层传输的数据单元是段（segment）。传输层通过传输层地址（端口）为高层提供传输数据的通信端口，使系统之间高层资源的共享不必考虑数据通信方面的问题。传输层向用户提供应用进程到应用进程之间的服务，能够处理分组错误、分组次序和其他一些关键的传输问题,同时具有复用和分用功能。传输层向高层屏蔽了下层数据通信的细节,是计算机网络体系结构中最关键的一层。

传输层与网络层的区别为:在协议栈中,传输层位于网络层之上;传输层协议为不同主机上运行的进程提供逻辑通信,而网络层协议为不同主机提供逻辑通信,如图 4.23所示。

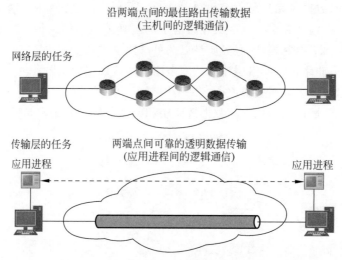

图 4.23　网络层和传输层的任务比较

5) 会话层

会话层(Session Layer)是 OSI 模型的第五层,是用户应用程序和网络之间的接口,负责在网络中的两节点之间建立、维持和终止通信。

在会话层及其以上的层次,数据传送单元一般统称为报文。会话层的功能包括:建立通信链接,保持会话过程通信链接的畅通,同步两个节点之间的对话,决定通信是否被中断以及通信中断时决定从何处重新发送。

6) 表示层

表示层(Presentation Layer)处理的是用户信息的表示问题。端用户(应用进程)之间传送的数据包含语义和语法两个方面。语义是数据的内容及其含义,它由应用层负责处理;语法是与数据表示形式有关的方面,例如,数据的格式、编码和压缩等。表示层主要对来自应用层的命令和数据进行解释,以确保一个系统的应用层所发送的信息可以被另一个系统的应用层读取。

表示层能实现多种数据格式之间的转换,主要功能是处理用户信息的表示问题,如编码、数据格式转换和加密解密等。

7) 应用层

应用层(Application Layer)是 OSI 参考模型的最高层,它是计算机用户以及各种应用程序和网络之间的接口,功能是直接向用户提供服务并完成用户希望在网络上完成的各种工作。

应用层在其他六层工作的基础上,负责完成网络中应用程序与网络操作系统之间的联系,建立与结束使用者之间的联系,并完成网络用户提出的各种网络服务及应用所需的监督、管理和服务等各种协议。此外,应用层还负责协调各个应用程序间的工作。

OSI 参考模型中,层与层之间的关系是上下连接的关系,下层对上层提供服务,每层都利用下一层所提供的服务实现该层功能,并向上层提供服务。上层不必去具体考虑下层为提供完成所需的服务而采取的细节(方法、手段、途径),可以实现透明传输。下层要保证向上层传输信息的质量,包括错误检查、流量和速度控制,实现成本等。

在 OSI 七层参考模型的体系结构中,各层要解决的问题及其功能简述如表 4.1 所示。

表 4.1 OSI 参考模型各层功能表示

层 名	功 能	相 应 问 题
应用层	与用户应用进程的接口	"做什么"
表示层	数据格式的转换	"对方看起来像什么"
会话层	会话管理与数据同步传输	"该谁讲话""从哪里讲起"
传输层	端到端可靠的数据传输	"对方在哪里"
网络层	分组传送,路由选择	"走哪条路可以到达目的地"
数据链路层	相邻节点间无差错地传送帧	"每一步该怎么走"
物理层	在物理介质上透明传输比特流	"怎么利用物理介质"

4.4.2 TCP/IP 的体系结构

TCP/IP 是 Internet 上的标准通信协议集,该协议集由数十个具有层次结构的协议组成,其中 TCP 和 IP 是该协议集中的两个最重要的核心协议。

TCP/IP 模型由四个层次组成,自上而下分别是应用层、传输层、网际层(互联网层)和网络接口层,各层对应的协议数据单元(PDU)的名称如图 4.24 所示。

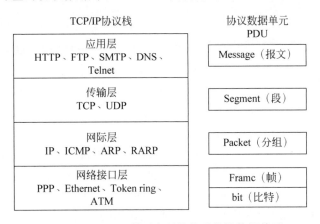

图 4.24 TCP/IP 模型各层协议及协议数据单元

1) 应用层

应用层决定了向用户提供应用服务时的通信活动,如为文件传输、电子邮件、远程登录、网络管理、Web 浏览等应用提供支持。TCP/IP 协议簇内预存了各类通用的应用服务,如HTTP(超文本传输协议)、FTP(文件传输协议)、SMTP(简单邮件传输协议)、DNS(域名系统)和 Telnet(远程终端协议)服务,这些都是常见的协议,如图 4.25 所示。

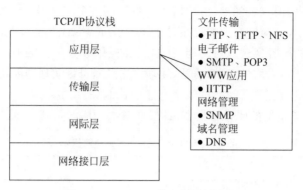

图 4.25　TCP/IP 模型应用层协议

2) 传输层

传输层向应用层提供处于网络中的两台计算机之间的数据传输。由于两台计算机之间的通信实际上是运行在两台计算机上的两个应用进程之间的通信,在传输层则是利用端口号,简称为端口(Port),来标记计算机应用层中的各进程。

下面介绍一些常见的端口号及其用途:21 端口,FTP 文件传输服务;23 端口,Telnet 终端仿真服务;25 端口,SMTP 简单邮件传输服务;53 端口,DNS 域名解析服务;69 端口,TFTP 简单文件传输服务;161 端口,SNMP 简单网络管理服务。

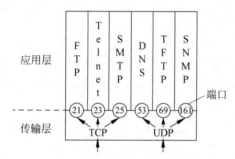

图 4.26　TCP/IP 模型应用层和
传输层之间的关系

传输层有两个性质不同的协议,TCP(传输控制协议)和 UDP(用户数据报协议)。传输层与应用层之间的关系如图 4.26 所示。

TCP 是面向连接的传输协议,在数据传输之前会先建立连接,提供可靠的数据传输服务,其数据传输的单位是报文段。UDP 是无连接的传输协议,在数据传输之前不建立连接,不保证数据传输的可靠性,其数据传输的单位是用户数据报。

3) 网际层

网际层用来处理在网络上流动的分组(数据包)。网际层规定了到达对方计算机的传输路线,并把分组传送给对方。当与目的计算机之间通过多台计算机或网络设备进行传输时,网际层的作用就是在众多的传输路线选项中选择一条。网际层的主要功能是把分组通过最佳路径送到目的端。其中,网际层的核心协议为网际互联协议(Internet Protocol,IP),提供了无连接的数据包传输服务(不保证送达,不保证送达的顺序)。

网际层通过寻址方式找到目的主机后,并不意味着寻找到了通信的端点,因为两台计算机之间的通信实际上是在两台计算机上运行的两个应用进程之间的通信。网络层协议为不同主机提供逻辑通信(主机之间),传输层协议为不同主机上运行的进程提供逻辑通信(进程之间)。虽然通信的终点是应用进程,但网际层是将所传送的分组交到目的主机的某个合适的端口,交付给目的进程的工作则由 TCP 和 UDP 来完成。

在网际层传输的分组中,会通过协议号标记出分组交由哪一个传输层协议进行处理,如 6 号协议表示 TCP,17 号协议表示 UDP。网际层与传输层之间的关系图 4.27 所示。

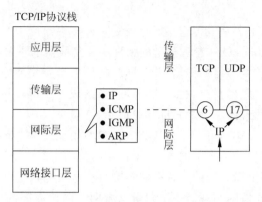

图 4.27　TCP/IP 模型中网际层和传输层之间的关系

例如,要给某人邮寄包裹时,需要在物流公司购买服务,填写物流单,并在物流单上要写明收件人地址和收件人姓名。收件人地址表示的是某建筑物的位置,如公司地址、学校地址等,而物流公司会依据收件人地址,选择最优的路径将包裹送达目的地。但是,某建筑物中通常并不只有一个人,而包裹是要交给建筑物中具体某个人的手中,所以才会在物流单上注明收件人姓名。物流公司将包裹送达目的地址之后,通常电话通知收件人取包裹或者由门卫、公司前台等进行代收,然后由他们将包裹转交给具体的某个收件人手中。至此,整个邮寄包裹的行为才真正结束。

在这个例子中,邮递服务提供着两栋建筑物之间的逻辑通信,即邮递服务是在两栋建筑物之间传递包裹,而不是针对每个人的服务。那么我们在邮寄时,需要在物流公司购买服务。在包裹送达目的地址后,则需要通过门卫、公司前台等进行转交。那么物流公司和门卫、公司前台等,都只是端到端邮寄服务的一部分(终端系统部分)。

这个例子是传输层和网络层之间的关系的一个形象比喻:主机(端系统)相当于两栋建筑(邮寄人地址和收件人地址),进程相当于寄件人和收件人,网络层协议相当于物流公司的物流服务(包括邮递员),传输层协议相当于寄件出处的物流公司和收件处的门卫、公司前台等。

4) 网络接口层

网络接口层用来处理连接网络的硬件部分,包括硬件的设备驱动、NIC(Network Interface Card,网卡)及光纤等物理可见部分,还包括连接器等一切传输媒体。

4.4.3　网络互联设备

网络互联通常是指将不同的网络或相同的网络用互联设备连接在一起而形成一个范围更大的网络,也可以是为增加网络性能和便于管理而将一个网络划分为几个子网或网段。

对局域网而言,所涉及的网络互联问题有网络距离的延长、网段数量的增加、不同局域网之间的互联及广域网互联等。网络互联中常用的设备有中继器、集线器、网桥、交换机、路由器和网关。

中继器(RP Repeater)如图 4.28 所示,它是工作在 OSI 参考模型的物理层上的连接设备,适用于完全相同的两个网络的互联,主要功能是通过对数据信号的重新发送或者转发,来扩大网络传输的距离。中继器只是起到了扩展传输距离的作用,

图 4.28　中继器

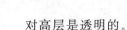
对高层是透明的。

集线器(Hub)如图 4.29 所示,它实际上就是一种多端口的中继器,一般有 4、8、16、24、32 等数量的接口,它工作在 OSI 参考模型的物理层。集线器的主要功能是对接收到的信号进行再生整形放大,以扩大网络的传输距离,同时把所有节点集中在以它为中心的节点上。集线器的作用可以简单理解为将一些机器连接起来组成一个局域网,采用共享带宽的工作方式,任一时刻只能在两台计算机之间进行通信。

网桥(Bridge)如图 4.30 所示,它工作在 OSI 参考模型的数据链路层,是早期的两端口的两层网络设备。网桥像是一个中继器,除了扩展网络的距离或范围,还能提高网络的性能和安全。网桥是连接两个局域网的一种存储/转发设备,它能将一个大的局域网分割为多个网段,或将两个以上的局域网互联为一个逻辑局域网。网桥内部的转发表是通过自学习算法建立起来的。

图 4.29　集线器　　　　　　　　　　　　　　　图 4.30　网桥

以太网交换机(Switch)如图 4.30 所示,它工作在 OSI 参考模型的数据链路层,也称为第二层交换机(L2 Switch)。以太网交换机实质上就是一个多接口的网桥,每个端口都直接与主机相连,并且一般都工作在全双工方式。以太网交换机能同时连通许多对端口,使每一对相互通信的主机都能像独占通信媒体那样,进行无冲突地传输数据。交换机内部的转发表是通过自学习算法建立起来的。

交换机有很多的类型,通常说的交换机一般是以太网交换机。但随着交换机的发展,出现了三层交换机,它除了拥有两层交换机的交换技术外,还在第三层实现了数据包的高速转发及路由功能。

路由器(Router)如图 4.32 所示,它连接多个网络端口,包括局域网与广域网的网络端口。路由器工作在 OSI 参考模型的网络层。可以连接相同类型的网络和不同类型的网络,能够对不同网络之间的数据包进行存储、分组转发处理。在网络通信中,路由器具有判断网络地址和选择路径的作用,可以在多个网络环境中建立灵活的连接,通过不同的数据分组和介质访问方式连接各个子网。

图 4.31　交换机　　　　　　　　　　　　　　　图 4.32　路由器

网关(Gateway)负责第三层(网络层)以上的数据中继,实现不同体系结构的网络协议转换,它通常应用软件来实现,并且与特定的应用服务一一对应。例如,开放系统互联标准(OSI)的文件传输服务 FTAM(文件传输访问和管理)和 TCP/IP 的文件传输服务 FTP(文件传输协议)都是文件传输,但由于所执行的协议不同,它们不能直接进行通信,而需要网关将两个文件传输系统互联,才能相互进行文件传输。网关既可用于广域网互联,也可以用于局域网互联。网关相当于协议转换器,通常是安装了网络管理软件的计算机,允许两个网络互联并通信,其中每个网络可以使用不同的协议。

4.5 局 域 网

局域网(Local Area Network,LAN)是将小区域内的各种通信设备相互连接在一起所形成的网络,覆盖范围一般局限在房间、楼房或园区内。局域网的特点是距离短、延迟小、数据传输速率高、传输可靠。

目前常见的局域网类型包括:以太网(Ethernet)、光纤分布式数据接口(FDDI)、异步传输模式(ATM)、令牌环网(Token Ring)、交换网(Switching)等,它们在拓扑结构、传输介质、传输速率、数据格式等多方面都不同。其中,应用最广泛的是以太网,它是一种总线型结构的局域网,是目前发展最迅速,也是最经济的局域网。

4.5.1 局域网概述

以太网(Ethernet)是 Xerox、Digital Equipment 和 Intel 三家公司制定的局域网组网规范,并于 20 世纪 80 年代初首次发布 DIX V1 规约。1982 年又修改为第二版规约,即 DIX Ethernet V2,成为世界上第一个局域网产品的规约。

局域网有两个标准,一个是 DIX Ethernet V2,另一个是 IEEE 802(电子电气工程师协会)委员会通过的正式标准 IEEE 802.3。这两个标准只有很小的差别,因此很多人常把 IEEE 802.3 局域网简称为"以太网"。但严格来说,"以太网"应当指的是符合 Ethernet V2 标准的局域网。

早期局域网技术的关键是如何解决连接在同一总线上的多个网络节点有秩序地共享一个信道的问题,而以太网正是利用载波监听多路访问/碰撞检测(CSMA/CD)技术成功提高了局域网共享信道的传输利用率,从而得以发展和流行的。

随着网络数据库管理系统和多媒体应用的不断普及,迫切需要高速高带宽的网络技术。交换式快速以太网技术因此应运而生。快速以太网及千兆以太网从根本上讲还是以太网,只是速度更快。它基于现有的标准和技术,可以使用现有的电缆和软件,因此是一种简单、经济、安全的选择。

4.5.2 局域网的体系结构

目前计算机局域网标准主要由 IEEE 发布,局域网体系结构包含 OSI 参考模型的最低两层,即物理层和数据链路层,IEEE 802 委员会将局域网的数据链路层划分成两个子层,即介质访问控制(MAC)子层和逻辑链路控制(LLC)子层,如图 4.33 所示。

介质访问控制子层(MAC)直接与物理层相邻,负责局域网内寻址和介质争用的问题,对信息发送过程进行控制和转换,对上层而言,屏蔽了不同物理层的不同。介质争用可以理解为解决当局域网中共用信道的使用产生竞争时,如何分配信道的使用权问题。

逻辑链路控制子层(LLC)与网络层和 MAC 子层相邻。LLC 负责识别网络层协议,然后对它们进行封装,并向下传递同样的数据帧,以使其可以在物理层传送。总的来说,LLC 主要完成数据链路层控制功能,向链路层提供链路层标准接口。

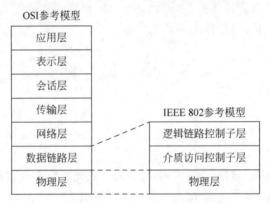

图 4.33　局域网体系结构

由于互联网发展很快,而 TCP/IP 体系经常使用的局域网只剩下 DIX Ethernet V2 而不是 IEEE 802.3 标准中的局域网,因此现在 IEEE 802 委员会制定的逻辑链路控制子层(即 IEEE 802.3 标准)的作用已经消失,很多厂商生产的适配器上仅装有 MAC 协议而没有 LLC 协议。

介质访问控制方法是指局域网中对数据传输介质进行访问管理的方法。不同拓扑结构网络系统中的设备连接方式是不同的,因此,数据在网络传输过程中如何运用介质,即当有多个站点需要同时发送数据,信道如何使用就成为必须要考虑的问题,不同的拓扑结构有不同的介质访问控制方法。

传统的局域网采用的是"共享媒体"的工作方式,其媒体访问控制方法主要有以下几种:载波监听多路访问/冲突检测方法(CSMA/CD)、令牌环、时隙环。

载波监听多路访问/冲突检测方法(CSMA/CD)技术包含载波监听多路访问(CSMA)和冲突检测(CD)两方面的内容。CSMA/CD 技术只用于总线型网络拓扑结构。

在采用 CSMA/CD 协议的总线局域网中,各节点通过竞争的方法强占对媒体的访问权力,出现冲突后,必须延迟重发。因此,节点从准备发送数据到成功发送数据的时间是不确定的,它不适合传输对时延要求较高的实时性数据。

令牌环访问技术是另一种局域网介质访问控制方法。在令牌环介质访问控制方法中,使用一个沿着环路循环的令牌。网络中的节点只有截获令牌时才能发送数据,没有获取令牌的节点不能发送数据,因此,使用令牌环的局域网中不会产生冲突。控制令牌表示一种权力,网络中的所有站点按照它们共同认可的规则,从一个站点到另一个站点传递控制令牌。令牌环如图 4.34 所示。

时隙访问技术是把信息在环路上的传送时间划分为固定长度的时间段(时隙)。若干时隙在环路上绕环运行,每一个时隙都含有一个先导标志位,表示该时隙的运行状态:空(Empty)和满(Full)。初始时,所有的时隙都是空的。要求传送数据的站必须等待一个空

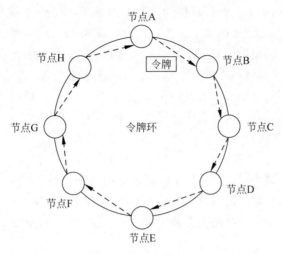

图 4.34 令牌环

时隙到达,该站将时隙先导标志位改为满,同时在时隙中加入所要传送的数据。当载有数据的时隙到达目的站时,目的站将复制时隙中的数据,同时设置时隙的响应位,以表征接收的状态(接收、拒收和忙)。只有当时隙返回到源站时,才将时隙先导标志位重新改为空,以便该时隙供下游的节点继续使用。时隙环如图 4.35 所示。

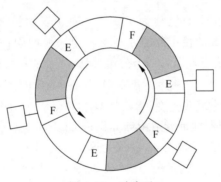

图 4.35 时隙环

4.5.3 MAC 层的硬件地址

MAC 地址(Media Access Control Address)也称为局域网地址(LAN Address)、以太网地址(Ethernet Address)或物理地址(Physical Address),它是一个用来确认网络设备位置的地址。

在 OSI 模型中,第三层网络层负责 IP 地址,第二层数据链路层则负责 MAC 地址。MAC 地址用于在网络中唯一标识一个网卡,如果一台设备有多个网卡,那么每个网卡都需要有一个唯一的 MAC 地址。

MAC 地址由网络设备制造商生产时固化在网络适配器的 ROM 中。MAC 地址实际上就是适配器地址或适配器标识符。当某台计算机使用某块适配器后,适配器上的标识符就成为该计算机的 MAC 地址。

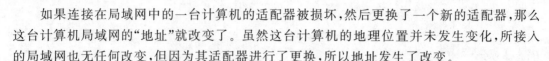

如果连接在局域网中的一台计算机的适配器被损坏,然后更换了一个新的适配器,那么这台计算机局域网的"地址"就改变了。虽然这台计算机的地理位置并未发生变化,所接入的局域网也无任何改变,但因为其适配器进行了更换,所以地址发生了改变。

如果把位于北京某局域网中的一台笔记本电脑携带至天津,并连接在天津的某局域网中,虽然这台笔记本电脑的地理位置发生了改变,并且所接入的局域网也发生了变化,但只要笔记本电脑中的适配器不变,那么该计算机在天津局域网中的"地址"依然和它在北京局域网中的"地址"是一样的。

由此可见,局域网中某台主机的 MAC 地址不能告诉人们这台主机位于什么位置。MAC 地址与网络和位置无关,即无论将带有这个地址的硬件(如网卡、集线器、路由器等)接入到网络的何处,都有相同的 MAC 地址。如果连接在局域网上的主机或路由器安装有多个适配器,那么这样的主机或路由器就有多个 MAC 地址,MAC 地址应是某个接口的标识符。

MAC 地址由 IEEE 的注册管理机构 RA 进行管理分配。MAC 地址的长度为 48 位(6字节),通常表示为 12 个十六进制数。前 24 位叫作组织唯一标识符(Organizationally Unique Identifier,OUI),世界上凡要生产局域网适配器的厂家都必须向 IEEE 购买由这 24 位构成的 OUI,通常也叫作公司标识符(company_id),用于区分不同的厂家。后 24 位是由厂家自己分配的,称为扩展标识符(Extended Identifier),只要保证生产出的适配器没有重复地址即可。

用这种方法得到的 48 位地址称为 EUI-48,EUI 表示扩展的唯一标识符(Extended Unique Identifier)。EUI-48 的使用范围并不局限于局域网硬件地址,也可用于软件接口。但 24 位的 OUI 并不能单独用来标志一个公司,因为一个公司可能有几个 OUI,也可能是几个小公司一起购买一个 OUI。在生产适配器时,这种 48 位的 MAC 地址已被固化在适配器的 ROM 中。因此 MAC 地址也叫作硬件地址(Hardware Address)或物理地址。可见 MAC 地址实际上就是适配器地址或适配器标识符 EUI-48。当这块适配器插入(或嵌入)某台计算机后,适配器上的标识符 EUI-48 就成为这台计算机的 MAC 地址。

例如,00-16-EA-AE-3C-40 就是一个 MAC 地址,其中前 6 位十六进制数 00-16-EA 代表网络硬件制造商的编号,而后 6 位十六进制数 AE-3C-40 代表该制造商所制造的某个网络产品的系列号。只要不更改这个 MAC 地址,MAC 地址在世界上就是唯一的。形象地说,MAC 地址就如同身份证号码,具有唯一性。

IEEE 规定地址字段的第一字节的最低位为 I/G(Individual/Group)位。当 I/G 位为 0 时,地址字段表示一个单站地址。当 I/G 位为 1 时,地址字段表示组地址,用来进行多播(以前曾译为组播)。因此,IEEE 只分配地址字段的前三个字节中的 23 位。当 I/G 位分别为 0 和 1 时,一个地址块可分别生成 2^{23} 个单站地址和 2^{23} 个组地址。

IEEE 还考虑到可能有人并不愿意购买 OUI。因此,IEEE 把地址字段第 1 字节的最低第二位规定为 G/L(Global/ Local)位。当 G/L 位为 0 时是全球管理(保证在全球没有相同的地址),厂商向 IEEE 购买的 OUI 都属于全球管理。当地址字段的 G/L 位为 1 时是本地管理,这时用户可任意分配网络上的地址。MAC 地址中各位的意义如图 4.36 所示。

在全球管理时,对每一个站的地址可用 46 位的二进制数字来表示(最低位和最低第二位都为 0 时)。剩下的 46 位组成的地址空间有 2^{46} 个地址,已经有超过 70 万亿个,可保证世界上的每一个适配器都有一个唯一的地址。当然,非无限大的地址空间总有用完的时候。

当路由器通过适配器连接到局域网时,适配器上的硬件地址就用来标志路由器的某个接口。路由器如果同时连接到两个网络上,那么它就需要两个适配器和两个硬件地址。

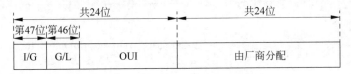

图 4.36　MAC 地址中各位的意义

4.6　Internet 基础

Internet 是目前世界上规模最大的计算机网络。Internet 的原意为互联的网络,其前身是美国 ARPAnet 网,该网是美国国防部为使在地域上相互分离的军事研究机构和大学之间能够共享数据而建立的。1985 年,美国国家科学基金会建立了 NSFNET 网,并与 ARPAnet 网合并,Internet 才真正发展起来。NSFNET 网已经连接了美国上百万台计算机,成为 Internet 的重要组成部分。Internet 的名称就是从那时开始使用的。从 20 世纪 80 年代开始,Internet 已逐渐发展成为全球性的超大规模的网际网络。

我国于 1994 年 4 月正式接入 Internet,中国科学院高能物理研究所和北京化工大学为了发展国际科研合作而开通了到美国的 Internet 专线。此后 Internet 就在我国蓬勃发展,改变着我们每个人的生活、消费、沟通、出行的方式。

4.6.1　网际协议 IPv4

在所有接入 Internet 的局域网、城域网或个人计算机中,可能所使用的操作系统和软件都不尽相同,那么如何将它们有机地组织在一起,以实现资源共享和相互通信呢? 这就需要有一个网络协议,Internet 的网络协议是 TCP/IP。

TCP/IP 实际上是 Internet 所使用的一组协议集的统称,TCP 和 IP 是其中最基本,也是最重要的两个协议,具有较好的网络管理功能。TCP(Transmission Control Protocol,传输控制协议)是信息在网络中正确传输的重要保证,具有解决数据报丢失、损坏、重复等异常情况的能力;IP(Internet Protocol,网际协议)负责将信息从一个地方传输到另一个地方。

与 IP 配套使用的还有 3 个协议,地址解析协议(Address Resolution Protocol,ARP)、网际控制报文协议(Internet Control Message Protocol,ICMP)和网际组管理协议(Internet Group Management Protocol,IGMP)。有一个协议叫作逆地址解析协议(Reverse Address Resolution Protocol,RARP),与 ARP 配合使用,但是现在已被淘汰。

IP 地址是 TCP/IP 体系中的一个重要概念。我们可以把整个 Internet 看成一个单一的、抽象的网络,那么 IP 地址就是给每个连接在 Internet 上的主机(或路由器)分配的一个在全世界范围内唯一的标识符(长度为 32 位)。IP 地址由 Internet 名字与号码指派公司(Internet Corporation for Assigned Names and Numbers,ICANN)进行分配。

为了书写方便和提高可读性,目前常用的 IPv4 中规定:IP 地址长度为 32 位二进制,在表示时,一般将 32 位地址拆分为 4 个 8 位二进制,再转为 4 个十进制数表示,每个数字之间

用点隔开。这种描述方式被称为点数十进制记法(Dotted Decimal Notation),如图 4.37
所示。

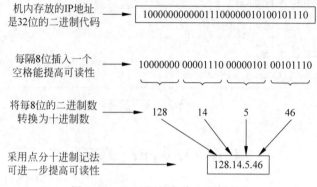

图 4.37　IP 地址的点分十进制表示

IP 地址的编址经历了两个阶段,分别是分类 IP 地址阶段和无分类 IP 地址阶段。分类
IP 地址是最基本的编址方法,1981 年通过了相应的标准协议。由于这种 IP 地址的编制方
式在实际应用中存在许多的问题;1985 年提出子网划分、变长子网划分的概念,这是对最
基本的编址方法的改进。无分类 IP 地址是 1993 年提出的新的编址方法,并且得到了推广
应用。

为了便于对 IP 地址的管理,同时考虑到网络所拥有的主机数目差异很大,就把 IP 地址
划分为 5 类,即 A 类、B 类、C 类、D 类和 E 类。对于拥有大量节点的部分网络,创建了 A 类
网络这个等级。另一个极端情况是 C 类网络,它包括只拥有较少节点的众多网络。对于那
些介于很大和很小之间的网络级别称为 B 类网络。而 D 类和 E 类网络则是具有特殊用途
的网络。

"分类的 IP 地址"就是将 IP 地址划分为若干个固定类,每一类地址都由两个固定长度
的字段组成,即网络号(net-id)和主机号(host-id)。其中网络号标志某主机(或路由器)所连
接的网络编号;主机号 host-id 标志该主机(或路由器)在该类网络中的编号,主机号字段表
明该类网络所包含的主机个数。网络号与主机号的位数与 IP 地址的分类有关。因为网络
号在整个网络中是唯一的,主机号在所指定的网络内也是唯一的,所以一个 IP 地址在整个
网络内是唯一的。

对于这种两级结构的 IP 地址,可以记为

$$\text{IP 地址} ::= \{\langle \text{网络号} \rangle, \langle \text{主机号} \rangle\} \tag{4-6}$$

其中,式(4-6)中符号"::="表示"定义为"。

在分类的 IP 地址中有两个重要的概念,分别为地址空间和地址块。地址空间表示在对
某类 IP 地址进行分类时,理论上可以拥有的地址总数,这种总数无法当作 IP 地址进行分配。
而划分地址块则主要用来给不同规模的企业分配 IP 地址,不同的网络号标识不同的地址块。

下面对 5 类 IP 地址进行详细的介绍,如图 4.38 所示。

A 类地址网络号长度为 1 字节,首位是类别位(0),只有 7 位可用。实际可用的网络号位
为 125 个。因为保留了 3 个地址:第一,网络号全 0(00000000),即 0.0.0.0 至 0.255.255.255
表示本网络;第二,网络号 127(01111111),即 127.0.0.0 至 127.255.255.255 作为本地软

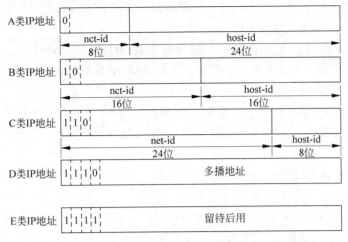

图 4.38　分类 IP 地址中的网络号字段和主机号字段

件环回测试本主机进程之间的通信之用,称为环回地址;第三,网络号 10(00001010),即 10.0.0.0 至 10.255.255.255 作为私有地址,在互联网上不使用,而被用在局域网络中。主机字段长度为 3 字节,实际可分配主机号为 $2^{24}-2=16\ 777\ 214$ 个。减 2 是因为保留了两个主机号,全 0 字段和全 1 字段。全 0 的主机号字段表示该 IP 地址是"本主机"所连接到的单个网络地址,比如某个主机的 IP 地址为 7.6.5.4,那么该主机所在的网络地址就是 7.0.0.0。而全 1 的主机号字段表示该网络上的所有主机,也称为广播地址。A 类地址适用于有大量主机的大型网络。

B 类地址网络号长度为 2 字节,首两位是类别位(10),还有 14 位可用。考虑到 B 类网络号 128.0.0.0 和专用网络号 172.16.0.0 至 172.31.0.0 是不分配的,B 类地址可分配的网络号为 $2^{14}-17=16\ 367$ 个。主机号字段长度为 2 字节,除去保留的全 0 和全 1 外,可分配的主机号为 $2^{16}-2=65\ 534$ 个。

C 类地址网络号长度为 3 字节,首三位是类别位(110),还有 21 位可用,因为网络号 192.0.0.0 和专用网络号 192.168.0.0 至 192.168.255.0 是不分配的,那么 C 类地址可分配的网络号为 $2^{21}-257=2\ 096\ 895$ 个。主机号字段为 1 字节,除去全 0 和全 1,可分配主机号为 $2^{8}-2=254$ 个。

A、B、C 类地址都是常用的一对一通信的单播地址。由于 A 类地址包含的主机数太多,现在能申请到的 IP 地址只有 B、C 类。例如某单位申请到一个 IP 地址,只能得到具有同一网络号的一组地址,具体主机号由本单位决定。

D 类地址的前四位为 1110,用于一对多的多播通信,主要留给 Internet 体系结构委员会 IAB 使用。

E 类地址的前四位为 1111,留作将来发展之用。

4.6.2　划分子网和构造超网

1. 划分子网

1) 从两级 IP 地址到三级 IP 地址

分类的 IP 地址主要有 A 类、B 类、C 类三类(D 类为多播地址)。其中,A 类地址理论上可连接 16 777 214($2^{24}-2$)台主机；B 类地址理论上可连接 65 534($2^{16}-2$)台主机；C 类地址理论上可连接 254($2^{8}-2$)台主机。

随着 Internet 的普及和技术的发展，这种分类 IP 地址的设计缺陷表现得愈发明显。

（1）IP 地址空间的利用率有时会很低：一个 A 类 IP 地址网络可连接超过 1000 万台主机，而每个 B 类 IP 地址网络可连接超过 6 万台。有些网络对连接在网络上的主机数有限制，甚至远小于理论上可连接的主机数量。在现实中，只有两三台主机的网络十分常见，但这种网络也至少需要一个 C 类 IP 地址，若使用 A、B 类则浪费更严重，并且现实中少有达到上万台主机的大型网络。

（2）给每个物理网络分配一个网络号会使路由表变得庞大臃肿，降低网络性能。路由器需要能够从路由表中找出怎样到达其他网络的下一跳地址，而一个物理网络对应一个网络号，如果网络越多，则路由表越大，路由器的存储空间就需要越大，查找也更耗时，但使用构造超网，则能减少网络数，提升性能。

（3）两级 IP 地址不够灵活：只能在申请完 IP 地址后才能进行下一步工作，而无法按自己的需求变更。企业有很多部门，每个部门可能需要各自独立的网络，再申请 IP 地址虽然可以解决这个问题，但是由于部门人数不多，申请新的 IP 地址会造成浪费。而划分子网刚好可以解决这个问题，而且便于管理。

从 1985 年起，在 IP 地址中又增加了一个"子网号"（subnet-id）字段，一般是从网络的主机号字段借用若干位作为子网号（用来分配的主机号字段就相应减少），于是两级 IP 地址变为三级 IP 地址。这种做法叫作划分子网、子网寻址或子网路由选择。

划分子网的基本思路如下。

（1）一个拥有许多物理网络的单位，可将所属的物理网络划分为若干个子网（Subnet）。划分子网只是本单位内部的事情，对外依然表现为一个网络，本单位以外的网络并不知道这个网络到底划分成了多少个子网。

（2）划分子网的方法是从网络的主机号借用若干位作为子网号 subnet-id，与此同时主机号也减少相应位数（总位数 32 位不变）。由此两级 IP 地址可变为三级 IP 地址：

$$\text{IP 地址} ::= \{<\text{网络号}>,<\text{子网号}>,<\text{主机号}>\} \tag{4-7}$$

（3）从外部网络发送给本单位某主机的 IP 数据报仍根据目的网络号找到连接在本单位网络上的路由器。但随后在本网络内部，路由器根据目的网络号和子网号找到目的子网，将 IP 数据报交付目的主机。

注意：划分子网只是把 IP 地址的主机号这部分进行再划分，并不改变 IP 地址原来的网络号。

划分子网后，发送到子网某台主机的 IP 数据报，根据 IP 数据报的目的网络号找到连接到的路由器，然后路由器根据 IP 数据报的目的网络号和子网号找到子网，再把 IP 数据报交付主机。

划分了子网后，IP 地址的网络号是不变的，因此，在局域网外部看来，这里仍然只存在一个网络，即网络号所代表的那个网络；但在网络内部，因为每个子网的子网号是不同的，当用划分子网后的 IP 地址与子网掩码做"与"运算时，每个子网将得到不同的子网地址，从而实现了对网络的划分。

2）子网掩码

从 IP 地址中是无法知道目的主机所连接的网络是不是已经进行了子网划分,因为 IP 地址以及 IP 数据报中并没有这些信息,这就用到了子网掩码(Subnet Mask)。

子网掩码是一个应用于 TCP/IP 网络的 32 位二进制值,它可以屏蔽掉 IP 地址中的一部分,从而分离出 IP 地址中的网络部分与主机部分。基于子网掩码,管理员可以将网络进一步划分为若干子网,如图 4.39 所示。

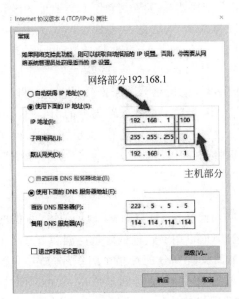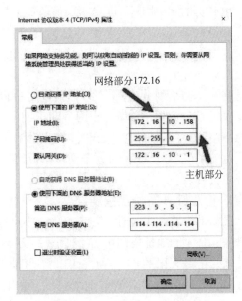

图 4.39 子网掩码举例

TCP/IP 规定,子网掩码是一个 32 位的二进制数,由一串连续的"1"和"0"组成。其中"1"对应于 IP 地址的网络号和子网号字段;而"0"对应于 IP 地址的主机号字段。

在使用 TCP/IP 协议的两台计算机之间进行通信时,IP 数据报中是没有子网的相关信息,这时可以通过将本机的子网掩码与目的主机的 IP 地址进行"与"运算,即可得到目标主机所在的网络号。又由于每台主机在配置 TCP/IP 时都设置了一个本机 IP 地址和子网掩码,所以可以知道本机所在的网络号。

通过比较这两个网络号,就可以知道目的主机是否在本网络上。如果网络号相同,表明目的主机在本网络上,那么可以通过相关的协议把数据包直接发送到目的主机;如果网络号不同,表明目的主机在其他网络上,那么数据包将会发送给本网络上的路由器,由路由器将数据包发送到其他网络,直至到达目的主机。在这个过程中我们可以看到,子网掩码是不可或缺的。

既然子网掩码这么重要,那么它是如何分离出 IP 地址中的网络地址的呢? 过程如下所示。

（1）将 IP 地址与子网掩码都转换成二进制。

（2）将二进制形式的 IP 地址与子网掩码做"与"运算,将答案转化为十进制,便得到网络地址。

若一个 IP 地址为 192.168.32.1,子网掩码为 255.255.255.0。那么将 IP 地址转换为二进制,可表示为 11000000.10101000.00100000.00000001,将子网掩码转换为二进制,可表示为 11111111.11111111.11111111.00000000,若将 IP 地址的二进制表示与子网掩码的二进制表示做"与"运算可得 11000000.10101000.00100000.00000000,将这个结果转换为十进制可得 192.168.32.0。这便是 IP 地址 192.168.32.1 的网络地址。

子网掩码是一个网络或一个子网的重要属性,路由器的路由表中除了有目的网络地址外,还有该网络的子网掩码,这是 Internet 的标准规定。

由分类的 IP 地址可知,A 类 IP 地址的网络号字段为 1 字节,因此 A 类地址的默认子网掩码是 255.0.0.0;B 类 IP 地址的网络号字段为 2 字节,因此 B 类地址的默认子网掩码是 255.255.0.0;C 类 IP 地址的网络号字段为 3 字节,因此 C 类地址的默认子网掩码是 255.255.255.0。

将一个网络划分为几个子网,需要每一段使用不同的网络号或子网号,实际上可以认为是将主机号分为两个部分:子网号和子网主机号。因此对于未做子网划分的 IP 地址,其形式为网络号、主机号。对于已做子网划分后的 IP 地址,其形式为网络号、子网号、子网主机号。也就是说 IP 地址在划分子网后,以前的主机号位置中的一部分给了子网号,余下的是子网主机号。

2. 构造超网(无分类编址)

最初的 Internet 设计者没有预想到网络发展如此快速,目前 IPv4 地址使用 32 位的地址,即在 IPv4 的地址空间中有 2^{32} 个(约为 43 亿)地址可用。这样的地址空间在 Internet 早期看来几乎是无限的,于是便将 IP 地址根据申请而按类别分配给某个组织或公司,而很少考虑是否真的需要这么多个地址空间,没有考虑到 IPv4 地址空间最终会被用尽的问题。2019 年 11 月 25 日,全球五大区域互联网注册管理机构之一的欧洲网络协调中心(RIPE NCC)宣布 IPv4 地址已全部用完。

IPv4 地址是按照网络的大小(所使用的 IP 地址数)来分类的,它的编址方案使用"类"的概念。A、B、C 三类 IP 地址的定义很容易理解和划分,但在实际网络规划中,它们并不利于有效地分配有限的地址空间。对于 A、B 类地址,很少有这么大规模的公司能够使用,而 C 类地址所容纳的主机数又相对太少。所以分类别的 IP 地址并不利于有效地分配有限的地址空间,不适用于网络规划。在 20 世纪 90 年代初期引入的无分类域间路由(CIDR)机制,对解决 IPv4 地址空间短缺的问题起到了很大的作用。

CIDR(Classless Inter-Domain Routing,无分类域间路由)主要是为了解决以下三个问题而诞生的:第一,大小比较适中的 B 类 IP 地址的严重匮乏;第二,Internet 主干网上的路由表中的项目数急剧增长;第三,IPv4 地址被分配完毕。

CIDR 最主要有两个以下特点:

第一,消除传统的对 IP 地址进行分类和划分子网的概念,更有效地分配 IPv4 的地址空间,CIDR 使 IP 地址又回到无分类的两级编址。CIDR 地址的记法为

$$IP 地址::=\{<网络前缀>,<主机号>\} \tag{4-8}$$

CIDR 还使用"斜线记法",即在 IP 地址后面加上"/",然后写网络前缀所占的位数(例如 192.198.70.85/21,表示其网络前缀为 21 位,其后为 11 位的主机号字段)。

第二,CIDR 把网络前缀都相同的连续 IP 地址组成一个"CIDR 地址块",即路由聚合(构成超网)。一个 CIDR 地址块中有很多地址,所以在路由表中就利用 CIDR 地址块来查

找目的网络。路由聚合也称为构成超网。路由聚合有利于减少路由器之间的路由选择信息的交换,从而提高了整个 Internet 的性能。

注意:子网是把网络拆分,而超网则是把网络聚合。为了更方便地进行路由选择,CIDR 使用 32 位的地址掩码。地址掩码是由一串"1"和"0"组成,而"1"的个数就是网络前缀的长度。

虽然 CIDR 不使用子网了,但由于目前仍有一些网络还使用子网划分和子网掩码,因此 CIDR 使用的地址掩码也可以继续称为子网掩码。斜线记法中,斜线后面的数字就是地址掩码中"1"的个数。

例如,已知 IP 地址 128.14.35.7/20 是某 CIDR 地址块中的一个地址,现在把它写成二进制表示,其中的前 20 位是网络前缀,后面 12 位是主机号:

$$128.14.35.7/20 = 10000000\ 00001110\ 00100011\ 00000111$$

这个地址所在地址块中共有 2^{12} 个地址,但主机号字段为全 0 和全 1 的地址一般不使用。该地址的最小地址为 128.14.32.0(即 10000000 00001110 00100000 00000000),而最大地址为 128.14.47.255(即 10000000 00001110 00101111 11111111),那么这个地址块的掩码可以写为 255.255.240.0。通常我们可用地址块中的最小地址和网络前缀的位数指明这个地址块。比如以上的地址块可以记为 128.14.32.0/20,在不需要指明地址块的起始位置时,也可把这个地址块简称为"/20 地址块"。

4.6.3 地址解释和地址转换

1. IP 地址和硬件地址

在学习 IP 地址时,很重要的一点就是清楚 IP 地址与硬件地址的区别,从层次的角度上,硬件地址是数据链路层和物理层使用的地址;而 IP 地址是网络层和以上各层使用的地址,是一种逻辑地址,是因为 IP 地址是用软件实现的。

在局域网中,由于硬件地址已固化在网卡的 ROM 中,因此常常将硬件地址称为物理地址。因为在局域网的 MAC 帧中源地址和目的地址都是硬件地址,所以硬件地址又称为 MAC 地址。物理地址、硬件地址和 MAC 地址常常作为同义词。

在发送数据时,数据从高层下到低层,然后才在数据链路上传输。使用 IP 地址的 IP 数据报一旦交付给了数据链路层,就被封装成 MAC 帧了。MAC 帧在传送时使用的源地址和目的地址都是硬件地址,这两个硬件地址都写在 MAC 帧的首部中。

连接在通信链路上的设备(主机或者路由器)在接收 MAC 帧时,根据 MAC 帧的首部中的硬件地址。在数据链路层中,看不到隐藏在 MAC 帧中的数据中的 IP 地址。只有在剥去 MAC 帧的首部和尾部后,把 MAC 层的数据上交给网络层后,网络层才能在 IP 数据报的首部中找到源 IP 地址和目的 IP 地址。

2. 地址解析协议 ARP

在网络层使用的是 IP 地址,但在实际网络的链路中传送数据帧时,必须使用硬件地址。但 IP 地址和硬件地址之间由于格式不同而不存在简单的映射关系,例如 IP 地址有 32 位,而局域网的硬件地址有 48 位。可以根据一台机器(主机或者路由器)的 IP 地址,找到其对应的硬件地址的方法。地址解析协议(ARP)就是用来解决这样问题的,图 4.40 说明了 ARP 的作用,即从网络层使用的 IP 地址,解析出在数据链路层使用的硬件地址。

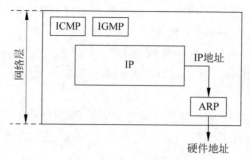

图 4.40　ARP 的作用

IP 使用了 ARP,通常就把 ARP 划归网络层,但 ARP 的用途是为了从网络层使用的 IP 地址解析出在数据链路层使用的硬件地址。地址解析协议的用途是完成 IP 地址至硬件地址的解析,ARP 解决这个问题的办法是在主机 ARP 高速缓存中存放一个从 IP 地址到硬件地址的映射表,并且这个映射表还经常动态更新(新增或者超时删除)。

每一台主机都设有一个 ARP 高速缓存(ARP Cache),里面有本局域网上的各主机和路由器的 IP 地址到硬件地址的映射表,这些都是该主机目前知道的一些地址。

在图 4.40 中,主机 A 要向本局域网上的某个主机 B 发送 IP 数据报时,其 ARP 高速缓存中有 B 的 IP 地址,就在 ARP 高速缓存中查出其对应的硬件地址,再把这个硬件地址写入 MAC 帧,然后通过局域网把该 MAC 帧发往此硬件地址。

若在 ARP 高速缓存中查不到关于主机 B 的 IP 地址,原因可能是主机 B 刚入网,也可能是主机 A 刚开机,高速缓存还是空的。在这种情况下,主机 A 就自动运行 ARP,并按以下步骤获取主机 B 的硬件地址。

(1) ARP 进程在本局域网上广播发送一个 ARP 请求分组,主要内容是：我的 IP 地址是 208.0.0.4,硬件地址是 00-00-C0-16-AC-29,我想知道主机 208.0.0.6 的硬件地址。

(2) 在本局域网的所有主机上运行的 ARP 进程都会收到此 ARP 请求分组。

(3) 主机 B 的 IP 地址与 ARP 请求分组中要查询的 IP 地址一致,就收下这个 ARP 请求分组,向主机 A 发送 ARP 响应分组,并写上硬件地址。虽然 ARP 请求分组是广播发送的,但是 ARP 响应分组是普通的单播,即从一个源地址发送到一个目的地址。

其余所有主机的 IP 地址与 ARP 请求分组中要查询的不一致,忽略这个请求。

(4) 主机 A 收到主机 B 的 ARP 请求响应分组后,就在 ARP 高速缓存中写入主机 B 的 IP 地址到硬件地址的映射。

如果不使用 ARP 高速缓存,那么任何一个主机只要进行一次通信,就必须在网络上用广播方式发送 ARP 请求分组,这就使得网络上的通信量大大增加。ARP 把已经得到的地址映射保存在高速缓存中,这样就使得该主机下次再和具有同样目的地址的主机通信时,可以直接从高速缓存中找到所需的硬件地址而不必再用广播方式发送 ARP 请求分组。

例如,在图 4.41 的例子中,当主机 B 收到 A 的 ARP 请求分组时,就把主机 A 的这一地址映射(IP 地址与硬件地址的映射)写入自己的 ARP 高速缓存中。以后主机 B 可以不再发起 ARP 请求,而直接向 A 发送数据。

既然在网络链路层上传送的帧最终按照硬件地址找到目的主机的,那么为什么不直接使用硬件地址进行通信,而是使用抽象的 IP 地址并调用 ARP 来寻找相应的硬件地址呢?

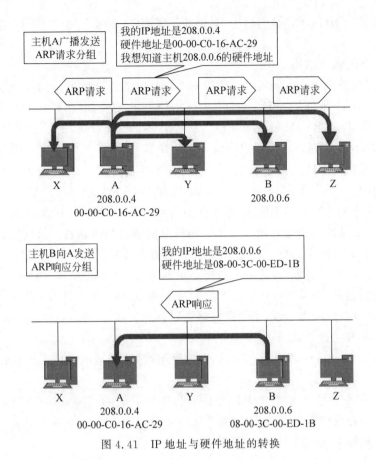

图 4.41　IP 地址与硬件地址的转换

由于全世界存在各式各样的网络,它们使用不同的硬件地址。要使这些异构网络能够互相通信就必须进行非常复杂的硬件地址转换工作,但是统一的 IP 地址把这个复杂的问题解决了,连接到 Internet 上的主机只需拥有统一的 IP 地址,它们之间的通信就像连接在一个网络上那样方便。

因此,在虚拟的 IP 网络上,用 IP 地址进行通信为广大用户带来了方便。这就好像不同国家货币兑换,价值并不变化,IP 地址将所有设备构建在一个虚拟互联的网络里面,但是在单一局域网内,依旧使用本局域网特定的硬件地址进行寻址,进行数据交付。

4.6.4　域名系统

1. 域名系统的概念

域名系统(Domain Name System,DNS)是 Internet 使用的命名系统,用来把便于人们使用的机器名字转换成为 IP 地址。域名系统其实就是名字系统。在 Internet 的命名系统中使用了许多的"域"(Domain),因此就出现了"域名"这个名词。"域名系统"明确地指明这种系统是应用在 Internet 中。

IP 地址是由 32 位的二进制数组成的,用户与 Internet 上某台主机通信时,显然不愿意使用很难记忆的长达 32 位的二进制主机地址。即使是点分十进制 IP 地址也并不太容易记忆。相反,大家愿意使用比较容易记忆的主机名字。但是,机器在处理 IP 数据报时,并不是使用域名而是使用 IP 地址。这是因为 IP 地址长度固定,而域名的长度不固定,机器处理起来比较困难。

2. Internet 的域名结构

从理论上讲,整个 Internet 可以只使用一个域名服务器,使它装入 Internet 上所有主机名,并回答对所有 IP 地址的查询。但随着 Internet 用户规模加大,这样的域名服务器会因过负荷而无法工作,而且一旦域名服务器出现故障,整个 Internet 会处于瘫痪状态。因此,早在 1983 年,Internet 开始采用层次树状结构的命名方法,域名系统 DNS 被设计成一个层次树状结构的联机分布式数据库系统,采用客户/服务器方式。DNS 使大多数名字都在本地解析,仅有少量解析需要在 Internet 上通信,因此 DNS 系统的效率很高。由于 DNS 是分布式系统,即使单个计算机出现故障,也不会妨碍整个 DNS 系统的正常运行。

域名到 IP 地址的解析是由分布在 Internet 上的域名服务器程序共同完成的。域名服务器程序在专设的节点上运行,而人们也常把运行域名服务器程序的机器称为域名服务器。

采用层次树状的命名方法,任何一台连接在 Internet 上的主机或者路由器,都有一个唯一的层次结构的名字,即域名(Domain Name)。这里域(Domain)是名字空间中一个可被管理的划分,域可以被划分为子域,子域还可继续划分为子域的子域,这样就形成了顶级域、二级域、三级域,等等。

如 map. baidu. com 中依次为三级域名.二级域名.顶级域名。域名解析是一个从右向左,由大向小的过程。

从语法上讲,每一个域名都是由标号(label)序列组成的,各个标号之间用点“.”隔开。标号由英文字母和数字组成,标号中除连接字符“_”外不能使用其他字符。每一个标号不超过 63 个字符(最好不要超过 12 个),不区分大小写字母。

从级别上讲,级别最低的域名在最左面,级别最高的顶级域名写在最右面。由多个标号组成的完整域名总共不超过 255 个字符,如图 4.42 所示。

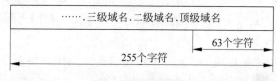

图 4.42　域名结构

DNS 既不规定一个域名需要包含多少个下级域名,也不规定每一级域名代表什么含义。各级域名由其上一级域名管理机构管理,而最高的顶级域名则由互联网名称与数字地址分配机构(ICANN)进行管理。

域名只是一个逻辑概念,域名中并不包含计算机所在的物理位置的信息。域名中的“点”和点分十进制 IP 地址中的“点”并无任何关系。在点分十进制 IP 地址中,一定要包含3 个“点”,但域名中“点”的个数则不一定只有 3 个。

顶级域名(TLD)是指域名的最后一段,或紧跟在“点”符号后面的部分。顶级域名又分为三类:一是国家和地区顶级域名(Country Code Top-Level Domains,ccTLDs),目前 200多个国家和地区都按照 ISO 3166 的规定分配了顶级域名;二是通用顶级域名(Generic Top-Level Domains,gTLDs);三是基础结构域名。

国家和地区顶级域名 ccTLD,比如,cn 代表中国、us 代表美国、uk 代表英国等。国家和地区域名又常记为 nTLD。顶级域名也包括某些地区域名,比如我国香港特别行政区(hk)、澳门特别行政区(mo)和台湾省(tw)。

在国家和地区顶级域名下注册的二级域名由该国家和地区自行确定。我国由国务院信息化工作领导小组指定中国科学院计算机网络信息中心成立中国互联网信息中心(China Internet Network Information Center,CNNIC),对国内用户接入互联网的域名系统实施统一管理。CNNIC 负责统一协调、指定规范并负责顶级域名 CN 下的所有域名注册服务。中国互联网的二级域名分为"类别域名"和"行政区域名"两类,"类别域名"有 7 个(表 4.2),"行政区域名"有 34 个(表 4.3)。

表 4.2 按类别分类的二级域名

域名	说　明	域名	说　明
ac	科研机构	gov	中国的政府部门
edu	中国的教育机构	org	非营利组织
com	工、商、金融等企业	net	互联网、接入网络的信息中心和运行中心

表 4.3 按行政区分类的二级域名

域名	行　政　区	域名	行　政　区	域名	行　政　区
bj	北京市	ah	安徽省	sc	四川省
sh	上海市	fj	福建省	gz	贵州省
tj	天津市	jx	江西省	yn	云南省
cq	重庆市	sd	山东省	xz	西藏自治区
he	河北省	ha	河南省	sn	陕西省
sx	山西省	hb	湖北省	gs	甘肃省
nm	内蒙古自治区	hn	湖南省	qh	青海省
ln	辽宁省	gd	广东省	tw	台湾省
jl	吉林省	gx	广西壮族自治区	hk	香港特别行政区
hl	黑龙江省	hi	海南省	mo	澳门特别行政区
js	江苏省	xj	新疆维吾尔自治区		
zj	浙江省	nx	宁夏回族自治区		

最常见的通用顶级域名有 7 个,即 com(公司企业)、net(网络服务机构)、org(非营利组织)、int(国际组织)、gov(政府部门)、mil(军事部门)和 edu(教育机构),后来又陆续补充了 13 个,如表 4.4 所示。

表 4.4 常见的通用顶级域名

域名	说　明	域名	说　明
edu	教育机构	cat	使用加泰隆人的语言和文化团体
com	商业组织	coop	合作团体
net	网络服务机构	info	提供信息服务的单位
org	非营利组织	jobs	人力资源管理者

续表

域名	说　　明	域名	说　　明
int	国际组织	mobi	移动产品与服务的用户和提供者
gov	政府部门	museum	博物馆
mil	军事部门	name	个人
aero	航空运输业	pro	拥有证书的专业人员（比如医生、律师等）
biz	公司和企业	travel	旅游业

基础结构域名（infrastructure domain）只有一个，即 arpa，用于进行反向域名解析，因此也称为反向域名，是互联网号码分配机构控制互联网工程任务组（IETF）的顶级域名。

我们通过域名树的方式来查看域名的结构，如图 4.43 所示，它实际上是一个倒置的树，最上面的是根，没有对应的名字。因为根没有名字，所以根下面的一级节点就是顶级域名，往下同理。

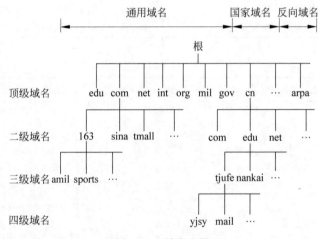

图 4.43　域名空间

以 www.tjufe.edu.cn 为例，www 是四级域名，tjufe 是三级域名，edu 是二级域名，cn 是顶级域名，各级域名之间通过"."相连。每个互联网上的主机域名都对应一个 IP 地址，并且这个域名在互联网中是唯一的。

3. 域名服务器

上面讲的域名体系是抽象的，具体实现域名系统则是使用分布在各地的域名服务器。理论上讲，可以让每一级的域名都有一个相对应的域名服务器，使所有的域名服务器构成和树状结构相对应的"域名服务器树"结构。但这样做会使域名服务器的数量太多，使域名系统运行效率降低。DNS 采用分区来解决这个问题。

一个服务器所负责管辖的（或有权限的）范围叫作区（Zone）。各单位根据具体情况来划分自己管辖范围的区。但在一个区中的所有节点必须是能够连通的。每一个区设置相应的权限域名服务器，用来保存该区中的所有主机的域名到 IP 地址的映射。DNS 服务器的管辖范围不是以"域"为单位，而是以"区"为单位。

图 4.44 中是区的不同的划分方法的举例，其中图 4.44(a)中域 abc.com 只设了一个区 abc.com，图 4.44(b)中划分了两个区 abc.com 和 y.abc.com，这两个区都隶属于域 abc.

com,都各自设置了相应的权限域名服务器。不难看出,区是域的子集。以此为例,给出DNS域名服务器树状结构图。

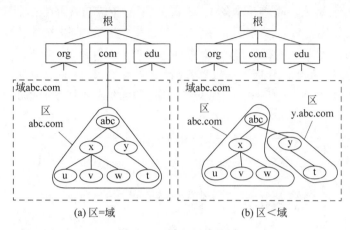

图 4.44 域和区的区别

Internet 上的 DNS 服务器也是按照层次安排的,每一个域名服务器都只对域名体系的一部分进行管辖,如图 4.45 所示。

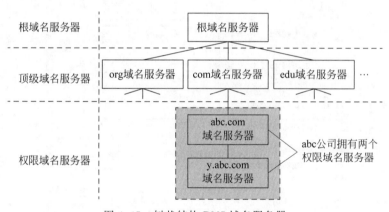

图 4.45 树状结构 DNS 域名服务器

根据域名服务器的作用,可以把域名服务器划分为根域名服务器、顶级域名服务器、权限域名服务器和本地域名服务器四种类型。

根域名服务器是最高层次的域名服务器,也是最重要的域名服务器,全球共设有 13 组根域名服务器(a. rootservers. net,b. rootservers. net,…,m. rootservers. net)。这 13 组根域名服务器,每一套装置在很多地点安装的根域名服务器都使用同一个域名。而且为了可靠,在每一个地点的根域名服务器往往由多台机器组成,目前世界上多数 DNS 域名服务器都能就近在一个根域名服务器进行查询。根域名服务器知道所有的顶级域名服务器的域名和 IP 地址。当其他的域名服务器无法解析域名时,要先求助于根域名服务器。假如所有的根域名服务器都瘫痪了,那么整个互联网的 DNS 系统就无法工作,因为采取的是分布式结构,所以只要有一台能够正常工作,互联网的 DNS 系统就不会受到影响。

顶级域名服务器负责管理在该顶级域名服务器上注册的所有二级域名。当收到 DNS查询请求时,就给出相应的回答(可能是最后的结果,也可能是下一步应当找的域名服务器

计算机基础及Python程序设计导论

的 IP 地址）。

权限域名服务器是负责一个区的域名服务器,当一个权限域名服务器没有给出最后的查询结果时,就会告诉发出查询请求的 DNS 客户,下一步应当查询哪一个权限域名服务器。

本地域名服务器在域名服务系统并不属于图 4.45 所示的服务器层次结构,却发挥着至关重要的作用。当一台主机发出 DNS 查询请求时,这个查询请求报文就会发送给本地域名服务器。每一个 Internet 服务提供者,或者一个大学,甚至一个学院,都可以拥有一台本地域名服务器,如图 4.46 所示。本地网络服务连接的域名服务器指的就是本地域名服务器。

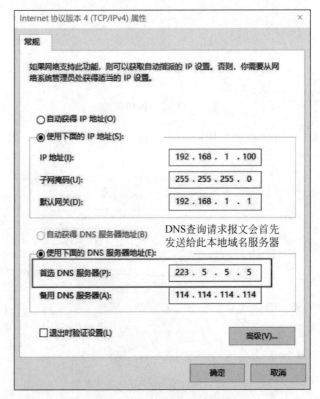

图 4.46　本地域名服务器

4. 域名的解析过程

域名解析又称域名转换,包括由域名到 IP 地址的正向解析和 IP 地址到域名的逆向解析,是由设置在若干域名服务器的域名程序来完成的。域名服务器系统按域名的层次进行安排,每一个域名服务器只管辖域名体系中的一部分。域名服务器不但能进行自己范围内的域名解析,还必须知道如何与上一级域名服务器连接,当域名服务器不能进行域名解析时,应知道如何找到别的域名服务器。域名解析查询的方式有两种,迭代查询和递归查询。

本地域名服务器向根域名服务器的查询通常是采用迭代查询。当根域名服务器收到本地域名服务器的迭代查询请求报文时,要么给出所要查询的 IP 地址;要么告诉本地域名服务器:"你下一步应当向哪一个域名服务器进行查询"。然后让本地域名服务器进行后续的查询(不替代本地域名服务器)。

主机向本地域名服务器的查询一般都是采用递归查询。如果主机所询问的本地域名服务器不知道被查询域名的 IP 地址,那么本地域名服务器就以 DNS 客户的身份,向其他根域名服务器继续发出查询请求报文(替代该主机继续查询),而不是主机自己进行下一步的查询。因此,递归查询返回的结果要么是所查询的 IP 地址;要么报错,表示无法查到所需要的 IP 地址。

假如域名为 m. xyz. com 的主机想知道另一个主机 y. abc. com 的 IP 地址。查询步骤如图 4.47 所示。

(1) 主机 m. xyz. com 先向本地域名服务器 dns. xyz. com 进行递归查询。

(2) 本地域名服务器采用迭代查询,向一个根域名服务器查询。

(3) 根域名服务器告诉本地域名服务器,下一次应查询的顶级域名服务器 dns. com 的 IP 地址。

(4) 本地域名服务器向顶级域名服务器 dns. com 进行查询。

(5) 顶级域名服务器 dns. com 告诉本地域名服务器,下一步应查询的权限服务器 dns. abc. com 的 IP 地址。

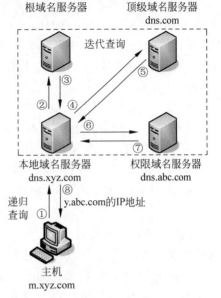

图 4.47 域名解析过程

(6) 本地域名服务器向权限域名服务器 dns. abc. com 进行查询。

(7) 权限域名服务器 dns. abc. com 告诉本地域名服务器,所查询的主机的 IP 地址。

(8) 本地域名服务器最后把查询结果告诉 m. xyz. com。

本地域名服务器经过 3 次迭代查询后,从权限域名服务器 dns. abc. com 得到了主机 y. abc. com 的 IP 地址,最后把结果返回给发起查询的主机 m. xyz. com。

4.6.5 网际协议 IPv6

IPv6(Internet Protocol Version 6,网际协议 V6)是 IETF(Internet Engineering Task Force,互联网工程任务组)设计的用于替代现行版本 IP(IPv4)的下一代 IP。

由于 IPv4 最大的问题在于网络地址资源有限,严重制约了互联网的应用和发展。IPv6 的使用,不仅能解决网络地址资源数量的问题,而且也解决了多种接入设备连入互联网的障碍。

IPv6 将现有的 IP 地址长度扩大 4 倍,由当前 IPv4 的 32 位扩充到 128 位,以支持大规模数量的网络节点。IPv4 的地址是 32 位,总数有 43 亿个左右,还要减去一些特殊的地址段,数量就更少了。而 IPv6 的地址是 128 位的,大概是 43 亿的 4 次方,地址极为丰富,几乎是取之不尽的。

在 IPv4 的条件下,全球有上百亿台设备,但却只有 40 多亿个 IP 地址。由于中国互联网起步晚,获得的 IPv4 的地址数目有限,根据中国互联网络信息中心 CNNIC 的数据,截止到 2019 年 12 月我国 IPv4 地址数目仅为 3.87 亿个。如果使用 IPv6 之后,每台设备都可以拥有独立的 IP 地址,那么就可以使"物联网"成为可能。

IPv6 地址有 3 种格式,即首选格式、压缩格式和内嵌 IPv4 地址的 IPv6 地址格式。

1) 首选格式

IPv6 的 128 位地址是按照每 16 位划分为一段,每段被转换为一个 4 位十六进制数,并用冒号隔开,这种表示方法就是首选格式。在首选格式后面加上前缀长度,就是一个完整的 IPv6 地址格式,比如 2001:0410:0000:0001:0000:0000:0000:45ff/64。类似于 IPv4 中的 CIDR 表示法,IPv6 用前缀来表示网络地址空间,"/64"表示前缀为 64 位的地址空间,其后的 64 位可分配给网络中的主机,共有 2^{64} 个地址。

2) 压缩格式

当 IPv6 地址中出现一个或多个连续的 0 时,为了缩短地址长度,可采用简易表示方法,即把连续出现的 0 省略掉,用"::"(两个冒号)代替中间连续为 0 的情况(在 IPv6 地址中"::"只能出现一次,如果多次出现"::",就无法判断每个"::"到底省略了多少个全 0 段)。例如,2001:0410:0000:0001:0000:0000:0000:45ff 又可以表示为 2001:410:0:1::45ff。

3) 内嵌 IPv4 地址的 IPv6 地址

为了实现 IPv4 和 IPv6 的互通,IPv4 地址会嵌入 IPv6 地址中,此时地址常表示为 X:X:X:X:X:X:d.d.d.d 的形式,即前六组用冒分(冒号分隔)十六进制表示,而最后 32 位地址则使用 IPv4 的点分(点号分隔)十进制表示。例如,::192.168.0.1 就是一个典型的例子。

内嵌 IPv4 地址的 IPv6 地址格式也分为两种,即 IPv4 映射的 IPv6 地址和 IPv4 兼容的 IPv6 地址。IPv4 映射的 IPv6 地址和 IPv4 兼容的 IPv6 地址用于与传统网络之间的互联互通,以使 IPv4 网络和 IPv6 网络之间能进行无缝通信。

IPv4 映射的 IPv6 地址,用于将 IPv4 节点表现为 IPv6 节点,允许 IPv6 应用程序直接与 IPv4 应用程序通信。例如,IPv6 地址::ffff:10.0.0.1 可以表示 IPv4 地址 10.0.0.1。

IPv4 兼容的 IPv6 地址,兼容地址与映射地址不同,兼容地址只是用类似 IPv4 地址的方式书写成 IPv6 格式,或由软件处理之后看上去和 IPv6 兼容的样子,用于 IPv4 和 IPv6 之间的过渡计划。这种方式主要在路由器上使用,IPv4 的地址必须是全球唯一的 IPv4 单播地址,用于代表 IPv4 节点的 IPv6 地址。这种地址格式,用于 IPv6/IPv4 节点(同时支持)在使用仅支持 IPv4 的网络上用 IPv6 的协议进行通信。例如,::0102:f001 相当于地址::1.2.240.1。

4.6.6 Internet 的基本服务

1. 远程登录服务

远程登录(Telnet)是 Internet 提供的基本信息服务之一,是提供远程连接服务的终端仿真协议。它可以使你的计算机登录到 Internet 上的另一台计算机上。你的计算机就成为你所登录计算机的一个终端,可以使用另一台计算机上的资源,例如打印机和磁盘设备等。Telnet 提供了大量的命令,这些命令可用于建立终端与远程主机的交互式对话,可使本地用户执行远程主机的命令。

2. 文件传送服务

文件传送服务(FTP)允许用户在计算机之间传送文件,并且文件的类型不限,可以是文本文件也可以是二进制可执行文件、声音文件、图像文件、数据压缩文件等。FTP 是一种实时的联机服务,在进行工作前必须首先登录到对方的计算机上,登录后才能进行文件的搜索和文件传送的有关操作。普通的 FTP 服务需要在登录时提供相应的用户名和口令,当用户不知道对方计算机的用户名和口令时就无法使用 FTP 服务。因此,一些信息服务机构为了方便 Internet 的用户通过网络使用他们公开发布的信息,提供了一种"匿名 FTP 服务"。

3. 电子邮件服务

电子邮件(Electronic Mail,E-mail)好比是邮局的信件一样,不过它的不同之处在于,电子邮件是通过 Internet 与其他用户进行联系的快速、简洁、高效、价廉的现代化通信手段。它有很多的优点,如 E-mail 比通过传统的邮局邮寄信件要快得很多,同时在不出现黑客蓄意破坏的情况下,信件的丢失率和损坏率也非常小。

4. 电子公告板系统

电子公告板系统(Bulletin Board System,BBS)是 Internet 上著名的信息服务系统之一,发展非常迅速,几乎遍及整个 Internet,因为它提供的信息服务涉及的主题广泛,如科学研究、时事评论等各个方面,世界各地的人们可以开展讨论、交流思想、寻求帮助。BBS 站为用户开辟一块展示"公告"信息的公用存储空间作为"公告板"。就像实际生活中的公告板一样,用户在这里可以围绕某一主题开展持续不断的讨论,可以把自己参加讨论的文字"张贴"在公告板上,或者从中读取其他人"张贴"的信息。电子公告板的好处是可以由用户来"订阅",每条信息也和电子邮件一样被复制和转发。

5. 万维网

WWW(World Wide Web,万维网或环球网)的创建是为了解决 Internet 上的信息传递问题,在 WWW 创建之前,几乎所有的信息发布都是通过 E-mail、FTP 和 Telnet 等。但由于 Internet 上的信息散乱地分布在各处,因此除非知道所需信息的位置,否则无法对信息进行搜索。它采用超文本和多媒体技术,将不同文件通过关键字建立链接,提供一种交叉式查询方式。在一个超文本的文件中,一个关键字链接着另一个关键字有关的文件,该文件可以在同一台主机上,也可以在 Internet 的另一台主机上,同样该文件也可以是另一个超文本文件。

4.7　物　联　网

物联网(Internet of Things,IoT)是实现物物相连的互联网络。其内涵包含两个方面:第一,物联网的核心和基础仍然是互联网,是在互联网基础上延伸和扩展的网络;第二,其用户延伸和扩展到了任何物体与物体之间,使其进行信息交换和通信。

可以把物联网定义为通过射频识别(RFID)装置、红外感应器、全球定位系统、激光扫描器等信息传感设备,按约定的协议,把任何物品与互联网相连接,进行信息交换和通信,以实现智能化识别、定位、跟踪、监控和管理的一种网络。

物联网通过智能感知、识别技术与普适计算等通信感知技术,广泛应用于网络的融合中,因此也被称为计算机、互联网之后世界信息产业发展的第三次浪潮。

物联网是互联网的应用扩展,与其说物联网是网络,不如说物联网是业务和应用。因此,应用创新是物联网发展的核心,以用户体验为核心的创新是物联网发展的灵魂。

1. 物联网的层次结构

物联网架构可分为三层:感知层、网络层和应用层,如图 4.48 所示。

感知层由各种传感器构成,包括温/湿度传感器、二维码标签、RFID 标签和读写器、摄像头、红外线、GPS 等感知终端。感知层是物联网识别物体、采集信息的来源。它的主要功

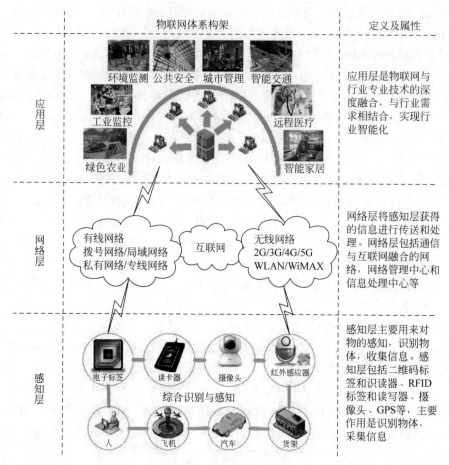

图 4.48　物联网体系构架

能是识别物体、采集信息,与人体结构中皮肤和五官的作用类似。感知层所需要的关键技术包括检测技术、短距离无线通信技术等。

网络层由各种网络组成,包括通信网与互联网的融合网络、网络管理中心、信息中心和智能处理中心等。它是整个物联网的中枢,负责传递信息和处理信息。网络层将感知层获取的信息进行传递和处理,类似于人体结构中的神经中枢和大脑。网络层解决的是传输和预处理感知层所获得的数据的问题。网络层需要的关键技术包括长距离有线和无线通信技术、网络技术等。

网络层中的数据管理与处理技术是实现以数据为中心的物联网的核心技术,包括传感网数据的存储、查询、分析、挖掘和理解,以及基于感知数据决策的理论与技术。

应用层是物联网和用户的接口,它与行业需求结合,实现物联网的智能应用。应用层是物联网与行业专业技术的深度融合,结合行业需求实现行业智能化,这类似于人们的社会分工。

物联网应用层利用经过分析处理的感知数据,为用户提供丰富的特定服务。物联网的应用可分为监控型(物流监控、污染监控)、查询型(智能检索、远程抄表)、控制型(智能交通、智能家居、路灯控制)和扫描型(手机钱包、高速公路不停车收费)等。应用层解决的是信息处理和人机交互的问题。

如果以人的神经网络做类比,那么人的感觉器官就是物联网的感知层,如眼睛能采集视觉信息,鼻子采集气味信息,舌尖采集味道信息,而耳朵采集声音信息。这些信息通过神经元传递到大脑中枢,那么这些神经元形成的神经传输通道就相当于物联网中的网络层,它的作用是把信息传送到处理中心。那么人的大脑就相当于应用层了,当它接收来自眼睛、鼻子、舌尖、耳朵的信息后,可以综合得出一些有用的结论,例如判断现在是否有危险,能否读书或看电影等,这就相当于它采用了来自感知层的信息并产生了价值,如图4.49所示。

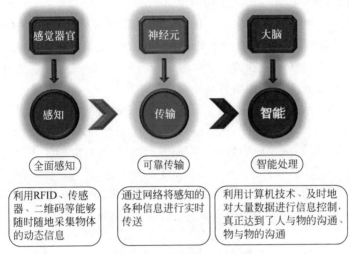

图 4.49　物联网的特征

物联网中的"物"要满足以下条件才能够被纳入物联网的范围:第一,要有数据传输通路,才可以将信息传输到物联网基站以及其他平台;第二,要有一定的存储功能,可以存储一定的数据信息;第三,要有中央处理器CPU,才可以完成信息采集数据输出;第四,要有操作系统;第五,要有专门的应用程序;第六,遵循物联网的通信协议,信息才可以被物联网设备识别;第七,在世界网络中有可被识别的唯一编号,这个编号是"物"的信息凭证。

2. 物联网相关技术

(1)射频识别技术(Radio Frequency Identification,RFID),又称电子标签,是一种通信技术,可通过无线电信号识别特定目标并读写相关数据,而无须将识别系统与特定目标之间建立机械或光学接触。

(2)二维码技术,二维码(2-Dimensional Bar Code)是用某种特定的几何图形按一定规律在平面上(二维方向上)分布的记录数据符号信息的黑白相间的图形。在代码编制上利用计算机内部具有逻辑基础的"0""1"比特流的概念,使用若干个与二进制相对应的几何形体来表示文字数值信息,通过图像输入设备或光电扫描设备自动识读以实现信息自动处理。

(3)传感网是由随机分布的,集成有传感器(传感器有很多种类型,包括温度、湿度、速度、气敏等)、数据处理单元和通信单元的微小节点,通过自组织的方式构成的无线网络。

(4)M2M(Machine to Machine,机器与机器)是将数据从一台机器终端传送到另一台机器终端。对于车辆防盗、安全监测、自动售货、机械维修、公共交通管理等,M2M可以说是无所不能。

物联网与传统互联网的区别如下。

第一，物联网是各种感知技术的广泛应用。物联网中部署了大量的多种类型传感器，每个传感器都是一个信息源，不同类型的传感器所捕获的信息内容和信息格式不同。传感器获得的数据具有实时性，按一定的频率周期性采集环境信息，不断更新数据。

第二，物联网是一种建立在互联网上的泛在网络。物联网技术的重要基础和核心仍是互联网，通过各种有线和无线网络与互联网融合，将物体的信息实时准确地传递出去。物联网中的传感器定时采集的信息需要进行网络传输，由于其数据庞大，为了保障数据传输的正确性和及时性，必须适应各种异构网络和协议。

第三，物联网不仅提供了传感器的连接，而其本身也具有智能处理的能力，能够对物体实施智能控制。物联网将传感器和智能处理相结合，利用云计算、模式识别等各种智能技术，扩充其应用领域。从传感器获得的信息中分析、加工和处理出有意义的数据，以适应不同用户的不同需求，发现新的应用领域和应用模式。

第四，物联网的实质是提供不拘泥于任何场合、任何时间的应用场景与用户的自由互动，它依托云服务平台和互通互联的嵌入式处理软件，弱化技术色彩，强化与用户之间的良性互动，更佳的用户体验，更及时的数据采集和分析建议，更自如的工作和生活，是通往智能生活的物理支撑。

物联网用途广泛，遍及智能交通、环境保护、政府工作、公共安全、平安家居、智能消防、工业监测、老人护理、个人健康等多个领域。

4.8 网络安全

随着计算机网络的发展，人们在看到计算机网络强大作用的同时，也要注意到它的负面影响。

个别不法分子利用计算机网络，非法窃取重要的经济、政治、军事、科技等部门的情报；计算机病毒、垃圾邮件、灰色软件等网络危害日趋严重，网络的安全问题受到人们的普遍关注。

4.8.1 网络安全问题概述

1. 计算机网络面临的安全威胁

计算机网络面临的安全威胁分为两大类，分别为被动攻击和主动攻击。

1）被动攻击

被动攻击以试图从系统中窃取信息为主要目的，但不会造成系统资源的破坏。被动攻击通常包括窃取信息、侦收信号、密码破译、口令嗅探、协议分析和通信量分析等。

- 窃取信息指通信双方传送的报文中可能含有敏感的或机密的信息。当报文通过信道（特别是无线信道）传输时，窃取其内容，可从中了解报文的有用信息。
- 侦收信号指搜集各种通信信号的频谱、特征和参数，为电子战做准备。
- 密码破译指对加密信息进行密码破译，从中获取有价值的情报信息。
- 口令嗅探指使用协议分析器等捕获口令，以达到非授权使用的目的。
- 协议分析指因为许多通信协议是不加密的，对通信协议进行分析，可获知许多有价值的信息。不法分子可利用协议分析所获得的有价值信息,进行伪造、重放等主动攻击。

- 通信量分析指敌方通过判断通信主机的位置以及身份,观察被交换的报文的频率以及长度,对其进行猜测,从而分析正在进行通信的种类及特点。

2) 主动攻击

主动攻击除了窃取信息外,还试图破坏对方的计算机网络,使计算机不能正常工作,甚至瘫痪。主动攻击通常包括篡改、重放、假冒、伪造、未授权访问、抵赖、恶意代码、协议缺陷、报文更改和拒绝服务等。

- 篡改指对传输数据进行修改,破坏其完整性,从而造成灾难性的后果。
- 重放指攻击者监视并截获合法用户的身份鉴别信息,并向网络原封不动地传送截获到的信息,以达到未经授权假冒合法用户入侵网络的目的。
- 假冒指假冒者伪装成合法用户的身份以欺骗系统中其他合法用户,获取系统资源的使用权。
- 伪造指伪造合法数据、文件、审计结果等,以欺骗合法用户。
- 未授权访问指攻击者未授权使用系统资源,以达到攻击目的。
- 抵赖指实体在实施行为之后又对实施行为这一过程予以否认。这种攻击常发自其他合法实体,而不是来自未知的非法实体。
- 恶意代码指故意编制或设置的、对网络或系统会产生威胁或潜在威胁的计算机代码。
- 协议缺陷指攻击者利用协议存在的缺陷来欺骗用户或重定向通信量。
- 报文更改指对原始报文中的某些内容进行更改,或者将报文延迟或重新排序,以达到未经授权的效果。
- 拒绝服务指攻击者向 Internet 上的某个服务器不停地发送大量分组,阻止或禁止正常用户访问,使网络瘫痪或超载,达到降低网络性能的目的。若利用 Internet 上的成百上千个网站集中攻击一个网站,则称为分布式拒绝服务,有时也称为网络带宽攻击或连通性攻击。

除了以上主动攻击外,还有一种特殊的主动攻击方式,就是恶意程序。恶意程序通常是指熟悉计算机网络系统的人编写的具有攻击意图的一段程序。这类恶意程序种类繁多,对网络安全威胁较大的恶意程序如下:

计算机病毒是一种攻击性程序,采用把自己的副本嵌入到其他文件中的方式来感染计算机系统。在网络环境中,可以通过网络访问其他计算机上的应用程序和系统服务的能力,为病毒的传播提供了滋生的基础。比如 CIH 病毒,它是迄今为止发现的最阴险的病毒之一,它不仅会破坏计算机硬盘,还会导致计算机主板损坏。CIH 病毒是发现的首例直接破坏计算机系统硬件的病毒。

计算机蠕虫是一种使用网络连接从一个系统传播到另一个系统的感染病毒程序,是一种可以进行自我复制的程序,它也可以通过磁盘或邮件等传输机制进行自我复制和激活运行。一旦这种程序在系统中被激活,蠕虫可以表现得像计算机病毒或细菌,可以在系统中注入木马程序,也可以对系统进行任何次数的破坏或毁灭行动。

木马是一个有用的或表面上有用的程序或命令过程,包含了一段隐藏的有害的功能代

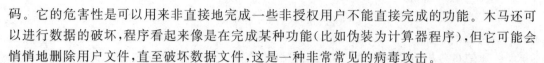

码。它的危害性是可以用来非直接地完成一些非授权用户不能直接完成的功能。木马还可以进行数据的破坏，程序看起来像是在完成某种功能（比如伪装为计算器程序），但它可能会悄悄地删除用户文件，直至破坏数据文件，这是一种非常常见的病毒攻击。

逻辑炸弹是嵌入在某个合法程序里面的一段代码，被设置成满足特定条件时发作，也可理解为"爆炸"，它具有计算机病毒明显的潜伏性。一旦触发，逻辑炸弹的危害性可以改变或删除数据或文件，引起机器关机或完成某种特定的破坏工作。

陷门（后门）是一种秘密的程序入口，允许知晓陷门的恶意对手绕过正常的安全访问规程直接获得访问权。

2. 网络安全

被动攻击通常难以检测，因为它们并没有引起数据的任何改变。防范被动攻击，可采取各种数据加密技术防范被动攻击。被动攻击重在防范而不是检测。

防范主动攻击则相当困难，因为必须对所有通信设施和路径进行全天候的物理保护。对付主动攻击需将加密技术和适当的鉴别技术相结合，重在检测和恢复。

网络安全是指网络系统的硬件、软件及其系统中的数据受到保护，不因偶然的或者恶意的原因而遭受到破坏、更改、泄露，能让系统连续可靠正常运行，网络服务不中断。

从用户（个人或企业）的角度来讲，对网络的安全性需求包括如下4点。

（1）在网络上传输的个人信息（如银行账号和网站登录口令等）不被他人发现，这就是用户对网络上传输的信息具有保密性的要求。

（2）在网络上传输的信息没有被他人篡改，这就是用户对网络上传输的信息具有完整性的要求。

（3）在网络上发送的信息源是真实的，不是假冒的，这就是用户对通信各方提出的身份认证的要求。

（4）信息发送者对发送过的信息或完成的某种操作是承认的，这就是用户对信息发送者提出的不可否认的要求。

从网络运行和管理者的角度来讲，对网络的安全性需求是，本地信息网正常运行，正常提供服务，不受网外攻击，未出现计算机病毒、非法存取、拒绝服务、网络资源非法占用和非法控制等威胁。

从安全保密部门的角度来讲，对网络的安全性需求是，对非法的、有害的、涉及国家安全或商业机密的信息进行过滤和防堵，避免通过网络泄露关于国家安全或商业机密的信息，避免对社会造成危害，对企业造成经济损失。

从社会教育和意识形态的角度来讲，应避免不健康内容的传播，正确引导积极向上的网络文化。

在美国国家信息基础设施（NII）文件中，明确给出网络安全的五个属性：保密性、完整性、可用性、可控性和不可抵赖性。这五个属性适用于国家信息基础设施的教育、娱乐、医疗、运输、国家安全、电力供给及通信等领域。

保密性是指网络中的信息不被非授权实体（包括用户和进程等）获取与使用。这些信息不仅包括国家机密，也包括企业和社会团体的商业机密和工作机密，还包括个人信息。人们在应用网络时很自然地要求网络能提供保密性服务，而被保密的信息既包括在网络中传输的信息，也包括存储在计算机系统中的信息。存储信息的机密性主要通过访问控制来实现，不同用户对不同数据拥有不同的权限。

完整性是指保证计算机系统上的数据和信息处于一种完整和未受损害的状态,数据不会因为有意或无意的事件而被改变或丢失,即信息在存储或传输过程中保持不被修改、不被破坏和丢失的特性。除了数据本身不能被破坏外,数据的完整性还要求数据的来源具有正确性和可信性,即需要首先验证数据是真实可信的,然后再验证数据是否被破坏。影响数据完整性的主要因素是人为的蓄意破坏,也包括设备的故障和自然灾害等因素对数据造成的破坏。

可用性是指对信息或资源的期望使用能力,即可授权实体或用户访问并按要求使用信息的特性。可用性保证信息在需要时能为授权者所用,防止由于主客观因素造成的系统拒绝服务。蠕虫就是依靠在网络上大量复制并且传播,占用大量 CPU 处理时间,导致系统越来越慢,直到网络发生崩溃,用户的正常数据请求不能得到处理,这就是一个典型的"拒绝服务"攻击,也就是对可用性的攻击。

可控性是人们对信息的传播路径、范围及其内容所具有的控制能力,即不允许不良内容通过公共网络进行传输,使信息在用户的有效掌控之中。

不可抵赖性也称不可否认性。在信息交换过程中,确信参与方的真实同一性,即所有参与者都不能否认和抵赖曾经完成的操作和承诺。简单地说,就是发送信息方不能否认发送过信息,信息的接收方不能否认接收过信息。利用信息源证据可以防止发送信息方否认已发送过信息,利用接收证据可以防止接收方事后否认已经接收到信息。数据签名技术是解决不可否认性的重要手段之一。

4.8.2　两类密码体制

对计算机网络中传输的数据,或者是存放在计算机存储器中的数据进行保护的手段有很多种,数据加密是最基本的技术。加密技术很早就作为军事和外交领域秘密通信的手段,并随着加密者和破译者之间的不断竞争而飞速发展。计算机网络使用的数据加密技术也是以此为基础的。在密码学中通常会用到明文、密文、加密算法、解密算法和密钥这几个术语。

明文(Plaintext)是加密之前的原始数据,密文是通过密码(Cipher)运算后得到的结果,明文通过密码运算就成为密文(Ciphertext)。

密钥是一种参数,是在使用密码算法过程中输入的参数。同一个明文在相同的密码算法和不同的密钥计算下会产生不同的密文。很多密码算法都是公开的,密钥才是决定密文是否安全的重要参数,通常密钥越长,破解的难度越大。密钥分为对称密钥与非对称密钥。

加密算法是对明文进行各种代替和替换。解密算法则是加密算法的逆运算,即得到明文的过程。

数据加密通信的模型如图 4.50 所示,主机 A 向主机 B 发送明文 P,利用加密算法 E 运算和加密密钥 K_e 将明文 P 加密成密文 C,即

$$C = E_{Ke}(P) \tag{4-9}$$

当密文 C 经过通信网络传送到接收端时,接收者利用解密算法 D 运算和解密密钥 K_d,将其还原成明文 P。解密算法就是加密算法的逆运算,即

$$D_{Kd}(C) = D_{Kd}[E_{Ke}(P)] = P \tag{4-10}$$

在密文传送过程中可能会被截取,密钥是加密或解密过程中所使用的一串秘密的字符

串,加密时使用的密钥称为加密密钥,而解密时使用的密钥称为解密密钥,它们可以相同或不同。密钥常由一个密钥源通过安全信道来传送的。

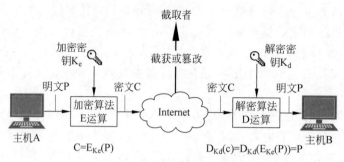

图 4.50　数据加密通信模型

对称密钥(Symmetric-Key Algorithm)又称为共享密钥加密,对称密钥在加密和解密的过程中使用的密钥是相同的。对称密钥的优点是计算速度快,缺点是需要在通信的两端共享密钥,如果所有客户端都共享同一个密钥,那么这个密钥就像万能钥匙一样,可以破解所有人的密文;如果每个客户端与服务器端单独维护一个密钥,那么服务器端需要管理的密钥将是成千上万,这会给服务器端造成很大的压力。

非对称密钥(Public-Key Cryptography),又称为公开密钥加密。服务器端会生成一对密钥,一个私钥保存在服务器端,仅自己知道;另一个是公钥,可以自由发布供任何人使用。客户端的明文通过公钥加密后的密文需要用私钥解密。非对称密钥在加密和解密时使用不同的密钥,加密和解密是不对称的,所以称为非对称加密。与对称密钥加密相比,非对称加密不需要在客户端和服务器端之间共享密钥,只要私钥不发给任何用户,即使公钥在网上被截获,也无法被解密,仅有被窃取的公钥是没有任何用处的。

1. 对称密钥密码体制

所谓对称密钥密码体制指加密密钥和解密密钥使用相同的密码体制,又称常规密码体制。这种加密系统称为对称密钥系统。

对称密钥密码体制的特点是无论加密还是解密都使用相同的密钥,这就要求加密算法足够强,并且发送者和接收者必须在某种安全的形式下获得密钥并且必须保证密钥安全。算法不需要保密,首要的是密钥的保密性。

早期的对称密钥密码体制中,转换明文为密文的算法类型可分为两大类:替代算法和置换算法。

替代算法指的是明文的字母由其他字母、数字或符号所替代。比较有名的替代算法的应用是凯撒密码。凯撒密码的原理很简单,就是单字母替换。

例如,将字母 a,b,c,…,x,y,z 的自然顺序保持不变,并使其与 D,E,F,…,Z,A,B,C 分别对应。那么如果明文为 student,则对应的密文为 VWXGHQW。替代算法保持明文中符号的顺序不变,只是将它们进行了替换。由于英文字母中各字母出现的频率已有人进行过统计,所以根据字母频率表可以很容易对替代密码进行破译。

置换算法是根据某种规则改变明文在原文中的相应位置,使明文成为密文的一种加密方法。置换密码不改变明文中字符本身,仅按照某种模式将其重新排列,而不隐藏它们。典型的置换算法有列换位、按样本换位和分组换位。

列换位密码法是把明文按行顺序写入二维矩阵,再按列顺序读出构成密文。若将明文 encryption 用列换位法加密成密文,首先按行顺序把明文写入 3×4 的矩阵中,得

```
行\列  1  2  3  4
 1     e  n  c  r
 2     y  p  t  i
 3     o  n
```

然后按列顺序读出得到密文 eyonpnctri。为了增加破译的难度,可在按列读出时采用人为规定的顺序。例如,按 1-3-2-4 的顺序读出,则得密文为 eyoctnpnri。

由于人为规定的顺序不易记忆,于是进一步发展成借用一个不包含重复字母的词或词组,以其中各字母在字母表中的顺序来标记列的顺序。可见该词或词组起着密钥的作用。

在现代密码体制中,加密算法是公开的,一个数据加密系统的主要安全性是基于密钥的。对称密钥密码体制的加密算法有很多种,但是在数据通信领域中应用最普遍的是由 IBM 公司开发的数据加密标准(Data Encryption Standard,DES)算法。美国于 1977 年 1 月将其定为非机密数据的正式数据加密标准。

DES 算法是一种分组密码。在加密前,先对整个明文进行分组。每组长为 64 位二进制数据。输入的每组明文在 64 位密钥的控制下,产生 64 位的密文。最后将各组密文串接起来得出整个密文。由于密钥含有 8 位奇偶校验位,所以实际密钥长度是 56 位,其密钥数量为 2^{56},约为 7.6×10^{16}。

2. 公开密钥密码体制

由于采用对称密钥密码体制生成密文的安全性依赖于密钥的保密性,因此如何进行密钥的分配和安全管理就成为保证密文安全的重要课题。

若要秘密地进行密钥分配,必须使用传送密文信道以外的安全信道。委派信使护送密钥是可靠的办法。但是,当通信用户相距遥远或者多用户的情况下,以信使护送密钥是不合适的。密钥分配的定期更换也是一项工作量非常大的任务。

针对对称密钥密码体制存在的问题,1976 年美国斯坦福大学赫尔曼(Martin Hellman)和迪菲(Whitefield Diffie)提出了"公开密钥密码体系"(Public Key System),简称公钥密码体制。这是一个不需要对密钥进行秘密分配的方案。

公开密钥密码体制使用不同的加密密钥与解密密钥,是一种"由已知加密密钥推导出解密密钥在计算上是不可行的"密码体制。著名的公开密钥密码体制是由美国三位科学家李维斯特(Rivest)、萨莫尔(Shamir)和阿德曼(Adleman)1978 年发表的 RSA 体制,它是一种基于数论中大数分解问题困难性的体制,RSA 就是他们三人姓氏开头字母拼在一起组成的。

每一用户产生一对密钥,用来加密和解密消息。每一用户将其中一个密钥存于公开的寄存器或者其他可访问的文件中,该密钥称为公钥,而另外一个密钥是私有的。若 B 要发消息给 A,则 B 用 A 的公钥对消息加密。A 收到消息后,用其私钥对消息解密。由于只有 A 才知道其自身的密钥,所以其他的接收者均不能解密出消息

利用这种方法,通信各方均可访问公钥,而私钥是各通信方在本地产生的,所以不必进行分配。只要用户的私钥受到保护,保持秘密性,那么通信就是安全的。在任何时刻,系统可以改变其私钥,并公布相应的公钥以代替原来的公钥。

任何加密方法的安全性取决于密钥的长度,以及攻破密文所需的计算量。因此,公开密钥密码体制并不比传统加密体制更加安全。

公开密钥密码体制还需要密钥分配协议,具体的分配过程并不比采用传统加密方法时更为简单。说明公开密钥分配并不简单。

4.8.3 防火墙与入侵检测

1. 防火墙

一个网络连接到 Internet,其内网与外网可以进行通信和交互。为了保证内网系统的安全,就需要在内网与外网之间插入一个中介,阻挡来自外网的威胁和攻击。而这个中介就叫作防火墙,如图 4.51 所示。

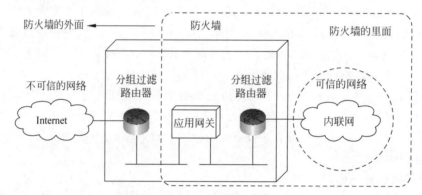

图 4.51 防火墙在网络中的位置

防火墙是一种由硬件和特殊编程软件构成的路由器,在内、外网络之间实施访问控制策略,起到"隔离"的作用。访问控制策略应当适合本单位的需要,所以它是由使用防火墙的单位自行研制或授权专业公司代为研制的。

防火墙具有"阻止"和"允许"两个功能。"阻止"是防火墙的主要功能,即阻止某种类型的通信量通过防火墙。"允许"与"阻止"相反,即防火墙必须具有识别通信量的类型的能力。"绝对阻止所不希望的通信"和"绝对防止信息泄漏"是很难实现的,但正确使用防火墙可将安全风险降低到可接受的水平。防火墙之外的网络默认为风险区域,而内部默认为安全区域。

防火墙能够隔离风险区域和安全区域,但不会妨碍人们对风险区域的访问。从总体上看,防火墙应该具有以下基本功能:第一,限制未授权用户进入内部网络,过滤掉不安全的服务和非法用户;第二,防止入侵者接近内部网络的防御设施,对网络攻击进行检测和报警;第三,限制内部用户访问特殊站点;第四,记录通过防火墙的信息内容和活动。

从实现的方式来看,防火墙可以分为硬件防火墙和软件防火墙。硬件防火墙是通过硬件与软件的结合来达到隔离内外部网络的目的,而软件防火墙则是通过纯软件的方式来实现。

防火墙可以分为以下 3 种类型。

(1)过滤型防火墙。过滤型防火墙是在网络层与传输层中基于数据源头的地址以及协议类型等标志特征进行分析,确定数据是否可以通过。在符合防火墙规定标准之下,满足安全性能以及类型才可以进行信息的传递,而一些不安全的因素则会被防火墙过滤、阻挡。

（2）应用代理型防火墙。应用代理型防火墙主要的工作范围为 OSI 模型的最高层,位于应用层之上。其主要的特征是可以完全隔离网络通信流,通过特定的代理程序就可以实现对应用层的监督与控制。这两种防火墙是应用较为普遍的防火墙,在实际应用中要综合具体的需求以及状况合理地选择防火墙的类型,这样才可以有效地避免防火墙的外部侵扰等问题的出现。

（3）复合型防火墙。目前应用较为广泛的防火墙技术当属复合型防火墙技术,综合了包过滤型防火墙技术以及应用代理型防火墙技术的优点。例如,发过来的安全策略是包过滤策略,可以针对报文的报头部分进行访问控制;如果安全策略是代理策略,就可以针对报文的内容数据进行访问控制。因此复合型防火墙技术综合了其组成部分的优点,同时摒弃了两种防火墙的原有缺点,大大提高了防火墙技术在实践中的灵活性和安全性。

2. 入侵检测系统

入侵是指在非法或未经授权的情况下,试图存取或处理系统和网络中的信息,或破坏系统和网络正常运行,致使系统和网络的可用性、机密性和完整性受到破坏的故意行为。

入侵检测（Intrusion Detection）是对入侵行为的检测。它通过收集和分析计算机网络或计算机系统中若干关键点的信息,检查网络或系统中是否存在违反安全策略的行为和被攻击的迹象。入侵检测作为一种积极主动的安全防护技术,提供了对内部攻击、外部攻击和误操作的实时保护,在网络系统受到危害之前作出拦截和响应。入侵检测技术虽然能够对网络攻击进行识别并作出反应,但其侧重点还是在于发现,而不能代替防火墙系统执行整个网络的访问控制策略。

入侵检测系统（Intrusion Detection System,IDS）是一种对网络传输进行即时监视,在发现可疑传输时发出警报或者采取主动反应措施的网络安全设备。它的目的是监测和发现可能存在的攻击行为,包括来自系统外部的入侵行为和来自内部用户的非授权行为,并且采取相应的防护手段。

入侵检测系统与其他网络安全设备的不同之处在于,它是一种积极主动的安全防护技术。入侵检测系统最早出现在 1980 年 4 月,20 世纪 80 年代中期,入侵检测系统逐渐发展成为入侵检测专家系统（IDES）。1990 年,入侵检测系统分化为基于网络的入侵检测系统和基于主机的入侵检测系统,后来又出现了分布式入侵检测系统。

如图 4.52 所示,国际互联网工程任务组（IETF）将一个入侵检测系统分为四个组件:事件产生器（Event Generators）,它的目的是从整个计算环境中获得事件,并向系统的其他部分提供此事件;事件分析器（Event Analyzers）,它经过分析得到数据,并产生分析结果;响应单元（Response Units）,它是对分析结果作出反应的功能单元,它可以作出切断连接、改变文件属性等强烈反应,也可以只是简单的报警;事件数据库（Event Databases）,它是存放各种中间和最终数据的地方的统称,可以是复杂的数据库,也可以是简单的文本文件。

3. 入侵检测系统的分类

1）按检测分析方法分类

（1）异常检测（建立正常行为模型）。

异常检测方法的主要思想是:任何人的正常行为都有一定的规律,并且可以通过分析这些行为的日志信息,总结出这些规律,而入侵和滥用行为规则通常和正常的行为存在严重

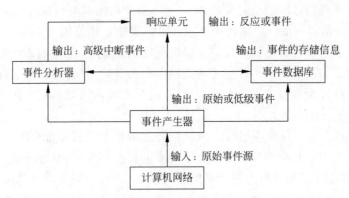

图 4.52　入侵检测系统的四个组件

的差异,通过检查这些差异就可以判断是否为入侵。总之,异常检测基于的假设和前提是:用户活动是有规律的,而且这种规律可以通过数据进行有效的描述和反映;入侵时异常活动的子集和用户的正常活动有着可以描述的、明显的区别。

异常检测系统首先经过一个学习阶段,总结正常行为的轮廓成为自己的先验知识,系统运行时获得信息采集子系统并将预处理后的数据与正常行为模式比较,如果差异不超出预设阈值,则认为是正常的,出现较大差异即超过阈值则判定为入侵。异常检测系统如图 4.53所示。

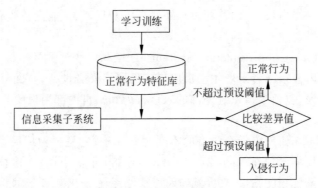

图 4.53　异常检测系统

异常检测系统有如下特点。

- 检测的效率取决于用户轮廓的完备性和监控的频率,因为不需要对每种入侵行为进行定义,能有效地检测未知的入侵。
- 系统能针对用户行为的改变进行自我调整和优化,但随着检测模型的逐步精确,异常检测会消耗更多的系统资源。

(2) 误用检测(建立异常行为模型)。

误用检测又称为基于特征的检测,基于误用的入侵检测系统通过使用某种模式或者信号表示攻击,进而发现同类型的攻击。首先定义异常系统行为,然后将所有其他行为定义为正常。通过误用检测,任何未知的都是正常的,如图 4.54 所示。

误用检测可以检测到许多甚至是全部已知的攻击行为,如果入侵特征与正常的用户行为能匹配,则系统会发生误报,如果没有特征能与某种新的攻击行为匹配,则系统会发生

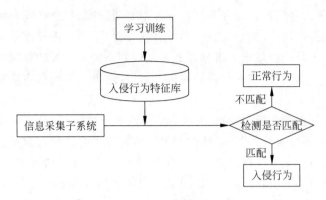

图 4.54　误用检测系统

漏报。

误用检测特点是采用特征匹配模式能明显降低错报率,但漏报率随之增加,攻击特征的细微变化,会使得误用检测无能为力。

2) 按数据源分类

(1) 基于主机的入侵检测。

基于主机的入侵检测是入侵检测的最初期形式,这种入侵检测系统通常运行在被检测的主机或者服务器上,实时检测系统的运行,通常从主机的审计记录和日志文件中获得所需的主要数据源,并辅之以主机上的其他信息,在此基础上完成检测攻击行为的任务。从主机入侵检测技术中还可以单独分离出基于应用的入侵检测模型,这是针对某个特定任务的应用程序而设计的入侵检测技术,采用的输入数据源是应用程序的日志信息。

基于主机的入侵检测信息来源主要包括如下内容。

系统信息。几乎所有的操作系统都提供一组命令,获得本机当前激活的进程的状态信息,它们直接检查内核程序的内存信息。

记账。通常指由操作系统或操作员所执行的特定操作,记录计算机资源的使用情况,如CPU 占用时间、内存、硬盘、网络使用情况。

系统日志。系统日志可分为操作系统日志和应用程序日志两部分。操作系统日志从不同方面记录了系统中发生的事情,对于入侵检测而言,具备重要的价值,当一个进程终止时,系统内核为每个进程在进程日志文件中写入一条记录。

C2 安全审计。C2 安全审计记录所有可能与安全性有关的发生在系统上的事情。

基于主机的入侵检测能够较为准确地检测到发生在主机系统高层的复杂攻击行为,其中,许多发生在应用进程级别的攻击行为是无法依靠基于网络的入侵检测来完成的,基于主机的入侵检测系统具有检测效率高、分析代价小、分析速度快的特点,能够迅速并准确地定位入侵者,并可以结合操作系统和应用程序的行为特征对入侵行为进行进一步的分析、响应。比如,一旦检测到有入侵行为,可以立即使该用户的账号失效,用户的进程中断。它可以帮助发现基于网络的入侵检测无法检测的加密攻击。基于主机的入侵检测系统能检测出通过控制台的入侵活动,因为许多是基于主机日志分析的入侵检测系统。

同时,基于主机的入侵检测系统也有若干显而易见的缺点,由于它在一定程度上依赖于特定的操作系统平台,管理困难,必须按照每一台机器的环境配置管理。同时主机的日志提

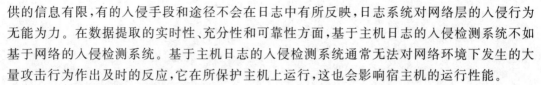

供的信息有限,有的入侵手段和途径不会在日志中有所反映,日志系统对网络层的入侵行为无能为力。在数据提取的实时性、充分性和可靠性方面,基于主机日志的入侵检测系统不如基于网络的入侵检测系统。基于主机日志的入侵检测系统通常无法对网络环境下发生的大量攻击行为作出及时的反应,它在所保护主机上运行,这也会影响宿主机的运行性能。

(2) 基于网络的入侵检测系统。

基于网络的入侵检测系统(NIDS)通过监听网络中的数据包,即采用抓包技术来获取必要的数据来源,并通过协议分析、特征匹配和统计分析等手段发现当前发生的攻击行为。

基于网络的入侵检测系统的优点是:一个安装在网络合适位置的 NIDS 系统可以监视一个很大范围的网络,它的运行丝毫不影响主机或者服务器的运行效率,因为基于网络的入侵检测系统通常采取独立主机和被动监听的工作模式,对网络的性能影响也很小。NIDS能够实时监控网络中的数据流量,并发现潜在的攻击行为并作出迅速的响应,而使攻击者难以发现自己已被监视。另外,分析对象是网络协议,一般没有移植性的问题。

基于网络的入侵检测系统的主要问题是监视数据量过于庞大,并且它未结合操作系统特征来对网络行为进行准确的判断,在网络通信的高峰时刻,难以检查所有数据包。如果网络数据被加密,NIDS 就不能扫描协议或内容,NIDS 不能判断一个攻击是否已经成功,对于渐进式、合作式的攻击难以防范。

4. 常用的入侵检测技术

1) 基于统计分析技术的入侵检测

基于统计分析技术的入侵检测试图建立一个对应"正常活动"的特征原型,然后把与所建立的特征原型中差别"很大"的所有行为都标记为异常。

当入侵集合和异常活动集合不完全相等时,会存在漏报或误报的问题,为了使漏报和误报的概率较为符合实际需要,必须选择一个区分异常事件的阈值。调整和更新某些系统特征度量值的方法非常复杂,并且开销很大。在实际情况下,试图用逻辑方法明确划分正常行为和异常行为两个集合非常困难。

2) 基于模式预测的异常检测

基于模式预测的异常检测方法的假设条件是:事件序列不是随机的,而是遵循可辨别的模式,这种检测方法的特点是考虑了事件的序列和相互关系。而基于时间的推理方法则利用时间规则识别用户行为正常模式的特征,通过归纳学习产生这些规则集,能动态修改系统中的规则,使之具有较高的预测性、准确性和可信度。

如果规则在大部分时间是正确的,并能够成功地运用预测和所观察到的数据,那么规则就具有高的可信度。根据观察到用户的行为,归纳产生出一套规则集来构建用户的轮廓框架,而后续事件如果显著背离根据规则所预测到的事件,那么系统就可以检测出这种偏离,这就表明用户操作异常。

基于模式预测的异常检测能较好地处理变化多样的用户行为,具有很强的时序模式。能够集中考察少数几个相关的安全事件,而不是关注可疑的整个登录会话过程,当发现检测系统遭受攻击,具有良好的灵敏度。

3) 基于神经网络技术的入侵检测

神经网络用给定的多个行为训练神经网络,预测用户的下一步行为。训练结束之后,神经网络使用已出现在网络中的用户特征匹配实际的用户行为,标记差异较大的事件为异常或者非法行为。

　　使用神经网络的优点是可以很好地处理噪声数据,因为它只与用户行为相关,而不依赖于任何底层数据特性的统计。

　　4)基于机器学习异常检测

　　这种异常检测方法通过机器学习实现入侵检测,其主要的方法有死记硬背式、监督、学习、归纳学习、类比学习等。

　　5)基于数据挖掘的异常检测

　　数据挖掘也称知识发现,通常记录系统运行日志的数据库都非常大,那么就可以从大量的数据中提取出一个值或者一组值来表示对象,并以此作为标准,进行行为的异常分析和检测。这就是数据挖掘技术在入侵检测系统的应用,数据挖掘中一般会应用到聚类技术。

　　6)专家系统

　　用专家系统对入侵进行检测,经常是针对具有明显特征的入侵行为,即规则和实时知识。专家系统的建立依赖于知识库的完备性,知识库的完备性又取决于审计记录的完备性和实时性。

4.9　本章小结

　　本章对计算机网络的概念、发展、组成和类别进行了概述,对计算机网络的体系结构、局域网和 Internet 进行了详细的阐述。同时介绍了物联网这种特殊的网络,最后讲述了关于网络安全的基本知识。

习　　题

一、选择题

1. 下列四项内容中,不属于 Internet 基本功能是(　　)。

　　A. 电子邮件　　　　　B. 文件传输　　　　　C. 远程登录　　　　　D. 实时监测控制

2. 不属于计算机网络应用的是(　　)。

　　A. 电子邮件的收发　　　　　　　　　B. 用"写字板"写文章

　　C. 用计算机传真软件远程收发传真　　D. 用浏览器浏览"优酷"网站

3. 和通信网络相比,计算机网络最本质的功能是(　　)。

　　A. 数据通信　　　　　　　　　　　　B. 资源共享

　　C. 提高计算机的可靠性和可用性　　　D. 分布式处理

4. 国际标准化组织(ISO)提出的不基于特定机型、操作系统或公司的网络体系结构OSI 模型中,第二层和第四层分别为(　　)。

　　A. 物理层和网络层　　　　　　　　　B. 数据链路层和传输层

　　C. 网络层和表示层　　　　　　　　　D. 会话层和应用层

5. 带宽是(　　)媒体容量的度量。

　　A. 快速信息通信　　　　　　　　　　B. 传送数据

　　C. 在高频范围内传送的信号　　　　　D. 上述所有的

6. 局域网的协议结构一般不包括(　　　)。

    A. 网络层   B. 物理层

    C. 数据链路层   D. 介质访问控制层

7. 在下列网间连接器中,在数据链路层实现网络互联的是(　　　)。

    A. 中继器   B. 网桥   C. 路由器   D. 网关

8. 计算机在局域网络上的硬件地址也可以称为 MAC 地址,这是因为(　　　)。

    A. 硬件地址是传输数据时,在传输媒介访问控制层用到的地址

    B. 它是物理地址,MAC 是物理地址的简称

    C. 它是物理层地址,MAC 是物理层的简称

    D. 它是链路层地址,MAC 是链路层的简称

9. 本地网络上的主机通过下列所述的(　　　)方式查找其他的网络设备。

    A. 端口号   B. 硬件地址   C. 默认网关   D. 逻辑网络地址

10. 一座大楼内的一个计算机网络系统,属于(　　　)。

    A. PAN   B. LAN   C. MAN   D. WAN

11. 在 Internet 中,用字符串表示的 IP 地址称为(　　　)。

    A. 账户   B. 域名   C. 主机名   D. 用户名

12. IP 地址 190.233.27.13 是(　　　)类地址。

    A. A   B. B   C. C   D. D

13. 路由器运行于 OSI 模型的(　　　)。

    A. 数据链路层   B. 网络层   C. 传输层   D. 物理层

14. 网络层、数据链路层和物理层传输的数据单位分别是(　　　)。

    A. 报文、帧、比特   B. 包、报文、比特

    C. 包、帧、比特   D. 数据块、分组、比特

15. BBS 的含义是(　　　)。

    A. 文件传输   B. WWW 浏览   C. 电子公告牌   D. 电子邮件

16. DNS 的作用是(　　　)。

    A. 为客户机分配 IP 地址   B. 访问 HTTP 的应用程序

    C. 将域名翻译为 IP 地址   D. 将 MAC 地址翻译为 IP 地址

17. 计算机病毒是指(　　　)。

    A. 编制有错误的计算机程序

    B. 设计不完善的计算机程序

    C. 计算机的程序已被破坏

    D. 以危害系统为目的的特殊的计算机程序

18. 下面关于 IPv6 协议优点的描述中,正确的是(　　　)。

    A. IPv6 协议允许全局 IP 地址出现重复

    B. IPv6 协议解决了 IP 地址短缺的问题

    C. IPv6 协议支持通过卫星链路的 Internet 连接

    D. IPv6 协议支持光纤通信

19. IP 地址 59.67.159.125/12 的子网掩码是(　　　　)。

    A. 255.128.0.0　　　B. 255.192.0.0　　　C. 255.224.0.0　　　D. 255.240.0.0

20. 以下四个 WWW 网址中,不符合网址书写规则的是(　　　　)。

    A. WWW.126.COM　　　　　　　　　B. fanyi.dict.cn

    C. www.nbjj.gov.cn　　　　　　　　D. szpx.zjnu.cn.edu

21. IP 地址 202.116.44.67 属于(　　　　)。

    A. A 类　　　　　　B. B 类　　　　　　C. C 类　　　　　　D. D 类

22. 使用默认的子网掩码,IP 地址 201.100.200.1 的网络号和主机号分别是(　　　　)。

    A. 201 和 100.200.1　　　　　　　　B. 201.100 和 200.1

    C. 201.100.200 和 1　　　　　　　　D. 201.100.200.1 和 0

二、填空题

1. 从计算机网络组成的角度看,典型的计算机网络从逻辑功能上可以分为_____和_____两部分。

2. 常用的 IP 地址有 A、B、C 三类,128.11.3.31 是一个_____类地址,其网络号为_____,主机号为_____。

3. 开放系统互联参考模型 OSI 中,共分七个层次,其中最下面的三个层次从下到上分别是_____、_____、_____。

4. IP 地址长度在 IPv4 中为_____比特,而在 IPv6 中则为_____比特。

5. 在 TCP/IP 层次模型中与 OSI 参考模型第四层(运输层)相对应的主要协议有_____和_____,其中后者提供无连接的不可靠传输服务。

6. 计算机网络体系结构就是这个计算机网络及其部件所应完成_____,是计算机网络的各层及其协议的集合。网络把许多计算机连接在一起;_____则是把全球的网络连接在一起。

7. TCP/IP 模型从低到高依次为_____、_____、_____、_____。

8. 在一个 IP 网络中负责主机 IP 地址与主机名称之间的转换协议称为_____,负责 IP 地址与 MAC 地址之间的转换协议称为_____。

9. MAC 地址由组织唯一标识符和_____两部分组成。MAC 地址字段第一字节的最低位为_____位,MAC 地址字段第一字节的最低第二位为_____位。

10. 在计算机网络中,协议就是为实现网络中的数据交换而建立的_____。协议的三要素为_____、_____和_____。

11. Internet 通过_____协议将世界各地的网络连接起来实现资源共享。

12. Internet 中,IP 地址表示形式是彼此之间用圆点分隔的 4 个十进制数,每个十进制数的取值范围为_____。

13. 在互联网与内联网之间,由_____负责对网络服务请求的合法性进行检查。

14. 若按照网络的作用范围对计算机网络进行分类,那么覆盖一个国家、地区或几个洲的计算机网络称为_____,在同一建筑或覆盖几千米内范围的网络称为_____,而介于两者之间的是_____。

15. 计算机网络面临的安全威胁分为两大类,分别为_____攻击和_____攻击,其中前者试图从系统中窃取信息为主要目的,但不会造成系统资源的破坏。

16. 在美国国家信息基础设施（NII）文件中，明确给出网络安全的 5 个属性，即_____、_____、_____、_____和_____。

三、判断题

1. 计算机网络性能指标的速率、带宽含义是一样的。 （   ）
2. 网络带宽表示常传输介质允许通过的信号频带范围。 （   ）
3. 三层交换机可用来互联不同的网络。 （   ）
4. 同一子网上的两机通信是根据 IP 地址进行路由选择，故必须配置路由器。（   ）
5. Client/Server 指的是网上的两台通信设备。 （   ）

四、简答题

1. 作为中间设备，集线器、网桥、路由器和网关有何区别？
2. 客户服务器方式与对等通信方式的主要区别是什么？有没有相同的地方？
3. 网络协议的三个要素是什么？各有什么含义？
4. 常用的传输媒体有哪几种？各有什么特点？
6. 试说明 IP 地址与硬件地址的区别，为什么要使用这两种不同的地址？
7. 与下列掩码相对应的网络前缀各有多少位？

(1) 192.0.0.0；(2) 240.0.0.0；(3) 255.254.0.0；(4) 255.255.255.252。

8. 对称密钥密码体制和公开密钥密码体制的最主要区别是什么？列举典型的对称密钥密码算法和公开密钥密码算法。

第5章　大数据技术与应用

本章学习目标

- 掌握大数据相关概念、基本特征、思维方式的转变以及数据处理的基本流程
- 掌握多源数据采集方式及数据预处理方法
- 掌握关系数据库的概念和数据模型，了解 NoSQL 数据库和分布式文件系统
- 了解大数据计算
- 掌握数据分析的类型及描述性数据分析的统计指标，了解几种常见的机器学习算法
- 了解数据可视化的作用、典型案例和工具

　　大数据作为新型的生产资料，正与云计算、物联网、人工智能等技术一起改变着人们的日常生活、企业的生产方式以及人们解决问题的思维方式，大数据已赋能了多个行业和领域。如何高效地产生、收集、处理、存储、计算和分析数据，从大数据中挖掘出价值，完成从"数据"到"知识"与"智慧"的转变，已不只是计算机相关专业学生的"特权"。作为当代大学生，要全面了解大数据，逐步培养自己的数据意识和数据思维。本章对大数据的相关概念、特征、应用等方面进行了概述，梳理了数据流程处理框架，然后依次对数据处理流程中的各环节进行了介绍，包括数据采集与处理、数据存储、大数据计算、数据分析和数据可视化。

5.1　大数据概述

　　本节将向读者介绍大数据的相关概念和发展背景，分析大数据的基本特征，梳理大数据在多领域的典型应用，分析大数据带来的思维方式的转变，介绍新兴的数据科学学科和数据密集型研究范式，以及梳理数据处理的基本流程框架。

5.1.1　相关概念

1. 数据、信息、知识和智慧

　　数据（Data）是所有能输入到计算机并被计算机程序处理的符号的总称，是对现实世界的客观记录。数据的外延非常广，可以是数值、文字、图形、图像、语音、动画、视频、社会关系等多种形式的记录。信息（Information）是包含在数据中，能够被人理解的思维推理和结论。

知识(Knowledge)是指从信息中发现的共性规律、模式、理论和方法等。智慧(Wisdom)是运用知识,创造性地进行预测、解释和发现。

例如,在超市购物收银时,顾客购物的时间,物品的单价、数量及总价等都是被客观记录的数据;基于所有顾客的所有购物数据进行分析,得到同时购买啤酒和尿布的数量占所有购物数量的比例是一条信息;在信息的基础上,通过数据挖掘算法发现啤酒和尿布经常被同时购买;根据该信息,对商品进行推荐。再比如,通过测量星球在特定时间的位置,可以获得数据;基于这些数据,可以得到星球的运动轨迹,即信息;通过这些信息总结出的开普勒三定律,就是知识。

图 5.1　DIKW 金字塔模型

图 5.1 的 DIKW 金字塔模型揭示了数据、信息、知识和智慧间的层次关系,金字塔底层是上层的基础,上层是底层的提升。从"数据"到"智慧"是人们认识程度的提升,也是"从认识部分到理解整体、从描述过去(或现在)到预测未来"的过程。

2. 类别型数据、序数型数据和数值型数据

类别型数据(Categorical)也称为分类型数据,每一个取值都代表了一个类别,如性别的两个取值分别代表两个类别。

序数型数据(Ordinal)和类别型数据的相似之处是每个取值都代表了不同的类别。但是,序数型数据不同的取值既有类别之分,也有大小之分。例如,年收入可以划分为三个等级:高、中、低。

数值型数据(Interval)也称为区间型数据。其取值代表了对象的状态,如年收入的值。

3. 结构化数据、半结构化数据和非结构化数据

根据数据的结构模式的强弱,通常可以把数据划分为结构化数据、半结构化数据和非结构化数据。针对不同的数据,采用的数据管理(如数据存储、数据分析)方法也存在着很大的区别。结构化数据具有很强的结构模式,通常会用不同的属性来描述数据,如可以从姓名、学号、年龄、性别、所在院系等维度来描述学生,如表 5.1 所示。在管理结构化数据时,需要先定义数据的结构,然后按照规定的结构生产、存储或管理数据,即"先有结构,后有数据"。关系数据库专门用来存储结构化数据,具体请详见 5.3.1 节。

表 5.1　结构化数据示例

学号	姓名	性别	年龄	所 在 院 系
S3001	张以	男	18	计算机学院
S3002	赵丽	女	19	管理科学与工程学院
S3003	李静	女	18	信息学院

非结构化数据无法形成统一的描述数据的维度,即难以发现统一的数据结构。在日常产生的大量数据中,非结构化数据占的比重越来越大。例如,文档、图像、音频、视频、存储在文本文件中的系统日志都属于非结构化数据。非结构化数据的存储不能采用关系数据库,通常采用非关系型数据库或者分布式文件系统。

半结构化数据的结构模式的强度处于结构化数据和非结构化数据之间，通常"先有数据，后有结构"。半结构化数据虽然没有预先定义的数据结构，但是有明确的数据标签，用来分割实体和实体的属性，因此通过处理转换后可以发现其结构。一般采用 HTML、JSON、XML 等标记语言表示的都是半结构化数据。图 5.2 为 XML 和 JSON 格式的数据示例。

```
▼<note>
  <to>George</to>
  <from>John</from>
  <heading>Reminder</heading>
  <body>Don't forget the meeting!</body>
</note>
```

```
{
"employees": [
{ "firstName":"Bill" , "lastName":"Gates" },
{ "firstName":"George" , "lastName":"Bush" },
{ "firstName":"Thomas" , "lastName":"Carter" }
]
}
```

图 5.2　XML(左)和 JSON(右)格式的数据示例

4. 大数据的概念

目前，还没有形成对大数据统一公认的定义，现有定义主要从"现有技术无法处理"和"数据特征"两个维度出发，能被接受的大数据的定义包括如下几种。

维基百科(Wikipedia)定义大数据为规模庞大、结构复杂、难以通过现有商业工具和技术在可容忍的时间内获取、管理和处理的数据集。

麦肯锡全球研究机构(McKinsey Global Institute)认为大数据是大小超过经典数据库软件工具收集、存储、管理和分析能力的数据集。

徐宗本院士认为大数据是不能集中存储并且难以在可接受时间内分析处理，其个体或部分数据呈现低价值性，而数据整体呈现高价值的大量复杂数据集。

美国国家标准技术研究院(NIST)认为大数据是由具有规模巨大、种类繁多、增长速度快和变化多样，且需要一个可扩展体系结构来有效存储、处理和分析的广泛的数据集组成的。

5.1.2　大数据发展背景

IT 领域经历了三次信息化浪潮，如表 5.2 所示。1980 年前后，个人计算机开始普及，计算机走入千家万户，人类迎来了第一次信息化浪潮；1995 年前后，人类开始接触互联网，人类迎来了第二次信息化浪潮；2010 年前后，大数据、物联网和云计算快速发展，大数据时代已经到来。

表 5.2　三次信息化浪潮

信息化浪潮	发生时间	标　志	解决的问题	代表企业
第一次浪潮	1980 年前后	个人计算机	信息处理	Intel、AMD、IBM、苹果、微软、联想等
第二次浪潮	1995 年前后	互联网	信息传输	谷歌、雅虎、阿里巴巴、百度、腾讯等
第三次浪潮	2010 年前后	大数据、物联网和云计算	信息爆炸	—

大数据时代的到来主要有两个方面的原因：一方面信息技术的快速发展，为大数据时代的到来提供了技术支撑，主要包括信息存储设备容量不断增加，信息处理能力大幅提升以及网络带宽不断增加，这些使得信息传输更加顺畅；另一方面，数据产生的方式也发生了变

革,进一步促进了大数据时代的到来。生产数据的方式经历了运营式系统阶段、用户原创内容阶段与感知式系统阶段。在运营式系统阶段,数据的生产是被动的,往往会伴随着实际的企业业务发生,只有这时才会有新的数据产生;在用户原创内容阶段,互联网的快速发展迎来了以"用户产生内容"(User Generated Content,UGC)为特征的 Web 2.0 时代。相对于Web 1.0 时代以门户网站显示信息为主,Web 2.0 时代以博客、微博、微信等产品为代表,用户可以随时随地产生数据,且以非结构化数据为主;在感知式系统阶段,物联网中大量的传感器,如温度传感器、湿度传感器,每时每刻都在产生数据。

5.1.3 大数据的基本特征

通常认为,大数据的基本特征可总结为"4V",即规模庞大(Volume)、多样性(Variety)、时效性(Velocity)和价值大但价值密度低(Value)。

1. 规模庞大

相对于现有的数据存储和计算能力,普遍认为 PB 级的数据就可以称为"大数据"。目前已形成了"大数据摩尔定律",即全球的数据量正以每 18 个月至 24 个月翻一番的速度快速增长。据互联网数据中心(Internet Data Center,IDC)统计,预计到 2025 年,全球数据总量将达到 163ZB。数据规模的不断增长,必然会对数据的获取、传输、存储、处理和分析带来挑战。

2. 多样性

在大数据中,多种类型的数据往往共存着,包括结构化数据、非结构化数据和半结构化数据。据统计,在未来,非结构化数据的占比将达到 90% 以上。例如,在智慧交通这一应用领域,涉及的数据包括结构化的车辆注册数据、驾驶人基本数据、城市道路数据等,也包括非结构化的交通路口摄像头数据等。

3. 时效性

时效性是指数据刻画的事物状态是动态的,是在不断地、持续地发生变化的。因此,大数据应当具有持续的数据获取和更新能力,这对大数据的处理时间要求越来越高。即在某些场景下,如在处理交通路况信息时,要满足数据的时效性要求。

4. 价值大但价值密度低

价值大是指在大数据的基础上,应用数据挖掘、机器学习等技术,可以获取蕴含在数据中,非显而易见的高价值信息或知识。价值密度低是指对于一个特定的应用场景,大数据中真正"有用的"数据是很少的,大量的数据都与目标任务无关。因此,给定具体的任务,如何从大量数据中快速地定位"有用的"数据是大数据计算的核心问题之一。

在大数据"4V"特征的基础上,又增加了一个新的特征即真实性(Veracity),形成了大数据的"5V"特征。真实性特征强调了数据质量对大数据发挥价值的重要作用,一方面要对数据中的各类噪声数据、缺失数据进行处理;另一方面也要保证数据是客观世界的反映,避免虚假、错误数据的影响。

5.1.4 大数据的典型应用

1. 金融行业

金融行业是大数据应用的前沿领域,大数据在该行业的客户关系管理、股价预测、信贷风险管控、高频交易等方面都发挥着重要的作用。以股价预测为例,传统的股价预测会考虑风险、收益和企业的状况,然而市场情况对金融市场也有着重要的影响,是预测股价的一个新视角。2011年5月,英国对冲基金Derwent Capital Markets建立了4000万美元的对冲基金,该基金通过分析Twitter的数据内容来捕获市场情况,进而指导投资。利用Twitter的对冲基金在首月的交易中以1.85%的收益率盈利了,而其他对冲基金的收益率平均值只有0.76%。麻省理工学院的研究者,把Twitter上的内容分为了正面或负面情况。经过研究发现,无论是正面情况(如"希望"),还是负面情况(如"害怕""担心"),它们占总Twitter内容数的比例都与道琼斯指数、标准普尔500指数、纳斯达克指数的下跌相关。美国佩斯大学的一位博士采用了另外一种方法研究社交媒体数据对股价的影响,他追踪了可口可乐、星巴克和耐克三家公司在社交媒体上的受欢迎程度,并比较它们的股价。通过研究发现,Twitter上的用户数、Facebook上的粉丝数和YouTube上的观看人数都和股价有密切的关系;并且品牌的受欢迎程度还能帮助预测10天、30天后股价的上涨情况。

2. 会计行业

传统的会计学强调三张报表:资产负债表、现金流量表和利润表,分别反映企业的运营能力、偿债能力和盈利能力。但对于某些类型的企业,如长周期、高负债、高不确定性的IT企业、新行业企业、创业企业,它们的无形资产(如客户忠诚度、口碑和品牌)对于衡量企业真正的价值可能更为重要,传统的三张报表就显得捉襟见肘。因此,会计业界和学界提出"第四张报表"来反映相关的数据资产。由于财务数据是对企业过去经营结果的静态记录,因此无法及时反映企业的业务变化;而企业的业务数据,如大量的用户特征数据、用户交易记录、用户偏好、用户对产品的使用行为都是动态的,可能会更及时地反映企业的当前价值。因此,德勤(Deloitte)建立了"业务数据—财务表现—价值评估"的价值评估模型,提出的"第四张报表"强调以非财务数据为核心,以企业绩效为基础,关注数据资产价值,以期为企业提供更全面的价值评估和更深入的管理洞见。

3. 商业

商业领域是大数据发挥价值最多的行业之一。当你去互联网上购物时,一些网站能够做到"千人千面",向不同的用户推荐不同的商品,这背后就是大数据在发挥作用。网站会根据用户的浏览行为和购买行为,推断出用户的兴趣偏好,并匹配到类似用户的行为,从而为用户推荐他们可能感兴趣的商品。据估计,亚马逊销售额有1/3是靠给用户推荐而产生的。《纽约时报》在2012年报道了美国第二大连锁百货店塔吉特应用大数据的案例。塔吉特工作人员经过数据分析发现,女性在怀孕不同阶段购买的物品呈现很大的相似性。因此,根据顾客购买的物品可以预测女性怀孕的概率。例如,一位女性购买过大瓶椰子油润肤露、一个大挎包、维生素和鲜亮的地毯,那么就可以估计出她怀孕的可能性是87%。如果预测出女性怀孕了,塔吉特就会在孕妇怀孕的不同时期向她们推送精挑细选的25类商品的优惠券。

4. 生物医药

基于大数据分析,可以实现流行病预测、智慧医疗和健康管理。

1) 谷歌流感趋势预测(Google Flu Trend, GFT)

传统的公共卫生管理中,预测疾病流行趋势主要依赖于患者去医院就诊后,医生上报给疾病控制与预防中心。疾控中心基于各级医疗机构上报的数据,发布流行病趋势预测报告。但这种方式一般会有1~2周的滞后期:一方面感染人群往往会在发病比较严重后才会到医院就诊；另一方面，疾控中心需要对医生上报的数据进行汇总与分析。而两周内疫情可能早已扩散。2009 年谷歌的科研人员在《自然》杂志上发表论文，从 2003—2008 年季节性流感传播期间网民在谷歌搜索引擎中输入的 4.5 亿关键词中挑选出了 45 个重要的检索词条和 55 个次重要词条，与同时间段的疾控中心发布的感染人数构建回归模型。在 2009 年冬季流行感冒预测任务中，与官方数据相比，预测准确率高达 97%，并且相对于官方其预测及时性更强。

2）智能疾病诊断

对于利用人工智能（Artificial Intelligence，AI）进行疾病诊断，也需要以大数据为基础。例如，吴恩达所在的斯坦福实验室团队基于目前最大的 X 光数据库 ChestX-ray14 数据集（包含来自 3 万多位患者的超过 11 万张正面胸片），训练了一个 X 光诊断算法，可以诊断 14 种疾病，如肺炎、胸腔积液、肺肿块等。最终，在其中 10 种疾病的诊断上，AI 都与人类放射科医生的表现相当，并在一种疾病的诊断上超过了人类，并且 AI 的诊断速度是人类的 160 倍。该团队的另外一个工作是基于大量的电子病历数据，预测病人未来 3～12 个月的死亡率，确定其是否需要临终关怀。

在其他领域，大数据也发挥着重要的作用。在教育行业，可以基于大数据分析对学生进行"隐形补助"，或帮助学生进行个性化学习；在电信行业，可以帮助预测客户流失概率，进行客户细分；在体育行业，《点球成金》的电影展示了数据在体育行业的重要作用；球员运动装备上的传感器、训练场地的摄像头收集到的大量数据也能够帮助球员提高训练效果。在 NBA 勇士队，主教练科尔根据团队对历年 NBA 比赛的统计数据，发现最有效的进攻是传球和投篮，而不是突破和扣篮，因此制定相应的训练战略；在制造业，基于多源数据，如物联网数据、内部业务系统数据（如 ERP、CRM、MES、PLM）和外部数据，可贯穿企业生产制造、售后服务、研发设计和企业管理等各个环节，应用于现有业务优化，促进企业升级转型；在城市管理方面，能够利用大数据实现智慧交通、智慧政务、城市规划等；互联网行业也是大数据技术应用最为广泛的领域之一，借助于大数据技术，可以分析客户的各种行为，在此基础上进行商品推荐、有针对性地投放广告、预测客户点击率等。

5.1.5　大数据带来的思维模式转变

V. Mayer Schönberger 和 K. Cukier 在论著 *Big data*：*A revolution that will transform how we live，work，and think* 中提到大数据带来的思维变革主要有以下几个方面。

1. 从随机抽样到尽量收集完备的数据

在过去，数据获取难度大，开展数据分析一般依靠统计学，采用随机采样获得小数据。然而要满足采样数据具有绝对的代表性这一要求非常困难，因此分析结果容易产生偏差。在大数据时代，要求数据或某个领域的局部完备性。鉴于目前各类传感器、网络爬虫等数据收集手段的普及和发展，收集全面和完整的数据成为可能。

2. 从追求数据的精确性到可以牺牲一部分精确性而追求大数据

对于小数据，由于在进行随机抽样时，少量的错误也可能导致比较严重的偏差，因此一般对其精确性要求比较高。对于大数据，保障其精确性难度比较大。一方面，来源于不同数据源容易造成数据不一致；另一方面由于网络等原因，通过传感器、网络爬虫收集的数据经常出现缺失，使得数据不完整。当数据量非常大并且来源广泛时，会缓解数据不精确带来的影响。

3．从因果关系到相关关系

基于因果逻辑推断和利用相关关系是分析数据和预测未来的两种常用方法。在过去，人们一直重视因果关系，认为如果没有分析出原因作为基础，得出的结论不能令人信服。一般来讲，新药的研发大多是基于因果逻辑，即首先要找到致病的原因，才能有针对性地找到解决方案，进而合成新药，对于新药的有效性知其然也知其所以然。举例来说，青霉素的发现过程就是符合因果关系的。1928 年，英国医生亚历山大·弗莱明（Alexander Fleming）偶然发现霉菌可以杀死细菌，但并不清楚霉菌杀菌的原理。直到 1939 年，厄恩斯特·钱恩（Ernst Chain）等人发现青霉素可以杀死细菌是由于一种叫青霉烷的有效成分。青霉烷可以破坏细菌的细胞壁，而人和动物的细胞没有细胞壁，因此青霉素可以杀死细菌却不会伤害人和动物。基于此，美国麻省理工学院的科学家约翰·希恩（John Sheehan）成功地合成了青霉素。但是基于因果关系研制新药是非常漫长的过程，并且成本非常高。如今，利用大数据寻找特效药的方法发生了变化。如果将已经存在的药物和每一种疾病进行配对，可能会发现一些意外的效果。例如，斯坦福大学医学院经过研究发现，本来用于治疗心脏病的某种药物对某种胃病的治疗非常有效。这是一种基于相关关系的方式，通过这种方式，时间和经济成本都会大大降低。谷歌流感预测 GFT 也是利用了搜索关键词和流感患病人数之间的相关关系，而非因果关系。当然，应用相关关系的前提是要有足够多的数据。值得注意的是，在大数据时代，因果关系并非不重要，因为其具有很强的可解释性。

5.1.6 数据科学

数据科学是对大数据世界的本质规律进行探索与认识，是基于计算科学、统计学、信息系统等学科的理论，甚至发展出新理论，研究数据整个生命周期的本质规律，是一门新兴的学科。数据科学的发展历史可以追溯到 1974 年，图灵奖得主、丹麦计算机科学家彼得·诺尔（Peter Naur）提出了"数据学"的概念，研究对象是数值化的数据。他认为数据学是计算机科学的延伸。2001 年，贝尔实验室的威廉·克利夫兰（William S. Cleveland）从统计学的角度出发，提出数据科学应为一个从统计学延伸出的独立研究领域。2007 年，图灵奖获得者 Jim Gray 提出了科学研究的第四范式——数据密集型科学，成为继"实验科学范式""理论科学范式""计算科学范式"之后的第四范式。实验科学以观察和总结自然规律为特征；理论科学以模型和归纳为特征；计算科学以模拟仿真为特征；而数据密集型科学的特征是以数据为中心，以数据驱动为手段，以跨领域应用为导向，实现从"数据"到"知识"和"智慧"的转换。数据科学已成为与经验科学、理论科学、计算科学并列的科学研究领域。

数据科学的研究范畴主要包括两个方面：①采用数据驱动的方法研究不同领域的科学，即数据密集型科学发现；②用科学的方法研究数据，主要讨论对大数据更有效的管理，包括数据采集、数据存储、大数据计算和分析，涉及统计学、数据库和机器学习等领域。

5.1.7 数据处理的基本流程

数据处理的基本流程主要包括数据采集与治理、数据存储、大数据计算、数据分析与数据可视化。

1. 数据采集与治理

数据采集是支撑大数据上层应用的基础。大数据的来源多样,既可以来源于数据库,也可以来源于各种类型的传感器、智能终端、互联网以及系统日志文件等。这些数据可以是自动产生的,也可以是由人类生产出来的。通过数据采集获取的数据通常不能直接用于后续的数据处理与数据分析,比如数据中含有大量缺失值、噪声数据或不一致数据。因此,需要对数据进行预处理,提升数据质量,为大数据的上层应用奠定基础。具体内容请详见5.2节。

2. 数据存储

对于不同类型的数据,需要选择不同的数据存储方式进行保存。常用的数据存储方式包括关系数据库、分布式文件系统、NoSQL数据库和数据仓库等。具体内容请详见5.3节。

3. 大数据计算

大数据计算是充分挖掘大数据价值的重要手段。大数据的特征尤其是其规模性和对时效性的要求给数据的计算带来了直接的挑战。为了应对这些挑战,分布式计算已经逐渐成为主流。涉及的技术主要包括MapReduce、Storm和Spark等。具体内容请详见5.4节。

4. 数据分析

数据分析的目标是从杂乱无章的数据中发掘有用的知识,以指导人们进行科学的决策。数据分析可以分为四类:描述性分析、诊断性分析、预测性分析和规范性分析。描述性分析和诊断性分析关注的是过去已经发生的,分别关注的是"已发生了什么"和"为什么发生";预测性分析主要预测未来将会发生什么,如预测店铺未来的销售额,预测未来患流感的人数;规范性分析主要基于运筹学、模拟和仿真技术,解决优化问题。数据分析主要通过统计、机器学习等方法实现。具体内容请详见5.5节。

5. 数据可视化

为了帮助用户更直观、有效地理解和分析数据,可以进行数据可视化,将数据转换成图形图像并提供交互。具体内容请详见5.6节。

5.2 数据采集与治理

大数据可以由多种方式产生,例如,UGC(用户原创内容)数据,通过用户输入的企业运营数据或者通过感知设备生成的数据。这些数据被生产出来之后,需要把它们收集起来才能在其基础上挖掘潜在的价值,正所谓"巧妇难为无米之炊"。在数据被收集之后,一般仍不能直接使用,需要对数据进行处理,主要包括数据集成、数据清洗和数据变换。本节重点介绍多源数据采集和数据的预处理。

5.2.1 多源数据采集

数据收集旨在从真实世界中获得原始数据。企业内部的业务数据一般会随着业务的开展自动积累下来,因此不做详细介绍。本小节将主要介绍四种数据采集的方式,分别为系统日志记录与用户行为数据采集、感知设备数据采集、网络数据采集和与数据机构进行合作。

1. 系统日志记录与用户行为数据采集

系统日志在系统运行过程中自动产生,一般以文件格式进行记录,主要包括系统访问日志、用户点击日志等。系统日志可有效地帮助用户诊断错误，辅助系统运营，优化系统运行的效率。例如，根据系统访问日志可有效地描述系统的流量、活跃用户数等情况。系统日志记录采集可通过系统日志采集工具（如 Flume）实现。

用户行为数据描述了用户进入系统后进行的操作，如用户在某个页面停留的时间，点击的按钮，将什么商品加入过购物车，将哪些商品从购物车中移除等。通过用户的这些行为数据可以推理用户的偏好，进行用户画像，为用户提供更精准的服务，如推荐用户可能会购买的商品。对于互联网应用，可以通过"埋点"（事件追踪）的方式获得用户行为数据。"埋点"是针对特定用户行为或事件进行捕获、处理和发送的相关技术及其实施过程。

2. 感知设备数据采集

感知设备数据采集是指通过智能终端（如传感器、射频识别技术和摄像头）采集信号、图片或录像，从而获取数据。传感器可以将物理环境变量转换为可读的数字信号，主要包括温度传感器、湿度传感器、压力传感器等，可以用于智能制造（如监控设备运行状态），进行环境监控、水质监测等。传感器是物联网的重要组成部分，可以通过有线传感器网和无线传感器网将采集到的信号上传到互联网，实现万物互联。RFID（射频识别）主要包括三部分：标签（Tag）、阅读器（Reader）和天线（Antenna）。标签由耦合元件和芯片组成，每个标签有唯一的编码；阅读器可以读取标签信息；天线可以在标签和阅读器之间传递射频信号。RFID技术在仓储/物流、身份识别、零售等领域已被广泛采用。

3. 网络数据采集

对于互联网上的公开数据，理论上都可以通过网络爬虫或调用网站开放的 API（应用程序接口）来进行采集。

网络爬虫是一种机器人程序，可以自动采集多个网页。互联网上的任何网页，都可以经过若干个超链接到达，网络爬虫会从一个或若干个种子 URL（统一资源定位系统）开始，通过一定的搜索策略（如广度优先搜索和深度优先搜索），依次去访问其他网页。目前已经有很多网络爬虫产品，如八爪鱼、神箭手、火车头。这些产品不需要任何编程基础即可使用，入门门槛比较低。如果读者本身有一些编程基础，也可以自己编写程序实现特定的网络爬虫实现网页数据的采集，如使用 Scrapy 框架，随后再将网页中自己感兴趣的数据提取出来。

有些大型互联网公司（如 Twitter、百度地图）会开放应用程序接口（API），用户可以通过相关网站规定的格式进行数据请求，网站服务器会返回相应的数据。

4. 与数据机构进行合作

如果需要使用外部数据，除了收集网络上的数据外，还可以考虑和其他机构进行合作。需要注意的是，机构间进行数据共享之前必须对数据进行脱敏处理。

5.2.2　数据的预处理

数据预处理阶段的工作主要包括数据集成、数据清洗和数据变换。

1. 数据集成

采集阶段的数据可能有不同的来源，其模式和语义可能存在不一致的情况，如某个应用用男/女表示性别，有的应用则用 0/1 表示性别。同时，在大数据分析阶段，需要将多维数据/视图整合起来查看才更能充分发挥大数据的价值。例如，如果能同时了解用户的个人信息与其社交网络信息，对用户的了解就会更加全面。因此，在数据集成阶段，要进行模式匹配和语义翻译。前者将解决不同来源数据的异构性,如使用不同的模式表达相同的信息或者同一数据代表不同的含义;后者主要实现实体匹配,将不同的表述映射至同一个事物。在数据集成时,也要对冗余数据和冲突数据进行处理。

2. 数据清洗

在数据清洗阶段,主要工作包括补全缺失值、去除冗余数据、识别和去除异常值、发现和解决数据不一致等。

3. 数据变换

由于数据的量纲和范围可能会有差别。为了更好地服务于后期的数据分析,数据变换主要工作包括简单函数变换、数据的标准化和归一化、数据平滑。

例如,时间序列分析可以通过简单的对数变换或差分运算将非平稳序列转换为平稳序列。对于某些数据挖掘算法,会受到不同数据范围的影响。例如,进行客户细分时,客户的收入范围为1000~50 000元,而客户的年龄为1~100,因此在没有进行数据变换前,客户的相似度计算会倾向于收入的影响。数据的标准化和归一化可以解决上述问题,即规范地将数据缩放到同一个特定范围内。为了缓解数据中噪声的影响,可以通过分箱、聚类等方法对数据进行平滑。例如,将客户的年龄段划分成0~12、12~18、18~30、30~60、60以上几个阶段,即使有些客户的年龄不是很准确,也可能会落到同一个"箱"中,不会对后续数据分析造成影响。

5.3 数 据 存 储

数据被采集之后,需要将数据保存下来,并提供有效的数据查询和检索机制。对于结构化数据,传统的数据存储方式为关系数据库。自20世纪80年代以来,关系数据库在学术界和业界都占据着主导地位。但在大数据时代,数据具有体量大、数据类型多样、对性能和效率要求不断提高的特点,传统的数据存储方式已不能满足需求,因此出现了分布式文件系统、NoSQL(Not only SQL)数据库等新型的数据存储方式。简单来说,数据库是按照一定的格式存放数据的仓库。严格来讲,数据库是长期存储在计算机内有组织的可共享的大量数据的集合。数据库中的数据按照一定的数据模型进行组织、描述和储存,具有较小的冗余度、较高的数据独立性和易扩展性,并可为各种用户共享。

本节重点介绍关系数据库的发展、组成,重点讲述数据库的概念模型和关系数据模型,介绍用于用户和数据库管理系统进行交互的结构化查询语言,分析数据库事务应具有的特性,并总结常用的关系数据库产品;简单介绍四种NoSQL数据库,即键值对数据库、列族数据库、文档数据库和图数据库;最后介绍分布式文件系统。

5.3.1 关系数据库

1. 概述

传统的数据存储方式经历了人工管理、文件系统和数据库系统三个阶段。人工管理和文件系统阶段数据的共享性差、冗余度高,且数据独立性差。在文件系统中,一个(或一组)文件对应一个应用程序,即使不同应用程序间有重叠的数据,也不能共享这些数据,而是必须各自创建对应的文件,因此数据冗余性大。这样,一方面会浪费存储空间,另一方面相同数据重复存储,容易造成数据的不一致,也给数据的修改和维护带来了挑战。为了解决多用户、多功能的数据共享以及数据独立性问题,数据库管理系统应运而生。

数据库管理系统(DataBase Management System,DBMS)是介于用户与操作系统之间的数据管理软件,以具有国际标准的SQL(Structured Query Language,结构化查询语言)作为关系数据库的基本操作接口。该软件的主要功能包括数据定义功能,即定义数据库中的数据对象的结构;数据组织、存储和管理,即通过多种存取技术(如索引、Hash)提高数据的存取效率;数据操纵功能,即实现对数据库的基本操作,如查询、插入、删除和修改;数据库的事务和运行管理,例如保证数据的安全性、完整性,多用户对数据的并发使用,发生故障后的系统恢复以及数据库的建立和维护功能。

与数据库管理系统有关的另一个概念是数据库系统(DataBase System,DBS)。数据库系统是由数据库、数据库管理系统、应用系统、应用开发工具、数据库管理员和用户组成的存储、管理、处理和维护数据的系统,主要组成如图5.3所示。

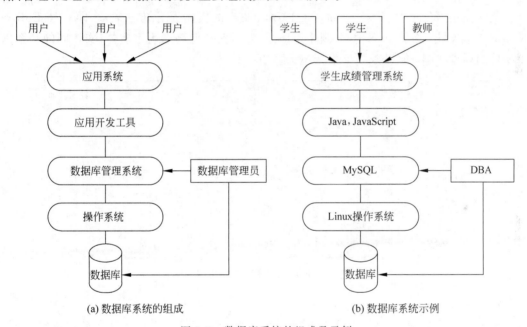

(a) 数据库系统的组成 (b) 数据库系统示例

图5.3 数据库系统的组成及示例

2. 数据模型

数据模型是对现实世界数据特征的模拟,用计算机能够处理的数据描述现实世界中的具体事物。在开发数据库应用系统过程中需要使用不同的数据模型,包括概念模型、逻辑模型和物理模型。概念模型不依赖具体的计算机系统,负责将现实世界抽象为信息世界;逻辑模型和物理模型负责用计算机可以处理的方式将信息世界转换为机器世界。其中,逻辑模型描述了数据的组织方式,主要包括层次模型、网状模型、关系模型、面向对象数据模型等。因为关系数据库系统采用的是关系模型,本小节只对关系模型进行介绍。物理模型描述数据在计算机系统中的存取方式,最终用户是不必考虑数据的物理模型的。

1) 概念模型

现实世界中客观存在的并相互区别的事物在信息世界中用实体表示,实体具有的某一特性称为属性,不同实体类型间存在着联系,能够唯一标识实体的属性集称为码,同一个类型的实体的集合叫作实体集。例如,一个学生是一个实体,学生的姓名是学生实体的属性,学生实体和课程实体之间存在着学生选修课程的联系,学生实体的码是学号,而不是姓名,全体学生是一个实体集。

实体之间的联系可以划分为一对一联系、一对多联系和多对多联系三种类型。

(1) 如果实体集 A 中每一个实体和实体集 B 中的至多一个(一个或 0 个)实体有联系,反之亦然,则 A 和 B 间的联系类型是一对一联系,记作 1:1。

(2) 如果对于实体集 A 中每一个实体,实体集 B 中有 $n(n \geq 0)$ 个实体与之联系;反之,实体集 B 中每一个实体和实体集 A 中的至多一个(一个或 0 个)实体有联系,则 A 和 B 间的联系类型是一对多联系,记作 1:n。

(3) 如果对于实体集 A 中每一个实体,实体集 B 中有 $n(n \geq 0)$ 个实体与之联系,反之亦然,则 A 和 B 间的联系类型是多对多联系,记作 $m:n$。

概念模型可以用 P. P. S. Chen 在 1976 年提出的实体-联系方法表示,即 E-R(Entity-Relationship)图。在 E-R 图中,分别用矩形框、菱形框和椭圆形表示实体、实体间的联系以及实体的属性。图 5.4 描述了学生选修课程的 E-R 图。

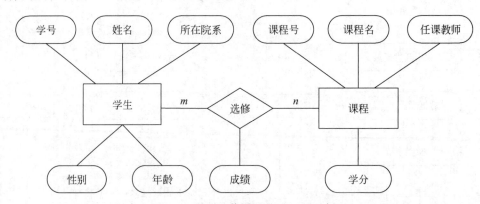

图 5.4　学生选修课程的 E-R 图示例

2) 关系数据模型

数据概念模型梳理完后,要把概念模型转换为数据库管理系统产品支持的逻辑模型。关系数据库系统采用的逻辑模型是关系数据模型。关系数据模型的基本结构为关系,一个关系对应一张二维表,表的名称为关系名。表 5.3 至表 5.5 都属于二维表。二维表中的一行被称为一个元组(Tuple 或记录);二维表中的一列被称为一个属性(Attribute 或字段);属性的取值范围被称为域(Domain);元组中一个属性值被称为分量。一个关系模式可以表示为:关系名(属性 1,属性 2,…,属性 n)。关系中的每一个分量必须是不可分的,如表 5.6 中的基本属性又被细分为性别和年龄是不满足关系模型的基本规范的。

表 5.3　学生表

学号	姓名	性别	年龄	所 在 院 系
S3001	张以	男	18	计算机学院
S3002	赵丽	女	19	管理科学与工程学院
S3003	李静	女	18	信息学院

表 5.4 课程表

课 程 号	课 程 名	任课教师	学 分
C001	计算机基础	T0001	3
C002	会计学	T0002	2
C003	大学英语	T0003	2

表 5.5 选课表

学 号	课 程 号	成 绩
S3001	C001	88
S3002	C001	80
S3001	C002	92
S3003	C003	76

表 5.6 不符合关系模型基本规范的学生表

学号	姓名	基本属性		所在院系
		性别	年龄	
S3001	张以	男	18	计算机学院
S3002	赵丽	女	19	管理科学与工程学院
S3003	李静	女	18	信息学院

在关系模型中,能够唯一标识某个元组的一个属性(或属性集合)称为关系的主键或主码(Primary Key)。唯一标识是指关系中的任何两个元组在该属性(或属性集合)上的值都不相同。例如,学生表中的主键是学号,课程表中的主键是课程号,选课表中的主键为(学号、课程号),这种由多个属性共同组成的主码被称为复合主码。

如果某个属性 A 虽然不是关系 X 的主键(或者只是主键的一部分),但它却是另一个关系 Y 的主键,则称属性 A 为关系 X 的外键或外码(Foreign Key)。例如,表 5.4 课程表中的任课教师为课程表的外键,关联一个新关系:教师表(教师工号、教师姓名、开始工作时间)。关系 X 称为引用关系,关系 Y 称为被引用关系。

将 E-R 图中表示的概念模型转换为关系数据模型要遵循以下原则。

(1) E-R 图中一个实体被转换为一个关系,关系的属性为实体的属性,关系的主键为实体的码。

(2) 一个 $m:n$ 的联系可以转换为一个关系,与该联系相关的各个实体的码以及联系本身的属性可以转换为关系的属性,其中,各个实体的码组成关系的主键。

(3) 一个 $1:n$ 的联系可以转换为一个关系,也可以与 n 端对应的关系合并。如果转换为一个独立的关系,转换规则与 $m:n$ 联系的转换规则相同。

(4) 一个 $1:1$ 的联系可以转换为一个关系,也可以与任意一端对应的关系合并。

在关系数据模型中,为了保障数据的完整性和一致性,需要对关系设置一些约束条件,称为完整性约束。关系数据模型中的完整性约束主要包括实体完整性、参照完整性和用户自定义完整性。

(1) 实体完整性。

实体完整性约束是指关系中的主键对应属性的取值不能为空,且取值必须唯一,不能重复。例如,学生表中的学号不能为空,且不能出现两个学生实体的学号相同的情况。

（2）参照完整性。

参照完整性约束是指引用关系中的外键对应属性的取值要么是空值,要么是被引用关系中对应属性已经存在的取值。例如,在选课表中的学号的取值必须在学生表中存在。

（3）用户自定义完整性。

任何关系数据库系统都必须支持实体完整性和参照完整性。除此之外,用户还可以根据具体应用的语义要求,定义一些特殊的约束条件。例如,规定学生表中学生姓名不能取空值;选课表中成绩的取值范围为 0～100。

对关系数据模型中的数据可以基于关系代数和关系演算进行数据操作,操作类型主要包括数据查询、数据插入、数据删除和数据修改。

（1）数据查询。

数据查询是从关系中选取满足条件的数据,既可以查询满足条件的元组（选择）,也可以查询指定列（投影）,还可以把不同关系中的数据关联在一起查看（连接）。

（2）数据插入。

数据插入是将一个新的元组添加到现有的关系中,如某个学生新选了一门课程后,可以把(学号,课程号,Null)插入到选课表中,其中成绩为 Null 是因为该门课程还没有成绩。

（3）数据删除。

数据删除是指将关系中不需要的元组从关系中去掉,如将退学的学生从学生表中删除。

（4）数据修改。

数据修改是对关系中已有元组的属性值进行修改,如学生考完试后把成绩对应的空值 Null 修改为该学生这门课程的考试成绩。

3. 结构化查询语言

结构化查询语言（SQL）是一个通用的功能强大的关系数据库语言,用于用户进行数据库模式操纵、数据库数据的操作、数据库安全性完整性定义和控制等一系列功能。SQL 是国际标准语言,大多数关系数据库均使用 SQL 作为数据存取语言,并且语法元素和结构具有共通性,为不同数据库系统间的相互操作奠定了基础。

1）SQL 的发展历史

1974 年,IBM 圣何塞实验室的 Boyce 和 Chamberlin 在研制关系数据库管理系统原型系统 System R 的过程中,提出了一套规范语言 Sequel（Structured English Query Language）,并在 1980 年正式称为 SQL。1986 年 10 月,美国国家标准局（American National Standards Institute,ANSI）采用 SQL 作为关系数据库管理系统的标准语言（ANSI X3. 135—1986）。1987 年,国际标准化组织（International Organization for Standardization, ISO）将 SQL 采纳为国际标准。后来每隔一段时间,ISO 都会更新 SQL 标准的版本。

2）SQL 的组成

SQL 将数据库系统的操作分为三个类别,分别是数据定义语言（Data Definition Language, DDL）,数据操纵语言（Data Manipulation Language, DML）和数据控制语言（Data Control Language, DCL）。

（1）数据定义语言。

数据定义语言用于创建或删除数据库模式,例如对表、视图和索引等数据库对象的创建和删除。数据定义语言的语句包括动词 CREATE 和 DROP,数据库对象的名词主要为 TABLE、VIEW 和 INDEX。

（2）数据操纵语言。

数据操纵语言可以对数据库中的数据进行查询、插入、删除和修改,分别对应动词 SELECT、INSERT、DELETE 和 UPDATE。

（3）数据控制语言。

数据控制语言包括除 DDL 和 DML 之外的其他语句,如对访问权限的控制、对安全级别的控制、对连接会话的控制等。常用语句包括 GRANT、REVOKE 等,分别表示授予用户访问权限,解除用户访问权限。

3）SQL 示例

这里给出几个简单的 SQL 示例,其他示例请详见数据库专业书籍。所有 SQL 均默认在 MySQL 数据库中运行,在其他数据库可能需要微调才能正常运行。

（1）数据定义语言示例。

下面是数据库表结构的增加、修改和删除使用 SQL 示例。

【例 5-1】 创建一个 Student 表,表中包括学号(sid)、姓名(name)、性别(sex)和所在院系(department)四个属性。

```
CREATE TABLE Student
(
    sid VARCHAR(11),
    name VARCHAR(25),
    sex VARCHAR(11),
    department VARCHAR(50)
);
```

【例 5-2】 修改 Student 表,新增一个属性 age。

```
ALTER TABLE Student ADD COLUMN age INT FIRST;
```

【例 5-3】 删除 Student 表。

```
DROP TABLE Student;
```

（2）数据操纵语言示例。

【例 5-4】 将一个新学生的信息插入到 Student 表。新学生的学号为 S3004,姓名为张庆,所在院系为计算机学院,性别为女,年龄为 18。

```
INSERT Into Student
(sid,nam,sex,department,age)
VALUES('S3004','张庆','女','计算机学院',18);
```

【例 5-5】 修改表 Student 中学号为 S3004 的学生的 age 为 20 岁。

```
UPDATE Student
SET age = 20
WHERE sid = 'S3004';
```

【例 5-6】 查询表 Student 姓名为张庆的学生所在的年龄和所在院系。

```
SELECT age, department from Student where name = '张庆';
```

【例 5-7】 删除表 Student 姓名为张庆的学生。

```
DELETE FROM Student
WHERE name = '张庆';
```

4. 数据库事务

数据库事务是用户定义的一组操作序列。事务具有四个特性,主要包括原子性(Atomicity)、一致性(Consistency)、隔离性(Isolation)和持久性(Durability),简称为 ACID 特性。事务的 ACID 特性对数据库的恢复有重要作用。

1) 原子性

事务包括的操作都做或者都不做。例如,某用户想从银行账号 A 转账一万元到银行账号 B,需要的操作包括从账号 A 中减去一万元,在账号 B 中增加一万元。两个操作如果不满足原子性,则容易出现错误。

2) 一致性

事务执行的结果要使数据库从一个一致性状态转换到另一个一致性状态。如果事务尚未完成被迫中断,未完成的事务对数据库做的修改已经有一部分写入到物理数据库,会造成数据库处于不一致的情况。

3) 隔离性

并发事务间是相互独立的,不会互相干扰。

4) 持久性

事务一旦提交,其对数据库中数据的改变是永久性的。即使接下来系统发生故障也不会对执行结果有影响。

5. 常见的关系数据库

自关系数据模型被提出以来,出现了众多的关系数据库管理系统。如仅个人简单使用或学习,可以考虑 Access 数据库。市场上也有很多成熟的商用 RDBMS 产品,份额较大的主要有 Oracle、SQL Server 和 DB2。除了商业产品,也有一些关系数据库管理系统是开源的,比较流行的开源产品有 MySQL、PostgreSQL 和 SQLite。

1) Access

Office Access 是 Office 中的一个成员,以一定的格式将数据存储在 Access Jet 的数据库引擎中,是一个结合图形用户界面和软件开发工具的关系数据库管理系统。

2) Oracle

Oracle 数据库是美国 Oracle(甲骨文)公司提供的,使用广泛的 RDBMS 产品。

3) SQL Server

SQL Server 最初由微软、Sybase 和 Ashton-Tate 三家公司共同开发,后来微软公司和 Sybase 分别专注于在 Windows 操作系统和 UNIX 操作系统上的应用。现在提到的 SQL Server 是指微软公司推出的关系数据库管理系统,主要运行在 Windows 操作系统上。其使用方便、可伸缩性好、与相关软件集成程度高。2017 年,微软修正了原 SQL Server 无法运行在类 UNIX 操作系统上的缺陷,SQL Server 2017 已经可以支持 Linux 操作系统。

4）DB2

DB2 由 IBM 公司研发,被认为是最早使用 SQL 的 RDBMS。DB2 大多应用于大型应用系统,具有跨操作系统平台的特点,且具有较好的可伸缩性,既可以支持移动计算,又可以支持大型企业级应用。

5）MySQL

MySQL 是由瑞典 MySQL AB 公司开发的、开源的关系数据库管理系统,目前归属于Oracle 旗下。其具有体积小、速度快、成本低、开放源码等优点,因此被广泛使用。中小型网站的开发一般都选择 MySQL 作为数据库,因此其流行度一直很高,在 DB-Engines 的流行度排行中稳居第二。

6）PostgreSQL

PostgreSQL 由 2014 年图灵奖得主 Michael Stonebraker 领导创建的 Postgres 发展而来,是可以获得的开放源码中最先进的数据库系统。其提供了多种开发语言接口,包括 C、Java、C++、Python 等。在 DB-Engines 的流行度排行中,PostgreSQL 目前位居 Oracle、MySQL 和 SQL Server 之后的第四位。

7）SQLite

SQLite 是用 C 语言编写的数据库引擎,支持跨操作系统运行。SQLite 适合嵌入式或轻量级应用,其在物联网、移动设备等领域将有非常好的发展机会。

5.3.2　NoSQL 数据库

关系数据库在大数据时代和 Web 2.0 时代暴露出越来越多的缺陷。主要表现为:无法高效管理海量数据、无法满足数据高并发的需求、无法满足高扩展性的需求。关系数据库无法通过添加更多的硬件和计算机节点扩展负载能力。鉴于此,NoSQL 数据库得以快速地发展。典型的 NoSQL 数据库一般可以划分为键值对数据库、列族数据库、文档数据库和图数据库四类。

1. 键值对数据库

键值对数据库中每一个 Key 指向特定的 Value,Value 可以是任意类型的数据,可以通过 Key 进行查询和定位 Value,但不能通过 Value 进行查询和索引。键值对数据库具有很强的可扩展性,当存在大量的写操作时,其性能会比关系数据库好。键值对数据库可以进一步划分为内存数据库和持久化数据库,前者把数据保存在内存中,后者把数据保存在磁盘中。

2. 列族数据库

在列族数据库中,存储数据的基本单位是一个列,包括列名和值。关联紧密的列可以组合在一起形成列族,实现近邻存储。每行中的列和列族的模式和数量都可以不同。

3. 文档数据库

文档数据库中处理的最小单位是文档,可以用不同的标准,如 JSON、XML 和 BSON 等存储文档内容。在存储文档数据之前,不需要对文档定义任何模式。文档数据库通过键定义一个文档,因此可以看成是键值对数据库的一个衍生品,而且文档数据库比键值对数据库具有更高的查询效率,尤其是基于文档内容的索引和查询,这种基于 Value 值进行查询在普通键值对数据库中是无法进行的。

4. 图数据库

图数据库中存储了图中的顶点以及连接顶点的边。图数据库专门用于处理可以用图进行抽象的应用,如推荐系统、社交网络和知识图谱。

在实际应用中,一些公司会同时采用多种不同的数据库,以适应不同的应用场景。例如,电子商务网站可以使用键值对数据库存储"购物篮"这种临时性数据,用关系数据库存储当前的产品和订单信息,而 MongoDB 这种文档数据库存储大量的历史订单数据。对四类 NoSQL 数据库的对比以及各自数据模型简单描述分别如表 5.7 和图 5.5 所示。

表 5.7　四类 NoSQL 数据库对比

数据库类型	数据模型	优　　点	缺　　点	应用场景	相关产品
键值对数据库	以键值对的形式存储数据,主要采用散列表	查找速度快、扩展性好、灵活性好	数据无结构化,事务不支持回滚	会话、配置文件、购物车等	Redis,Memcached
列族数据库	以列族方式存储	查找速度快,容易进行分布式扩展	功能较少	分布式数据存储于管理	BigTable,HBase,HadoopDB
文档数据库	Key-Value 对应的键值对,Value 一般为 JSON、XML 等格式	数据结构灵活,性能好	缺乏统一的查询语法,查询性能不高	处理面向文档的数据	MongoDB,CouchDB
图数据库	图结构	支持图算法	需对整个图做计算,不容易进行分布式	社交网络、推荐系统等	Neo4j,InfoGrid

5.3.3　分布式文件系统

传统的单台主机采用的文件系统无法应对高效存储个体体量大的文件型数据的挑战,而且无法提供足够的处理能力和扩展性应对数据规模的快速增长。2004 年,谷歌提出了一种并行计算模型 MapReduce,用于处理大规模数据。为 MapReduce 提供数据存储支持的是分布式文件系统(Google File System, GFS),其实现了大体量文件在多台机器上的分布式存储。同年,Doug Cutting 基于 Java 实现了谷歌 MapReduce 系统,被称为 Hadoop,受到了全球学术界和工业界的普遍关注。HDFS(Hadoop Distributed File System)和 MapReduce 是 Hadoop 的核心组成部分,前者是对 GFS 的开源实现,基于网络实现数据的分布式存储;后者负责分布式计算。本小节主要介绍 HDFS,MapReduce 将在 5.4.2 节中进行介绍。用户可以使用 Sqoop 开源工具在 HDFS 和关系数据库之间进行数据转移,将传统关系型数据库,如 MySQL、Oracle 中的数据转移到 HDFS,或将 HDFS 中的数据导出到传统关系数据库。

1. 计算机集群结构

普通的文件系统依赖单个计算机完成文件的存储和处理。分布式文件系统背后依赖的是由多个计算机节点构成的计算机集群,且这些计算机节点可以是由普通廉价的硬件组成的,大大降低了在硬件上的开销。图 5.6 描述了计算机集群的基本架构,集群中包括 n 个机架,每个机架上可以放 8~64 个计算机节点。同一个机架上的计算机节点间通过网络互联,

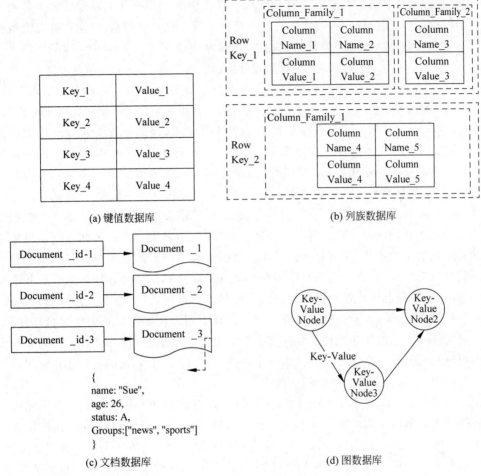

图 5.5　四类 NoSQL 数据库数据模型

不同机架之间一般采用交换机互联。

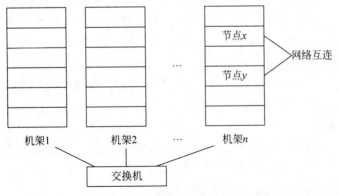

图 5.6　计算机集群的基本架构

2. 分布式文件系统结构

在 Windows 或 Linux 等操作系统中,文件系统会把磁盘空间划分为磁盘块,大小一般为 512B。文件系统中的块(Block)一般是磁盘块的整数倍,即每次读/写的数据量必须是磁盘块的整数倍。HDFS 同样采用了块的概念,不过在块的大小设计上要明显大于普通文件系统,默认的一个块是 64MB。这样做的目的是为了最小化寻址开销,以期在处理大规模文件时更有效率。块的大小也不宜设置地过大,这是因为在 MapReduce 中一次只处理一个块中的数据,如果块太大,会降低作业并行处理速度。

支持分布式文件系统的计算机集群上的节点可以分为两类:一类为"名称节点"(Name Node),或称为"主节点"(Master Node);另一类为"数据节点"(Data Node),或称为"从节点"(Slave Node)。名称节点一方面负责维护文件系统树,存储所有文件和文件夹的元数据,即用来描述数据集本身特征的数据,因此名称节点记录了每个文件中各个块的位置信息;另一方面记录了所有针对文件的操作,如创建、删除和重命名。数据节点负责数据的存储和读取,每个数据节点负责的数据会被保存在各自节点的文件系统中。

在分布式文件系统中,一个文件会被切成若干个数据块,被分布存储在若干个数据节点上。当客户端需要访问某个文件时,需要将文件名发送给名称节点。名称节点会根据文件名找到对应的各个数据块,并将每个数据块在数据节点的位置信息返回给客户端。根据这些位置信息,客户端可以直接访问对应的数据节点读取数据,在此期间,名称节点并不参与数据的传输,而只是起到监督和协调的作用。在存储数据时,由名称节点分配存储位置,随后客户端把数据直接写入数据节点对应的位置。在多用户需要同时对文件进行操作时,名称节点会对正在修改的文件加锁。名称节点会给提交写请求的用户分配租约,只有获得许可才可以进行写操作。在文件写操作执行完成后,用户归还租约,此时其他用户才可以进行读写。通过以上方式,保障了数据的一致性。

由于普通计算机集群中发生硬件故障是种常态,因此 HDFS 设置了多副本存储机制以保障硬件发生故障后数据的可靠性和完整性。具体来说,在 HDFS 中,每个文件块会有多份副本(默认为 3 份,可以由用户设置)。通常不同的副本会储存在不同的计算机节点上,默认的 3 份副本中有两份放在同一个机架的不同节点上,第三份副本放在不同机架的节点上,这样既可以保证机架发生异常时的数据恢复,又可以提高数据的读写性能。

3. HDFS 的特性

HDFS 适合"一次写入、多次读取",比较适合离线批量处理大规模数据。例如,电子商务网站对用户购物习惯的分析,但不适合经常对文件进行更新的在线业务,如股票实盘。HDFS 的特性包括以下几个方面。

1) 适合存储和处理大文件

HDFS 中的文件一般可以达到吉字节(GB)甚至太字节(TB)级别,目前来看,HDFS 的存储和处理能力已经能达到 PB 级。

2) 兼容廉价的硬件设备

HDFS 设计了多种机制,如进行自动恢复、快速硬件故障检测,以保障硬件发生故障时数据的完整性。

3) 采用流式数据读写,而不是随机读写的方式

HDFS 为了满足批量数据处理的要求,提高数据吞吐量,放松了一些 POSIX 的要求,以流式方式访问数据。

4) 强大的跨平台兼容性

HDFS 采用 Java 语言实现,可以运行在任何支持 JVM(Java Virtual Machine)的机

器上。

5）HDFS 的可伸缩性较强

通过将更多的计算机节点加入进来，集群规模可以横向扩展。

HDFS 的局限性主要包括以下几个方面。

1）不适合低延迟的应用

这与 HDFS 采用流式数据读写的方式有关。而在低延迟的应用场景，往往需要通过数据库访问索引的方式进行随机读写，HBase 是更合适的选择。

2）无法高效存储大量小文件

小文件是指文件小于 HDFS 中 block size（默认 64MB）的文件。一方面，小文件数量太多，名称节点中文件元数据的存储和查找都会出现瓶颈；另一方面，访问大量小文件会频繁从一个数据节点跳到另一个数据节点，严重影响设备性能。此外，处理大量小文件还会在分布式计算时因产生过多的 Map 任务而大大增加线程管理开销。

3）不支持多用户并发写入，不支持任意修改文件

对文件执行写操作时，只允许追加操作，不支持随机写操作。

5.4 大数据计算

本节简要介绍大数据计算的分类，包括批量计算、流式计算和大规模图计算，并重点介绍用于批量计算的 MapReduce 并行计算技术。

5.4.1 概述

根据应用场景和处理对象的特点不同，大数据计算主要包括批量计算、流式计算和大规模图计算。批量计算用于离线计算场景，处理的数据是静态的，在计算过程中数据不会发生变化。例如，对淘宝 2019 年所有商品的交易记录进行分析，统计年度销量最高的商品。常见的大数据批量计算系统包括分布式并行编程框架 MapReduce 和基于内存的分布式计算框架 Spark 等。流式计算主要用于在线计算场景，处理的数据是动态的。例如，实时统计某网站的访客数，当一个新访客到来时，访客数就要实时加 1。采用流式计算可以满足这些应用场景对实时性的要求。常见的大数据流式计算系统包括 Twitter 支持开发的 Storm、Spark Streaming、S4（Simple Scalable Streaming System）、Facebook 的 Data Freeway 和 Puma 等。

5.4.2 MapReduce

传统的计算大多在单台计算机上开展，这种方式使得程序的性能受到单台机器性能的局限，也无法处理大规模数据。而分布式并行编程可以将程序运行在由大量计算机节点组成的计算机集群上，充分利用集群的并行处理能力，且可以通过向计算机集群中增加新的计算机节点的方式不断增强数据处理能力。

谷歌公司最先提出了分布式并行编程模型 MapReduce，之后开源项目 Hadoop 将其实现。MapReduce 的计算过程主要包括两个函数：Map 和 Reduce。在 MapReduce 中，存储在分布式文件系统中的大规模数据集会被切分为独立的数据块，这些小数据块可以被多个

Map任务并行处理。随后,Map任务产生的结果以< key,value >的形式分发给多个Reduce任务,其中具有相同key的结果会被发送给同一个Reduce任务。Reduce任务对这些< key,value >的中间结果进行汇总合并,将最后结果写入到分布式文件系统中。在计算过程中,不同的Map任务间是完全相互独立的,不会进行通信,不同的Reduce任务间也不会发生信息交换。

以统计文本中所有单词的出现频次直观地展现一下MapReduce的计算过程,如图5.7所示。在本例中,一个文档被切分为3个数据块,每个数据块包含一行文本。每个数据块由一个Map任务处理,因此共有3个Map任务。因Map任务需要以< key,value >的形式作为输入,以文档中文本的行号作为key,以该行的内容作为value。接着,对Map的输出结果进行Shuffle,即进行分区、排序和合并。在Shuffle过程中,还可以支持用户自定义Combiner函数,若用户没有定义Combiner函数,则不用进行合并操作,即不用将具有相同key的value相加。如果定义了Combiner操作,图中以"dogs"为key的<"dogs",<1,1>>将合并为<"dogs",2>。Shuffle的结果将会作为Reduce任务的输入,最终输出文档中每个单词出现的次数。

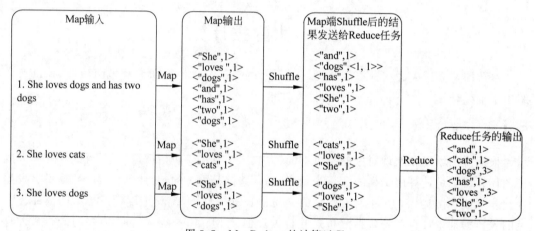

图5.7 MapReduce的计算过程

5.5 数 据 分 析

本节首先划分数据分析的三个层次:描述性分析、预测性分析和规则性分析;介绍描述性数据分析的常用统计指标;梳理总结典型的预测性分析任务,分析机器学习的基本逻辑,介绍数据挖掘和机器学习的常用算法,重点介绍决策树和人工神经网络两种算法,最后列出常用的工具包。

5.5.1 概述

数据分析是将"数据"转换为"知识",并进一步转化成"智慧"的关键环节。数据分析可以分为三个层次:描述性分析、预测性分析和规则性分析。

描述性分析可以概括数据的位置特征、分散性和关联性等数字特征,并可以反映数据的整体分布特征。用到的统计指标主要包括均值、中位数、众数、标准差、极差等。描述性分析只关注过去的数据,并不能预测未来。

预测性分析用于预测未来的概率和趋势,在大量历史数据的基础上,建立科学的模型,当新数据到来时,就可以对新数据进行预测。预测性分析采用的技术主要包括数据挖掘和机器学习。数据挖掘(Data Mining)是从大量的、不完全的、有噪声的、模糊的数据中,提取隐含在其中的,人们事先不知道的,潜在有用的信息和知识的过程。机器学习(Machine Learning)对于某给定的任务 T,在合理的性能度量方案 P 的前提下,某计算机程序可以自主学习任务 T 的经验 E,随着提供合适、优质、大量的经验 E,该程序对于任务 T 的性能逐步提高。这里对数据挖掘和机器学习的概念不做严格的区分。

规则性分析是利用仿真和优化方法,旨在给定约束条件下得到最优的解决方案。

5.5.2 数据描述性分析

描述性分析的常见统计指标可以用来测量数据的集中趋势和离散程度。其中,均值、中位数和众数用来描述数据的集中趋势,标准差、方差、极差用来测量数据的离散程度。

1. 均值

均值可以反映数据的平均水平,假设 n 个一维数据分别为 $x_1, x_2, \cdots, x_n$,则均值 $\bar{x}$ 可以表示为 $\bar{x} = \frac{1}{n} \sum_{i=1}^{n} x_i$。例如,数据$(80,75,96,78,85)$的均值是 $\bar{x} = \frac{80+75+96+78+85}{5} = 82.8$。均值容易受极端值影响。

2. 中位数

中位数是数据按照大小顺序排列后,位于中间位置的数。与均值相比,中位数不受极端值影响。假设 n 个一维数据分别为 $x_1, x_2, \cdots, x_n$,则中位数 M 可以表示为

$$M = \begin{cases} x_{\frac{n+1}{2}}, & n \text{ 为奇数} \\ \frac{1}{2}\left(x_{\frac{n}{2}} + x_{1+\frac{n}{2}} \right), & n \text{ 为偶数} \end{cases}$$

例如,$(80,75,96,78,85)$的中位数是按照大小顺序排序后数据$(75,78,80,85,96)$中间位置的数,即 80。

3. 众数

众数是数据中出现最多的数(所占比例最大的数)。与均值相比,众数不易受极端值的影响。一组数据中,可能存在多个众数,也可能不存在众数。例如,在 1、2、2、3、3 中,众数是 2 和 3;在 1、2、3、4、5 中没有众数。

4. 方差和标准差

方差和标准差的值越大,数据的离散程度越高,标准差是方差的算术平方根。方差 s^2 与标准差 s 的计算表达式为

$$s^2 = \frac{1}{n} \sum_{i=1}^{n} (x_i - \bar{x})^2$$

$$s = \sqrt{s^2} = \sqrt{\frac{1}{n} \sum_{i=1}^{n} (x_i - \bar{x})^2}$$

其中,n 为数据的个数;$\bar{x}$ 为该组数据的均值。

5. 极差

极差 R 仅关注数据的上下界，被定义为最大值与最小值之差，即 $R = x_{max} - x_{min}$。

5.5.3 预测性分析

1. 预测性分析任务

预测性数据分析任务主要包括回归、分类、聚类、关联规则、离群点检测、时间序列预测等。典型的预测性分析任务的描述和示例如表 5.8 所示。

表 5.8 典型的预测性分析任务

任 务	任 务 描 述	示 例	常 见 算 法
回归	预测结果是数值型数据	① 预测患流感的人数 ② 预测未来的房价	XGBoost、GBDT、随机森林
分类	预测结果是类别型数据	① 预测邮件是垃圾邮件还是非垃圾邮件 ② 预测客户信用风险是高还是低	支持向量机、朴素贝叶斯、决策树、神经网络、逻辑回归、K近邻
聚类	根据样本的相似性将样本划分为不同的簇，使得簇内样本相似度高，不同簇间样本相似度低	客户细分	K-means、DBSCAN
关联规则	发现哪些物品会同时被购买（或同时出现）	啤酒和尿布的例子	Apriori、FP-Growth
离群点检测	识别数据中的离群点，即显著不同于其他数据的数据对象	电信诈骗识别	LOF
时间序列预测	按时间顺序排列形成的数列为时间序列，根据历史时间的数值预测未来某时间(段)的数值	根据零售店历史销售额预测该店未来的销售额	简单移动平均法、移动平均法等，长短期记忆模型 LSTM 等

2. 机器学习

在早期，人们进行预测一般采用基于规则的方法，其逻辑如图 5.8(a)所示。专家需要人工制定系列规则，对于某一条规则，如果满足某种条件，执行 Code 1；如果不满足该条件，执行 Code 2。这些规则需要专家制定，因此需要专业的领域经验，耗时耗力，领域移植性差。

如图 5.8(b)所示，机器学习在训练数据的基础上，应用合适的机器学习算法，会得到相应的模型。模型可以是一个复杂的目标函数，也可以是一系列规则。当需要预测的新样本到来时，就可以应用该模型对新样本进行预测。相对于人工制定规则，机器学习可以从数据中自动地学习到解决问题的方法和规则。

按照机器学习的方式不同，机器学习可以大致分为以下四种。

1) 有监督学习(Supervised Learning)

有监督学习从有标签的数据中建立模型，学习数据和其标签之间的关系，允许对未来数据进行预测。数据标注是有监督学习的必要工作。判断邮件是否为垃圾邮件是有监督学习的典型的例子，在进行机器学习之前，需要事先准备好一些训练数据，该数据主要包括两部分：邮件转换成的特征向量以及人工判断其是否是垃圾邮件的标注 label。

2) 无监督学习(Unsupervised Learning)

无监督学习处理的是不带标签的数据，其目标是从数据中自动地发现模式。典型的应

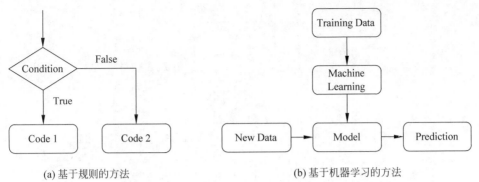

(a) 基于规则的方法 (b) 基于机器学习的方法

图 5.8 基于规则的方法和基于机器学习的方法

用包括聚类和离群点检测。

3) 半监督学习（Semi Supervised Learning）

半监督学习同时使用带标签数据和不带标签的数据，以应对标签数据难以获得的情况。

4) 强化学习（Reinforcement Learning）

强化学习利用无标签数据，通过人工的奖惩信号持续改进性能的一种学习类型。

3. 数据挖掘和机器学习常用算法

国际权威的学术组织 the IEEE International Conference on Data Mining（ICDM）2006 年 12 月从 18 种算法中，评选出了数据挖掘领域的十大经典算法：C4.5、K-Means、SVM、Apriori、EM、PageRank、AdaBoost、KNN、Naive Bayes 和 CART。这些算法在数据挖掘和机器学习领域有重要的地位和影响。因篇幅限制，本节重点介绍两种常用的算法—决策树和神经网络。数据挖掘十大算法中 C4.5 和 CART 都属于决策树算法；选择介绍神经网络是因为目前比较流行的深度学习的基础是神经网络。如果读者对其他算法感兴趣，可以参阅其他专业书籍。

1) 决策树

决策树既可以解决分类问题，也可以应用于回归问题。分类决策树模型是一种树形结构，描述了对样本进行分类的过程。利用大量数据训练得到的决策树模型就是一棵如图 5.9 所示的树，所使用的数据集如表 5.9 所示。其中，叶子节点代表的"好瓜"和"坏瓜"是要预测的两个类别，中间节点"脐部＝?""色泽＝?""根蒂＝?"和"纹理＝?"代表的是数据集的属性。

2) 决策树的学习

决策树的学习包括三个步骤：特征选择、决策树的生成和决策树的剪枝。其中，特征选择和决策树的生成作用于表 5.9 中的训练集上，决策树的剪枝作用在表 5.9 中的验证集上。

（1）特征选择。

特征选择的主要目的是确定需要以哪个属性作为划分属性，使得划分之后节点的纯度最高。因此，在特征选择阶段需要有选择指标的准则。常用的准则包括信息增益、信息增益比和基尼系数。信息增益是指按照某属性划分之后数据集不确定性下降的程度，而这种不确定性由信息熵来测量。数据集 D 的信息熵可按下列公式进行计算。

$$H(D) = -\sum_{k=1}^{Y} \frac{|C_k|}{|D|} \log_2 \frac{|C_k|}{|D|}$$

其中，$|D|$ 是数据集中样本的个数；Y 是数据集中类别的个数；$|C_k|$ 代表数据集中属于类别 k 的样本的个数。信息熵的范围为 $[0,1]$，熵越大说明纯度越低，熵越小说明纯度越高。

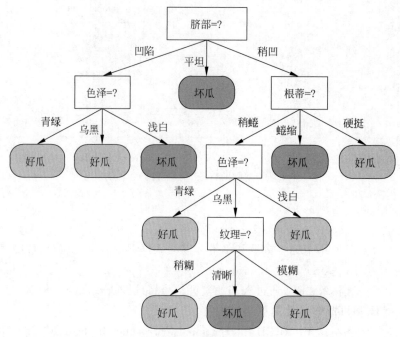

图 5.9 决策树示例

表 5.9 判断是不是好瓜的数据集

数据集	编号	色泽	根蒂	纹理	脐部	好瓜
训练集	1	青绿	蜷缩	清晰	凹陷	是
	2	乌黑	蜷缩	清晰	凹陷	是
	3	乌黑	蜷缩	清晰	凹陷	是
	6	青绿	稍蜷	清晰	稍凹	是
	7	乌黑	稍蜷	稍糊	稍凹	是
	10	青绿	硬挺	清晰	平坦	否
	14	浅白	稍蜷	稍糊	凹陷	否
	15	乌黑	稍蜷	清晰	稍凹	否
	16	浅白	蜷缩	模糊	平坦	否
	17	青绿	蜷缩	稍糊	稍凹	否
验证集	4	青绿	蜷缩	清晰	凹陷	是
	5	浅白	蜷缩	清晰	凹陷	是
	8	乌黑	稍蜷	清晰	稍凹	是
	9	乌黑	稍蜷	稍糊	稍凹	否
	11	浅白	硬挺	模糊	平坦	否
	12	浅白	蜷缩	模糊	平坦	否
	13	青绿	稍蜷	稍糊	凹陷	否

假设某个属性 a 有 v 个取值 $\{a_1, a_2, a_3, \cdots, a_v\}$，根据该属性的取值可以将样本集 D 划分为 v 个子集 $D_1, D_2, D_3, \cdots, D_v$。记 $|D_i|$ 为子集 D_i 中样本的个数。则属性 a 在数据集 D 上的信息增益可以计算为

$$IG(D,a) = H(D) - \sum_{i=1}^{v} \frac{|D_i|}{|D|} H(D_i)$$

依次计算每个属性的信息增益,选择信息增益最大的属性作为该次划分的最优属性。

(2) 决策树的生成。

决策树的生成算法的框架如图5.10所示。

输入:数据集D**,数据集中的属性集**A

输出:决策树T

决策树生成过程:

(1) 如果D中所有样本都属于同一个类别C_k,则返回单节点树T;

(2) 如果$A = \varnothing$,则T为单节点树,节点的类别为D中样本数最大的类别,返回T;

(3) 否则,计算A中各特征在数据集D上的准则,如信息增益,选择最优的属性a;

(4) 如果属性a的准则满足停止条件,如信息增益小于预先定义的阈值,则置T为单节点树,节点的类别为D中样本数最大的类别,返回T;

(5) 否则,根据属性a的取值将D分割为若干个数据子集D_i,将D_i中样本数最大的类别作为该节点的标记,构建子节点,返回由节点及其子节点构成的树T;

(6) 对节点i,$D \leftarrow D_i$,$A \leftarrow A - a$,重复步骤 (1)~(5)。

图5.10 决策树生成算法

(3) 决策树的剪枝。

在决策树生成过程中,学习过程会尽量去适应训练数据,可能会导致决策树分支过多,进而造成在训练集上生成的决策树模型表现比较好,但应用在新样本上的表现却不尽如人意的情况,这种现象称为过拟合。为了避免出现过拟合,需要对决策树进行剪枝。根据剪枝的时机,可以划分为"预剪枝"和"后剪枝"。预剪枝的基本思路是在节点划分之前估计本次节点划分是否会带来泛化能力的提升。泛化能力是指模型对训练集样本以外的新样本的预测能力。在决策树剪枝过程中,用验证集中的样本作为衡量决策树模型泛化能力的"新样本"。如果划分该节点不能带来泛化能力的提升,则不进行此次节点划分。后剪枝是指先产生一颗完整的决策树,然后自下而上将非叶节点作为根节点的子树变为单个节点,看其能否带来泛化性能的提升。如果泛化能力确实提升,则将此子树剪掉,用叶子节点代替。

3) 人工神经网络

人工神经网络(Artificial Neural Network,ANN)学习借鉴了生物学的简单理论,其目的是从训练样本中学习到目标函数。神经元是人工神经网络的重要组成部分,因此先来看一下神经元的组成。如图5.11所示,神经元由求和函数和激活函数两部分组成,其中激活函数的目的是提升模型的非线性表达能力。常见的激活函数包括 Sigmoid、ReLU、Softmax 等。x_i 表示样本数据的第i个特征,w_i 表示对应的权重。

人工神经网络中多层感知机由输入层、输出层和多个隐含层构成,每一层由若干个神经元组成,如

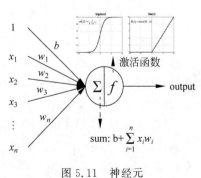

图5.11 神经元

图 5.12 所示。对于分类任务来说,样本数据被转换成特征向量作为输入,经过多层隐含层,最后输出样本属于每个类别的概率,选择其中概率最大的类别作为该样本的预测结果。神经网络的网络结构,即隐含层的层数以及每层神经元的个数,需要由人提前指定。训练神经网络的目的是确定连接两个神经元的权重的值。要达到这个目的,首先定义损失函数,在分类问题中,经常以输出结果和实际标签的交叉熵作为损失函数,然后随机初始化权重,再利用优化算法(如梯度下降法)沿着使损失函数降低的方向不断调整各权重。当所有权重确定后,将新样本转换为同样维度的特征向量后,就可以通过前馈神经网络计算出每个输出节点的概率。

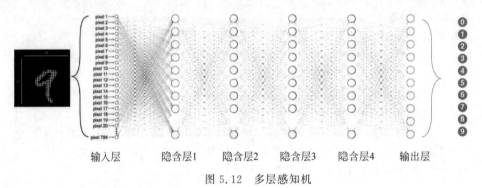

图 5.12 多层感知机

图 5.13 展示了人工神经网络的训练过程。

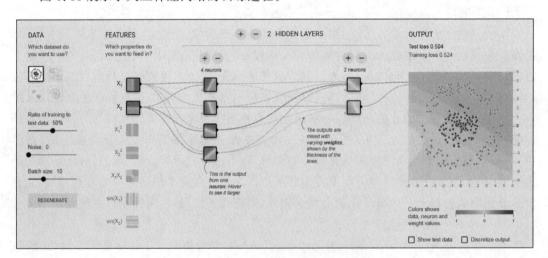

图 5.13 人工神经网络训练过程示例

(图片来源于 http://playground.tensorflow.org)

随着大数据的积累和计算能力的提升,深度学习(Deep Learning)取得了长足的发展。深度学习的概念起源于人工神经网络,是具有多隐含层的网络结构,可以提取抽象的高层特征。2012 年,Hinton 课题组使用深度学习模型 AlexNet 首次参加 ImageNet 图像识别比赛,一举夺得冠军,使得深度学习再次走入人们的视线。2012 年 6 月,《纽约时报》报道了由著名的斯坦福大学的机器学习教授 Andrew Ng 和大规模计算机系统方面的专家 Jeff Dean 教授共同主导的 Google Brain 项目,该项目用 16 000 个 CPU Core 的并行计算平台对 20 000 个不同物体的 1400 万张图片进行辨识,训练出了含有 10 亿个节点的深度神经网络

(Deep Neural Networks，DNN)，能够自动识别出猫脸。2014 年 3 月，Facebook 的 DeepFace 项目基于深度学习方法，训练了包含 1.2 亿个参数的 9 层神经网络来获得脸部表征，最终人脸识别技术的识别率达到了 97.25%，几乎可媲美人类。

4. 数据挖掘和机器学习工具

本部分罗列了一些实施数据挖掘和机器学习的工具，包括 Weka、Scikit-Learn，面向深度学习的 Tensorflow、Keras 和 PyTorch，以及运行在并行计算大数据平台上的 Mahout 和 Spark MLib。感兴趣的读者可以前往相关网站自行查看。

5.6　数据可视化

本节首先梳理可视化的发展，介绍数据可视化的作用和几个数据可视化典型案例，最后总结可用来进行数据可视化的工具和软件。

5.6.1　概述

可视化(Visualization)可以将数据转换成图形图像并提供交互，从而帮助用户更加有效地完成数据分析与数据理解等任务。可视化技术在很早就被用来帮助人们展示、分析和理解数据。本部分给出了几个数据可视化的例子。

1. 网络数据可视化

网络中的节点一般表示的是现实世界中的实体，网络中的边通常代表实体间的联系。通过网络数据可视化，可以直观地展现网络中实体的聚集情况。现实世界中，网络数据可以用于分析和展示微博、微信等社交网站中的好友关系，不同学者发表论文的合作关系等。

图 5.14 展示了某位用户 Ali Imam 的好友关系图。从图中可以清楚地看到他的好友划分到了三个主要的群体，并用不同的颜色表示。其中，蓝色节点表示的是 Linkin 中他的好友群，橙色代表的是他的卡内基·梅隆大学的同学圈，青绿色和紫红色节点表示的是他在 Yahoo 工作时的同事圈，其中，紫红色节点代表的是他在 Yahoo Analytics 的同事，而青绿色节点是 Yahoo 其他部门中的同事。从图中可以发现某些有趣的信息，例如，可以发现有几个节点位于两个群体间，代表不同好友圈中的桥梁。

图 5.15 是由 Ramio Gómez 绘制的编程语言间的影响力关系图。该图是一个由不同的编程语言(节点)以及它们间的影响关系(边)建立的有向图。值得注意的是，图中节点的大小表示了该语言的影响力的大小。

2. 吉米·亨德里克斯的音乐播放情况图

基于吉米·亨德里克斯在 1967—1970 年的现场表演数据，绘制了图 5.16，直观地展示了他的歌曲以及在 YouTube 上的播放数据情况。

5.6.2　数据可视化工具和软件

目前有很多数据可视化的工具和软件，可以实现多种数据可视化功能。其中有些不需要编程基础，通过拖曳即可实现，大大降低了软件的使用门槛；也有一些工具需要编写程序，适合对相关编程工具有初步了解的人员。

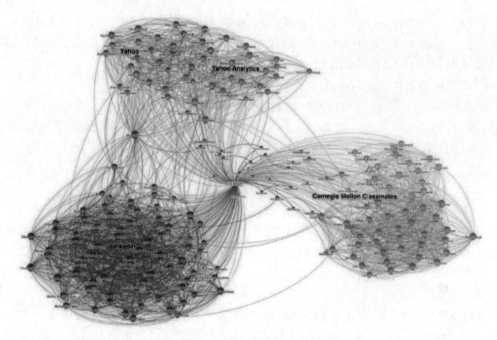

图 5.14　某用户的社交网络

（图片来源于 https://blog.linkedin.com/2011/01/24/linkedin-inmaps）

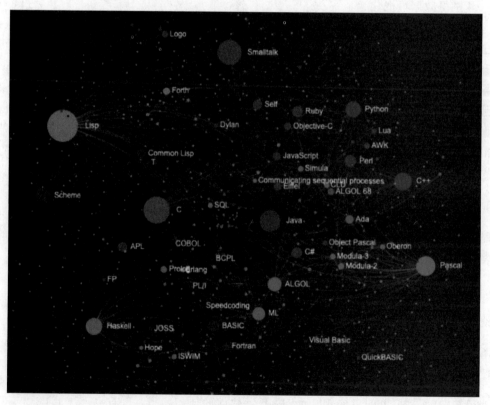

图 5.15　编程语言间的影响关系

（图片来源于 https://exploring-data.com/vis/programming-languages-influence-network/）

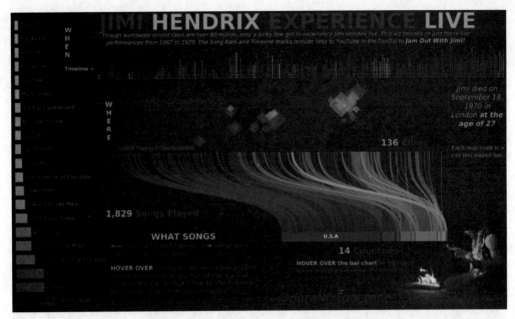

图 5.16 吉米·亨德里克斯的音乐播放情况图

（图片来源于 https://public.tableau.com/zh-cn/gallery/jimi-hendrix-live? gallery=votd）

1. 不需要编程的工具

1) Excel

作为常用办公软件 Office 的系列软件之一，Excel 是普通用户进行数据可视化的首选工具，其提供了丰富的图表功能，如柱状图、折线图、饼状图，可以满足日常需求。Excel 简单易学，使用门槛较低。

2) Tableau

Tableau 能够帮助人们查看并理解数据，主要包括 Tableau Desktop、Tableau Prep、Tableau Server 等产品。除了强大的数据可视化功能，Tableau 更是一款集成的 BI 分析软件，主要表现在其强大的数据连接、数据刷新、数据准备和处理功能。Tableau Desktop 支持多种数据源，包括各类常用数据库、json 文件和 Salesforce（销售报表）等，可以实现报表定时更新。Tableau Prep 使分析人员可以更直观、直接地合并、调整和清理数据，以进行下一步的数据分析与数据可视化。Tableau 需要用户进行相应的学习，使用门槛相对 Excel 较高。

3) 大数据魔镜

大数据魔镜为用户提供了直观的拖曳界面，帮助用户生成交互式图表，并可以整合多种数据源，包括 MySQL 数据库、ERP 数据、社会化数据等。大数据魔镜已经被广泛应用于电商、金融、互联网、食品、通信、能源、教育等领域。它提供了 500 种可视化效果，并提供了仪表盘功能。魔镜仪表盘支持拖曳式自由布局，提供了丰富的图文组件和多种配色方案。

4) BDP 个人版

BDP 个人版使分析人员通过简单的拖曳就可轻松完成数据整合、数据处理和数据可视化分析。BDP 提供了几十种可视化图表。

5) Gephi

Gephi 是一款开源免费的、公认的网络数据可视化与分析软件之一。Gephi 能够轻松处理十万个节点的大规模网络数据,也可以计算度数、中心性等常见指标。

Excel、Tableau、大数据魔镜和 BDP 大多处理的是结构化数据,对于文本数据,本部分将介绍几种标签云生成工具,包括 Wordle、Worditout、Tocloud 和微词云,图 5.17 展示了一个词云图。

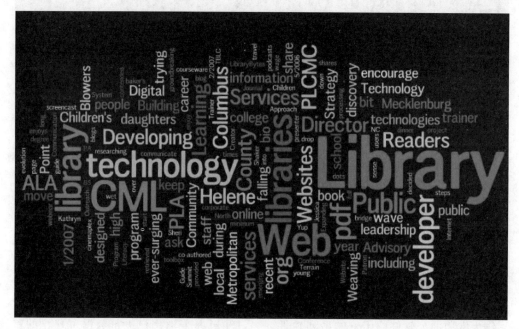

图 5.17 词云图

6) Wordle

Wordle 可以利用文本或网站词频生成标签云,并提供多种展示风格,允许用户选择文字字体或自定义颜色,生成的标签云可供查看与下载。Wordle 目前只支持英文。

7) WordItOut

WordItOut 操作简单,并提供多种展示风格。用户可以根据需要进行颜色、字符、字体、背景、文字位置等内容的再设计,生成的标签云可供查看与下载。WordItOut 不能识别中文,如果输入中英混合的文本,只能显示英文字体。

8) ToCloud

ToCloud 是一款国产的、免费的标签云生成器,支持中英文。它能提取短语,支持用户设置词的长度和频率。

9) 微词云

微词云是一款实用简单的国产在线词云生成器,界面友好、支持中文。用户可以自定义形状、字体和元素等,并支持效果优化。

2. 可视化编程工具

对于有一些编程基础的用户,也可以考虑一些可视化编程工具。

1) ECharts

ECharts 是百度开发的,使用 JavaScript 实现的开源可视化库,可以生成互动图形,并可以在移动设备上和 PC 端流畅运行,能够兼容当前多种浏览器。ECharts 提供了多种常规的可视化图形,如折线图、饼图、柱状图、散点图、K线图、盒形图,也提供了酷炫的地理坐标/地图、热力图、关系图、仪表盘等,并且支持不同图形间的混搭。为了和Python进行对接,即使用Python生成Echarts图表,可以使用pyecharts包。

2)D3

D3(Data-Driven Documents)是目前比较流行的可视化库之一,使用JavaScript实现,具有丰富的API,可以生成多种互动图形,并支持网页展示。D3不仅提供了常规图形,还提供了多种复杂的可视化图表形式,如树状图、词云图和圆形集群图。

3)Matplotlib

Matplotlib是由Python实现的,功能完善的绘图库。开发者可以仅通过几行代码生成直方图、条形图、散点图等常规图形以及三维图、等高线图等。

4)ggplot2

ggplot2是Hadley Wickham使用R语言编写的绘图包,能够用简洁的函数构建各类图形。它将图形视为由从数据到几何对象(如点、线)和图形属性(如颜色、形状、透明度)的一个映射,通过定义各种底层组件(如方块、线条)来合成图形。

除了上述可视化工具和软件外,还有一些其他的工具如Google Chart API、Visual.ly,以及专门生成时间线的Timetoast和Xtimeline,专门生成地图的Modest Maps和Leaflet等。

5.7 本章小结

本章对大数据相关概念、特征、应用等方面进行了概述,梳理了数据流程处理框架,然后依次对数据处理流程中的各环节进行了介绍,包括数据采集与处理、数据存储、大数据计算、数据分析和数据可视化。

习 题

一、判断题

1. 结构化数据先有结构,后有数据。 ( )

2. 相对于因果关系,大数据更关注相关关系。 ( )

3. 数据可视化的主要目的是为了美观。 ( )

4. 在描述用户评论产品的E-R图中,用户实体和产品实体之间是多对多的联系。

( )

5. HDFS更适合处理大量小文件。 ( )

6. 中位数和均值都不易受极端值影响。 ( )

7. 在决策树算法中进行选择属性进行划分时,可以选择所有属性中信息增益最小的属性。 ( )

二、选择题

1. 买饮料时,选择的大杯、中杯、小杯属于( )。

A. 类别型数据 B. 序数型数据 C. 数值型数据 D. 以上都不是

2. 智能健康手环,是(　　)数据采集技术的应用。

    A. Flume   B. 网络爬虫   C. API   D. 感知设备

3. 数据清洗不包括(　　)。

    A. 去除重复数据

    B. 补全缺失值

    C. 发现和识别异常值

    D. 将不同量纲的数据缩放到特定的数据范围

4. 为了体现学生和一卡通的对照关系,可以(　　)(假设一卡通即使补办其一卡通编号也与原编号相同)。

    A. 在学生表中加上一卡通编号字段

    B. 在一卡通表中加上学号字段

    C. 新建一张包含一卡通编号和学生编号的表

    D. 以上都可以

5. 下列数据分析任务属于回归问题的是(　　)。

    A. 识别电信诈骗

    B. 根据店铺历史销售额预测未来销售额

    C. 预测明天是否会下雨

    D. 根据房屋的面积、位置、户型等预测房价

三、填空题

1. 生产数据的方式经历了运营式系统阶段、用户原创内容阶段与_____。

2. 大数据的"4V"特征是指_____、_____、_____、_____。

3. 数据预处理的主要工作包括_____、_____和数据变换。

4. 关系数据库中的实体完整性约束要靠关系的_____来保障;参照完整性约束主要关注的是关系的_____。

5. 支持分布式文件系统的计算机集群上的节点可以分为两类:_____和_____。

6. 人工神经网络中,神经元主要包括求和函数和_____。

四、简答题

1. 简述大数据的含义。

2. 简述数据处理的流程以及每个环节的主要工作。

3. 在你的专业领域,可收集到的数据都有哪些?分别可以采用什么方法进行数据采集?

第6章 Python概述

本章学习目标

- 了解 Python 的发展和特点
- 掌握 Python 的下载及安装
- 掌握 Python 程序运行的两种方式
- 了解一些常用 Python 第三方开发环境

Python 是一种开源、免费、跨平台的解释型高级程序设计语言。近年来，Python 的良好特性得到了广泛认可，成为最受欢迎的程序设计语言之一，同时 Python 也被国内外越来越多的高校选为计算机科学教学的首选语言。本章主要介绍 Python 的发展和特点、Python 的下载及安装，以及 Python 开发环境的基本使用。

6.1 Python 的发展和特点

Python 的发明人是荷兰国家数学和计算研究中心（CWI）的科学家 Guido van Rossum。Guido 于 1989 年开始设计 Python 语言的解释器，初始的设计目标是实现一种易学易用、可拓展的通用程序设计语言，用于方便管理 CWI 的 Amoeba 操作系统。1991 年，第一个 Python 解释器诞生，并逐渐被越来越多的人们了解和使用，由于其所具备的诸多优点而大受欢迎。

Python 的管理、维护和发布由一个非营利的国际组织 Python 软件基金会（Python Software Foundation，PSF）负责。Python 2.0 版本发布于 2000 年，自 2004 年以来，Python 的使用率迅速增长。Python 3.0 版本于 2008 年发布，这个版本对语言做了全面的清理和整合，修正了之前版本中的缺陷，使其概念体系更为清晰，结构更为统一。此后，Python 的使用更加广泛，还曾被 TIOBE 编程语言排行榜评选为 2010 年度语言，这种趋势一直持续到今天，在 2020 年 3 月发布的 TIOBE 编程语言排行榜中，Python 排在第三名的位置，如图 6.1 所示。

Python 遵循优雅、明确、简单的设计哲学，语法简洁清晰，易学易用。Python 是一种解释型的高级语言，将许多机器层面的操作，如内存分配、垃圾回收等，隐藏起来交由解释器负责处理，对用户完全透明，用户可以不必过多思考底层操作，降低技术难度的同时也可以使用户能够更专注于实际应用问题的解决。

Mar 2020	Mar 2019	Change	Programming Language	Ratings
1	1		Java	17.78%
2	2		C	16.33%
3	3		Python	10.11%
4	4		C++	6.79%
5	6	︿	C#	5.32%
6	5	﹀	Visual Basic .NET	5.26%
7	7		JavaScript	2.05%
8	8		PHP	2.02%
9	9		SQL	1.83%
10	18	《	Go	1.28%

图 6.1 2020 年 3 月 TIOBE 编程语言排行榜

Python 以统一的方式支持面向对象程序设计(Object-Oriented Programming)的理念和技术,Python 中所有的编程机制和结构都围绕着对象(Object)这个核心概念,程序中定义的各种实体都是对象。这样的设计有利于编程概念的统一性,也为程序代码的复用以及大规模软件系统开发提供了支持。Python 同时支持多种编程范式(Multi-Paradigm),包括命令式编程、函数式编程、面向过程的结构化编程以及面向对象编程等。

Python 是开源、免费的自由软件,在遵循 GPL(GNU General Public License)协议的基础上,用户可以自由下载使用及发布副本,可以阅读、修改其源代码,在开源社区中有很多优秀的专业技术人员不断地改进 Python,这也是 Python 能够不断发展的一个重要的推动因素。

Python 具有良好的可扩展性,可以通过接口和函数库等方式将 C、C++、Java 等其他语言编写的程序集成在一起。

Python 具有良好的跨平台特性,可以在各种主流操作系统平台上运行,如 Windows、UNIX、Linux、Mac OS 等,在 Android 等移动端操作系统上也有相应的 Python 解释器及运行环境,因此,Python 编写的程序具有很好的可移植性。

Python 提供了功能丰富的标准库(Python Standard Library),涵盖文本处理、数学计算、文件和目录访问、数据持久化、通用操作系统服务、并发执行、GUI(图形用户界面)、网络和进程间通信、互联网数据处理、数据压缩、加密、多媒体、国际化等。使用 Python 开发软件系统时,很多功能都不必从头开始,直接使用这些标准库模块即可。除了 Python 提供的标准库外,目前还有数以十万计的 Python 第三方库可供使用,覆盖了几乎所有的计算领域。

由于 Python 优异的特性和完整丰富的计算生态,国际上的技术公司和机构大量使用 Python 作为开发语言,如 Google、Yahoo、Facebook、Twitter 等公司以及 CERN(欧洲原子能研究中心)、NASA(美国国家航空航天局)等重要机构。

Python 的应用领域非常广泛,包括人工智能、大数据分析和处理、机器学习和深度学习、运维自动化、云计算、区块链、物联网等新兴技术领域都可以看到 Python 的身影。例如,Google 的深度学习框架 TensorFlow 全部由 Python 实现,AlphaGo 是基于 TensorFlow 实现的;此外如开源云计算技术 OpenStack、开源 IaaS 软件 ZStack 等也都大量使用 Python。综上,Python 是一种充满活力且拥有巨大发展前景的程序设计语言。

6.2 Python 的下载和安装

Python 是一种跨平台的编程语言，可以运行在多种主流操作系统上。下面简单介绍在 Windows 环境下下载和安装 Python。Python 的安装程序可以从 PSF 的官方网站上下载，网址是 https://www.python.org/downloads/，如图 6.2 所示。

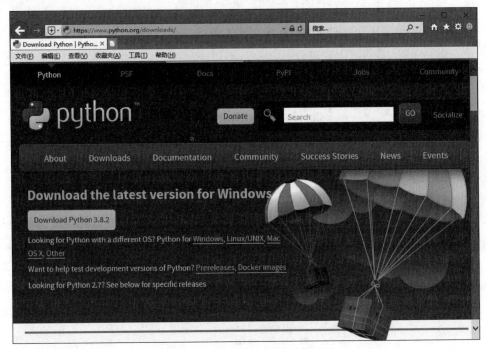

图 6.2　Python 官方网址下载页面

从图 6.2 中可以看到，可下载 Python 的版本是 3.8.2，单击下载链接进入下载页面，再根据实际需要选择合适的版本，如图 6.3 所示。

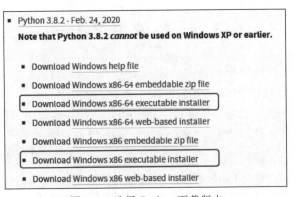

图 6.3　选择 Python 下载版本

图 6.3 中圈选的两个分别是对应 64 位和 32 位 Windows 操作系统的 Python 安装程序，目前主流 Windows 版本都是 64 位，读者可以根据实际使用的系统选择下载。下载完成

后运行安装程序,打开安装向导并勾选 Add Python 3.8 to PATH 复选框,单击 Install Now 按钮开始安装,如图 6.4 所示。

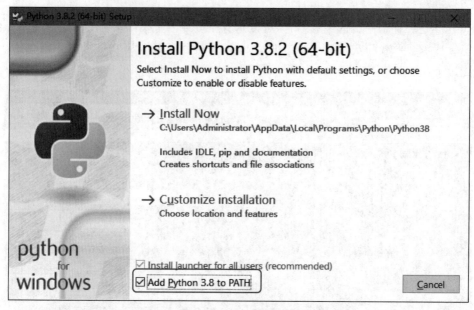

图 6.4　Python 安装向导

整个安装过程非常简单,按照安装向导提示逐个步骤完成即可,安装成功后可以通过 Windows 开始菜单找到 Python 运行程序,如图 6.5 所示。

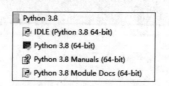

图 6.5　Windows 开始菜单中的 Python

6.3　开始使用 Python

Python 常用的两种使用模式是命令交互方式和代码文件方式,这两种方式都可以在 Python 官方版本自带的 IDLE 集成开发环境中进行,选择图 6.5 中 IDLE(Python 3.8 64-bit)菜单项打开 Python 3.8.2 Shell 窗口。在 Python Shell 窗口中,默认是以命令行交互的方式使用 Python 解释器,符号">>>"是命令提示符,用户可以在其后输入命令并按 Enter 键,Python 解释器就会解释、执行命令并显示相应的运行结果。例如,输入语句 print("Hello Python!")并按 Enter 键,Python 就输出字符"Hello Python!";输入 3+5 并按 Enter 键,Python 解释器计算这个式子并输出结果"8",如图 6.6 所示。

刚开始学习 Python 的时候,使用这种命令行交互的方式非常适合入门,可以每输入一条语句就能立即看到运行结果。但通常为解决实际问题编写的程序都由多条语句构成,同时会包含各种复杂的控制结构,这种情况下,命令交互方式在程序的编写、运行和调试上都

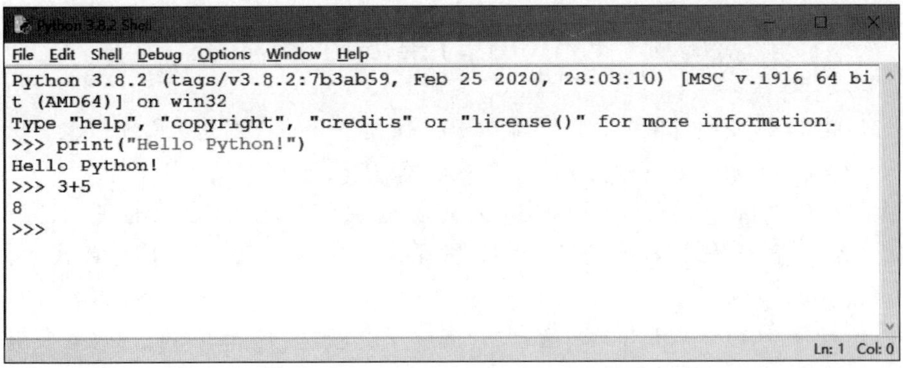

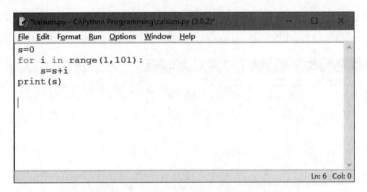

图 6.6 IDLE 窗口中的命令交互方式

会有一定的局限性,此时可以使用代码文件的方式,在图 6.6 的 IDLE 窗口中选择 File→New File 菜单,或直接使用快捷键 Ctrl+N 打开一个新建文件的窗口,代码文件窗口中没有命令提示符,可以在其中输入多条语句编写完整的程序。例如,编写一个简单的程序,求整数 1~100 的累加和,程序中语句的含义会在后续的章节中介绍,如图 6.7 所示。

图 6.7 在代码文件窗口中编写程序

代码编写完成后,命名保存文件,Python 文件的扩展名是". py",例如图 6.7 中显示的 Python 源文件的文件名是 calsum. py。选择 Run→Run Module 菜单或快捷键 F5 即可运行程序。需要注意的是,程序的运行结果仍然会显示在 Python Shell 的交互式窗口中,如图 6.8 所示。

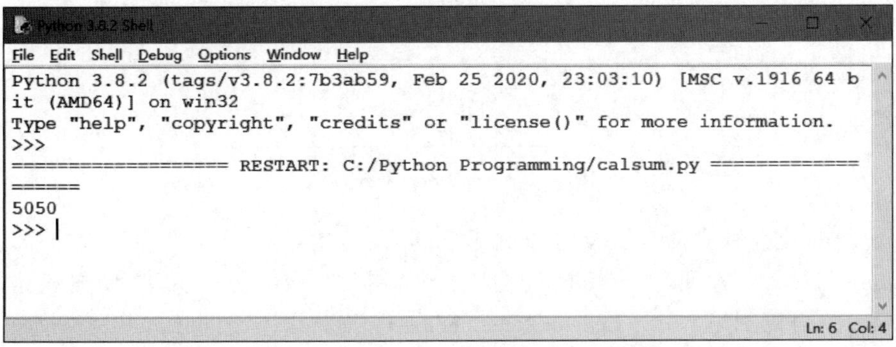

图 6.8 在 IDLE 窗口中输出代码文件的运行结果

6.4 Python 的集成开发环境

一个功能丰富,使用方便的开发环境对于提高程序开发效率是至关重要的。6.3节中介绍了 Python 官方版本中自带的 IDLE 开发环境,IDLE 使用简单,利于初学者入门,但对于从事大规模应用软件开发的专业的技术人员来说,其编辑功能和操作便捷性还是相对局限。因此,各种第三方 Python 开发环境和开发工具不断涌现,比较有代表性的有 PyCharm、Eclipse with PyDev、Wing IDE、Sublime Text、Spyder、VS Code 等,这些第三方开发环境各有特点,但通常能在项目管理、智能提示、自动填充、单元测试、版本控制等功能或特性方面为程序开发人员提供诸多便利,在 Python 的维基百科网站上简要介绍了几十种常见 Python 开发环境及工具,对此感兴趣的读者可以参考,网址为 https://wiki.python.org/moin/PythonEditors。

本节简单介绍一个包含了 Python 发行版本、多种开发工具及大量第三方科学库的集成环境 Anaconda。安装这个集成环境后,可以不必再单独安装官方版的 Python 以及各种科学计算库,Anaconda 的下载网址是 https://www.anaconda.com/products/individual,如图 6.9 所示,目前 Anaconda 最新的版本是 2020.02,选择相应的操作系统环境(Windows、Mac OS 或 Linux)、版本(32 位或 64 位)以及 Python 的版本(2.7 或 3.7)并下载即可。

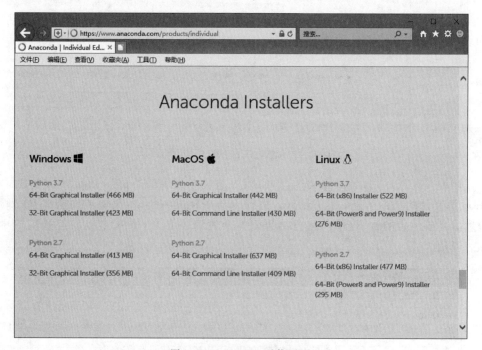

图 6.9 Anaconda 下载页面

Anaconda 主要针对飞速增长的科学计算、数据分析及机器学习等领域的需求,通过 Anaconda 可以非常方便地下载超过七千个应用于 Python 及 R 的数据科学包;在 Anaconda 中,可以利用 Scikit-Learn、TensorFlow 等开发并训练机器学习及深度学习的模型;可以使用 NumPy、Pandas、Numba 等进行数据分析;可以使用 Matplotib、DataShader

等进行数据分析结果的可视化等。Anaconda 中集成了数据科学领域中所需的大量科学包，而且提供了使用方便的包管理器 conda，免去了开发人员逐一下载并安装各种第三方包的烦琐工作，显著提升了工作效率。

Anaconda 的安装过程并不复杂，运行安装程序并按照向导提示逐步进行即可，此处不再赘述。安装完成后，可以从 Windows 开始菜单中找到 Anaconda 的启动项，如图 6.10 所示。

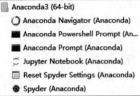

图 6.10　Anaconda 开始菜单项

其中，Anaconda Navigator 是用于管理各种包和开发环境的图形用户界面，如图 6.11 所示。

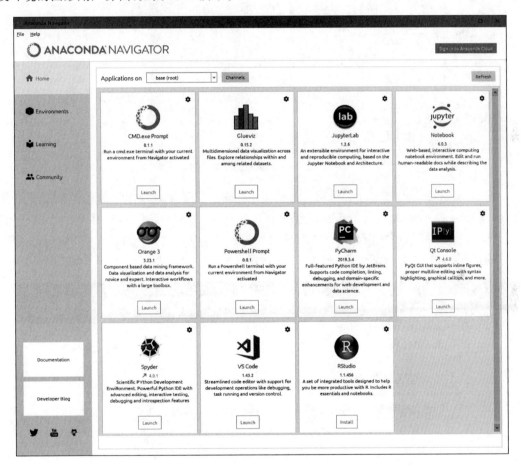

图 6.11　Anaconda Navigator 界面

从图 6.11 中，选择左侧导航栏中的 Home，可以看到 Anaconda 中集成的一些非常实用的 Python 开发环境和工具，其中包括受专业开发人员欢迎的 Python 开发环境 PyCharm、多维数据可视化工具 Glueviz、基于 Web 的交互式计算环境 Jupyter Notebook、可执行 Python 的仿终端图形界面程序 Qt Console、Python 科学运算集成开发环境 Spyder、轻量级但功能强大的源代码编辑器 VS Code、数据分析及可视化工具 Orange 等。

在图 6.11 中左侧导航栏中选择 Environments 可以显示 Anaconda 集成安装的第三方库并进行包的管理，如图 6.12 所示。

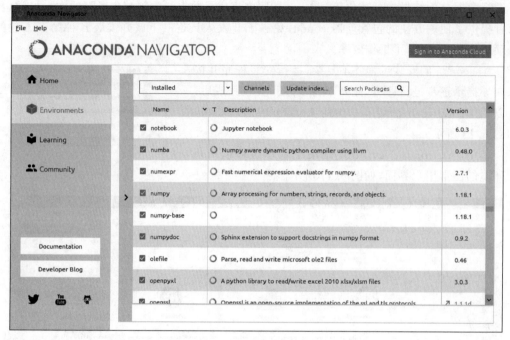

图 6.12　Anaconda 的包管理界面

　　在 Anaconda 集成工具中，Jupyter Notebook 是一个非常适合于初学者的交互式计算环境，支持包括 Python 在内的多种编程语言。它提供了一个环境，可以在其中记录代码、运行代码、查看结果、可视化数据并查看输出结果。单击图 6.11 中 Jupyter Notebook 图标下方的 Launch 按钮打开其主页，如图 6.13 所示。

图 6.13　Jupyter 主页

单击图 6.14 中的 New 按钮，打开下拉菜单，从中选择 Python 3 选项，则在新窗口打开一个基于 Python 内核的新 Notebook，如图 6.14 所示。从图中可以看到一个 Notebook 的主要组成部分包括菜单栏、工具条和编辑区。

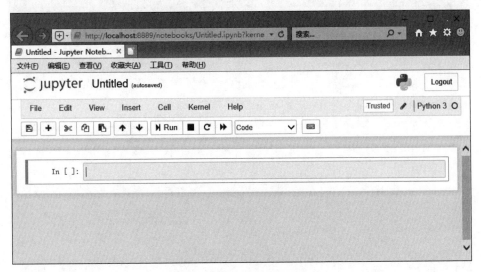

图 6.14　新建 Python Notebook

在编辑区中可以看到一个单元格，称为 Cell，一个 Notebook 可以包含多个 Cell，图 6.14 中显示的第一个 Cell 以"In[ ]"开头，表示这是一个代码单元，可以在其中输入代码并执行。例如，键盘输入"3＋5"，单击工具栏中的 Run 按钮或按快捷键 Shift＋Enter 即可执行语句并输出结果，结果以"Out[ ]"开头，同时，切换到新的单元格，如图 6.15 所示。这种交互模式和 IDLE 的 Python Shell 非常类似。

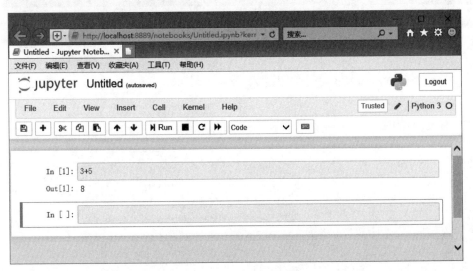

图 6.15　在 Jupyter Notebook 单元格中输入并运行语句

Jupyter Notebook 中的 Cell 可以输入多条语句后一并执行，也可以输入并运行一个完整的程序，而且每个单元格的语句或程序都可以任意修改并重新运行，使用起来非常灵活方便,例如图6.7中求1~100累加和的程序可以整体输入一个单元格中,运行结果如图6.16所示。

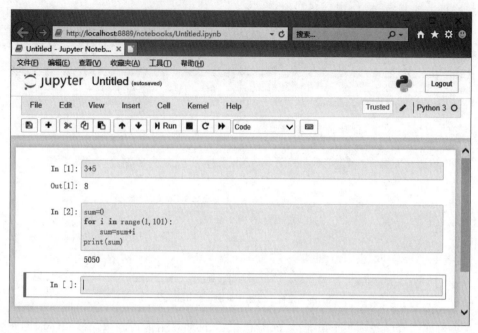

图 6.16 在 Jupyter Notebook 单元格中输入并运行程序

Python 科学运算集成开发环境 Spyder 也是一款功能强大 Python 开发工具,通过开始菜单或 Anaconda Navigator 启动 Spyder,主界面如图 6.17 所示。

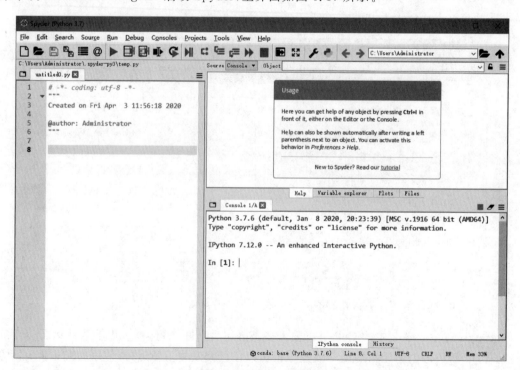

图 6.17 Spyder 主界面

Spyder 的界面组成非常清晰,除标准 Windows 应用程序的菜单、工具栏之外,主要由三部分组成:左侧为代码区,用于编写 Python 代码;右侧上方是多功能区域,有几个选项卡,分别对应系统帮助、变量管理器、绘图及文件列表等,其中变量管理器(Variable Explorer)非常实用,可以实时观察程序中各个变量的值及其变化情况,这对于程序调试来说非常有用;左侧下半部分是控制台交互区。

在 Spyder 中,同样能够以命令交互和代码文件两种方式运行 Python 程序。在控制台交互区直接输入命令并按 Enter 键即可,如图 6.18 所示。

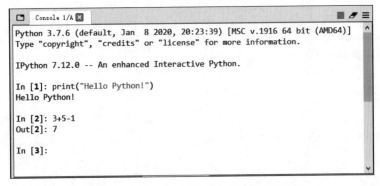

图 6.18　在 Spyder 控制台窗口执行交互命令

在左侧代码区,则以代码文件的方式编辑、保存、运行及调试程序,代码编写完成单击 Run 按钮即可执行程序,运行结果显示在控制台窗口中,如图 6.19 所示。

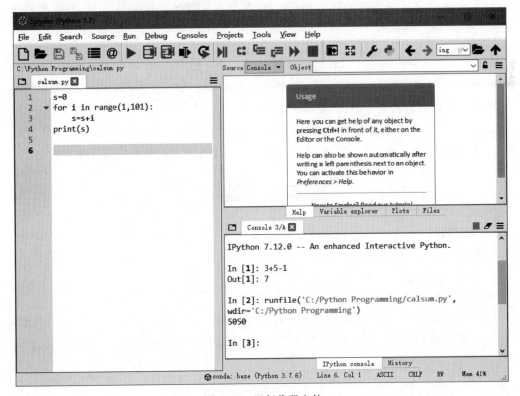

图 6.19　运行代码文件

通过菜单命令 Tools→Preferences 可以根据自己的使用习惯对 Spyder 开发环境的各项参数进行设置,包括外观、快捷键、语言等,如图 6.20 所示。例如,如果不习惯英文环境,可以在 General 类别下找到 Language 选项,在下拉列表中选择简体中文即可。

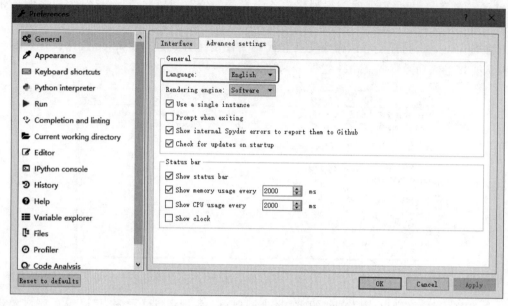

图 6.20　Spyder 开发环境偏好设值

限于篇幅,有关 Jupyter Notebook、Spyder 更详尽的操作方法以及 Anaconda 中集成的其他工具的使用不做过多介绍,读者可自行参考相关的帮助文档。

6.5　本章小结

本章主要内容包括 Python 的发展历史和特点、在 Windows 环境下载和安装 Python 的方法、Python 程序的交互式和代码文件式两种主要运行模式、Anaconda 集成环境的下载和安装以及 Jupyter Notebook、Spyder 等常用 Python 开发环境的基本使用方法。

习　　题

一、简答题

1. 简述 Python 的主要特点。

2. 列举几种常见的 Python 集成开发环境。

二、操作题

1. 下载并安装 Python 并熟悉 IDLE 的使用方法。

2. 下载并安装 Anaconda 环境,熟悉 Spyder 和 Jupyter Notebook 的基本使用。

第7章　Python语言基础

本章学习目标

- 掌握 Python 中的变量和对象引用、标识符及其命名
- 掌握 Python 内置的基本数据类型
- 掌握 Python 中各种运算符的使用和表达式的计算
- 掌握常用内置函数的使用方法
- 掌握 Python 标准库模块的导入方法

本章主要介绍 Python 语言的基础知识，包括对象和变量，内置基本数据类型的特点、表示使用，各种运算符的含义、优先级和表达式的计算。介绍了 Python 常用内置函数以及标准库模块的导入及使用方法。

7.1　Python 中的对象和变量

7.1.1　Python 中的对象

计算机程序通常会处理各种数据，在 Python 语言中，各种数据都表示为对象，数据对象存放于一个内存块中，拥有自己的特定值并支持特定类型的操作。Python 的对象具有以下几个属性：标识（Identity）、类型（Type）和值（Value）。标识用于唯一确定一个对象，每个对象都有区别于其他对象的标识，使用 Python 内置函数 id()可以查看对象的标识；类型用于标识对象所属的数据类型，不同的数据类型在取值范围、运算特性上也各有不同，可以使用内置函数 type()查看对象所属的类型；值则是对象本身所对应的数据，可以使用内置函数 print()输出对象的值。

【例 7-1】　使用内置函数 id()、type()和 print()查看对象的标识及类型。

```
>>> id(25)                    # 140733447592352
>>> type(25)                  # < class 'int'>
>>> print(25)                 # 25
```

Python 程序中以"#"开头的行为注释行。程序在运行过程中，注释都会被解释器忽略。在程序中适当进行注释是一个良好的编程习惯,有助于他人理解程序,也有利于编写者梳理思路。除了用♯号表示本行之后为注释之外,在 Python 程序中,包含在一对三引号('''或""")之间且不属于任何语句的内容也是注释。出于节省篇幅和便于阅读的目的,如果命令及结果比较简短的话,书中就用注释的方式给出本行交互式命令的执行结果,并非是让读者在输入命令之后再把注释部分也一同输入,注释部分的内容是解释器执行命令后反馈的结果,在上机验证时,这些结果会换行输出。

例 7-1 中的 25 是 Python 的一个整数对象,其唯一标识是 140733447592352,其类型是 <class 'int'>,代表整数类型,25 是 int 类型的一个实例,其值就是字面值 25。

在 Python 3 版本中,对象是一个核心的概念,可以说语言中的一切都是对象,例如函数、类等,也同样有相应的类型和标识。例如,内置函数 print(),也可以使用 id() 和 type() 函数查看其标识和类型。

【例 7-2】 查看内置函数 print 的标识及类型。

```
>>> id(print)                    #1603954347600
>>> type(print)                  #<class 'builtin_function_or_method'>
```

可以看出,print() 的类型是 < class 'builtin_function_or_method'>,表示内置函数或方法。

说明一下,本节及后续章节中的代码示例,凡是带有命令提示符">>>"的情况都是在 IDLE 中以命令交互的方式运行的,不带有命令提示符的则是以代码文件的方式或是将整段代码录入 Jupyter Notebook 的单元格中整体执行的方式运行,请读者注意。

7.1.2 变量和对象引用

变量是计算机程序设计语言中一个非常核心的概念,主要用于保存或引用程序中那些值会根据程序功能需要发生改变的量。如前所述,Python 中所有的数据都是对象,是位于内存中的一个数据块。为了使用这些数据,或者说为了引用这些对象,必须通过赋值语句把对象赋值给变量。因此,在 Python 语言中,变量是指向对象的引用,变量中记录着对象的标识。

【例 7-3】 用赋值语句使变量引用对象。

```
>>> a = 5
>>> b = 10
>>> c = a + b
>>> print(a, b, c)               ♯5 10 15
```

在例 7-3 中,将整数对象 5 赋值给变量 a,将整数对象 10 赋值给变量 b,将 a 和 b 相加的结果 15(也是一个整数对象),赋值给变量 c。也就是说变量 a、b 和 c 分别引用对象为 5、10 和 15。

Python 语言中变量的这种实现方式称为"引用语义",在变量中保存的是对象的引用,采用这种方式,所有变量所需的存储空间大小都是相同的。在其他一些常见编程语言,如 C、C++ 等,则将值直接存储在变量的存储区域内,这种方式称为"值语义"。这两者的区别如图 7.1 所示。

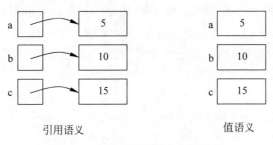

引用语义   值语义

图 7.1 变量的引用语义和值语义

由于采用这种引用语义的变量实现方式，Python 实现为一种动态类型的语言，即变量在使用前不需要进行显示的类型声明，因为变量仅用于记录对象的引用，所以变量不需要限定类型，即可以引用任意类型的对象。Python 解释器会根据赋值给变量的对象的值自动确定其数据类型。因此，在 Python 中，赋值即声明，通过赋值使变量引用某一个对象。多个变量可以引用同一个对象，一个变量也可以根据需要重新赋值，引用其他对象。

【例 7-4】 Python 中变量的动态类型示例。

```
>>> a = 5
>>> id(a)                    # 140733447591712
>>> type(a)                  # < class 'int'>
>>> b = 12.34
>>> id(b)                    # 2140272588464
>>> type(b)                  # < class 'float'>
>>> a = b
>>> id(a)                    # 2140272588464
>>> type(a)                  # < class 'float'>
```

例 7-4 中，变量 a 和 b 开始分别引用整数对象 5 和浮点数对象 12.34，各自具有不同的标识和类型。执行赋值语句"a＝b"之后，变量 a 中所保存的引用变成和变量 b 一样，引用浮点数对象 12.34。变量 a 的标识和类型相应也发生了变化，从输出结果中可以清楚地看到上述结论。

Python 中的对象根据其值是否可以改变，分为可变对象（Mutable）和不可变对象（Immutable）两大类。Python 中诸如 int、str、complex、tuple 等大多数对象都属于不可变对象，而如 list、dict 等属于可变对象，其自身值是可以改变的。在程序中给变量重新赋值，并不会改变对象所引用的原对象的值，只是修改了变量中保存的引用，变量引用了另外一个对象，这一点要特别注意。

7.1.3 标识符

标识符是程序中变量、函数、类、模块、包及其他对象的名称。如例 7-3 中的 a、b 和 c 为变量的名称，都是标识符。Python 的标识符需要遵守一定的命名规则，标识符可以由字母、数字和下画线组成，第一个字符必须是字母或者下画线。例如，abc、num_1、_stName、s123 等都是合法的标识符；而像 1st、I'm 等形式是不合法的标识符。

在命名标识符时还有一些需要注意的地方，Python 中的标识符区分大小写，例如 NUM、Num 和 num 是三个不同的标识符；以双下画线开头或同时以双下画线开头和结尾的标识符通常具有特殊含义,分别表示类的私有成员和类的构造函数,应避免使用;此外,还应避免使用 Python 预定义标识符作为自定义标识符,如 int、tuple、list 等。

在 Python 中有一组具有特定语法含义的保留标识符,称为关键字(Keyword),这些关键字在程序中不能当作自定义标识符使用,否则会出现错误,例如 if 是一个关键字,用于条件判断,如果运行语句:"if＝5",则系统会显示如下错误提示:"SyntaxError: invalid syntax"。Python 中的关键字数量不算太多,一共有三十几个,可以通过帮助系统查看 Python 中的关键字集合,如图 7.2 所示,这些关键字的具体含义和用法将在后续的章节中介绍。

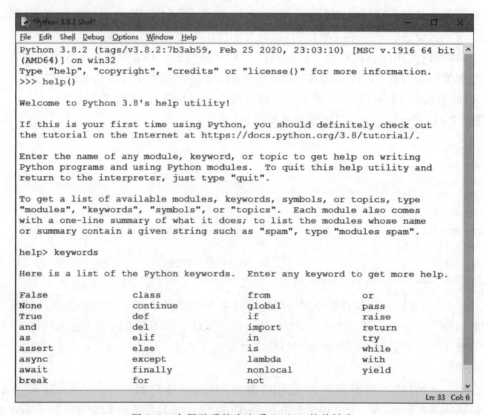

图 7.2　在帮助系统中查看 Python 的关键字

7.2　Python 内置基本数据类型

计算机能够处理各种不同数据,不同的数据属于不同的数据类型,支持不同的运算。数据类型是任何一种程序设计语言中都具有的核心概念。Python 语言提供了丰富的内置数据类型,可以分为基本数据类型(数值、布尔、复数等)和组合数据类型(列表、元组、字典、集合等),本节主要介绍基本数据类型。

7.2.1　数值数据类型

数值类型用于存储或处理数值,Python 中的数值类型包括整数类型(int)、浮点数类型

(float)和复数类型(complex)。

1. 整数类型

整数类型是用于表示整数的数据类型,不带小数点,包括正整数、0 和负整数。Python 3 中的 int 类型可以支持任意大的整数,仅受计算机内存大小的限制。Python 中可以使用的整数表示形式有:

(1) 十进制整数,通常使用的整数形式,如 125、−36 等。

(2) 二进制整数,以 0b 为前缀,其后由 0 和 1 组成。例如,0b101 表示二进制数 101,即 $(101)_2$。

(3) 八进制整数,以 0o 或 0O 为前缀,其后由 0 至 7 的数字组成。例如,0o375 表示八进制数 375,即 $(375)_8$。

(4) 十六进制整数,以 0x 或 0X 为前缀,其后由 0 至 9 的数字和 a 至 f 字母或 A 至 F 字母组成。例如,0x175D 表示十六进制,175D,即 $(175D)_{16}$。

【例 7-5】 常见的几种整数形式。

```
>>> 125                         #125
>>> 0b101                       #5
>>> 0o375                       #253
>>> 0x175D                      #5981
```

从例 7-5 可以看到,在 Python 可以使用二、八、十和十六等进制的整数,输出的时候解释器都按照十进制的值来处理。

2. 浮点数类型

浮点数类型主要用于处于实数数据,由整数部分、小数点和小数部分组成,如 1.0、3.14、−12.34 等。浮点数还可以用科学计数法的形式表示,用字母 e 或 E 表示以 10 为底的指数,e 之前为数字部分,之后为指数部分,例如 1.25E3 表示 $1.25×10^3$、3.7e-4 表示 $3.7×10^{-4}$,注意指数部分一定是整数,如 2.5e0.5 这样的写法就是不正确的,解释器会提示语法错误。

【例 7-6】 浮点数的表示。

```
>>> 3.14                        #3.14
>>> 1.25E3                      #1250.0
>>> 3.7e−4                      #0.00037
>>> 2.5e0.5                     #SyntaxError: invalid syntax
```

3. 复数类型

Python 中的复数和数学中的复数在形式上是一致的,由实部和虚部组成,实部和虚部的值既可以是 int 类型,也可以是 float 类型,虚部加后缀 j 或 J 表示,例如 3+4j、2.4−1.2J 都是复数对象。

【例 7-7】 复数的表示。

```
>>> a = 3 + 4j
>>> type(a)                     #<class 'complex'>
>>> a                           #(3 + 4j)
```

7.2.2 布尔类型

Python 中的布尔类型(bool)数据主要用于逻辑运算,bool 类型包含两个值：True 和 False。布尔值在使用的时候注意第一个字母一定要大写。

【例 7-8】 布尔型数据示例。

```
>>> a = True
>>> b = False
>>> type(a),type(b)                    #(<class 'bool'>, <class 'bool'>)
```

7.2.3 字符串类型

Python 中的字符串(str)是字符组成的序列,可以由一对单引号(')、双引号(")或三引号(''')括起来。单引号和双引号都可以用于表示单行字符串,两者作用基本相同。使用单引号的字符串中可以包含双引号作为字符串的一部分,类似地,使用双引号的字符串中可以包含单引号作为字符串的一部分。三引号可以表示单行或多行的字符串。用 print()函数打印输出字符串,结果不显示引号。

【例 7-9】 字符串的几种表示。

```
>>> a = 'Hello "A" Python!'
>>> b = "Hello 'A' Python!"
>>> c = '''Hello
Python!'''
>>> print(a)                    # Hello "A" Python!
>>> print(b)                    # Hello 'A' Python!
>>> print(c)                    # Hello
                                # Python!
```

Python 中可以允许空字符串,即一个字符也不含有的字符串,空字符串用一对连续的引号表示,中间不要加空格之类的分割字符,如 s＝"",表示变量 s 引用了一个空字符串对象。

此外,还有一些特殊情况,例如在字符串中包含不可打印的控制字符时,可以使用转义字符来表示,其形式是反斜杠后面接一个特定的字符表示某种含义。此外,也可以反斜杠后接八进制或十六进制整数,用于表示这个数作为 Unicode 编码所对应的字符,可打印字符或不可打印字符均可。常见的转义字符如表 7.1 所示。

表 7.1 常见的转义字符

转义字符	含　　义	转义字符	含　　义
\'	单引号	\v	垂直制表符
\"	双引号	\a	响铃
\\	反斜杠	\b	退格
\n	换行	\f	换页
\r	回车	\ddd	八进制 Unicode 码对应字符
\t	水平制表符	\xhh	十六进制 Unicode 码对应字符

【例 7-10】 转义字符使用示例。

```
>>> s = "Life is short,\tYou need Python\n"
>>> print(s)                                  #Life is short,   You need Python
>>> t = "Life\040is\040short,You\x20need\x20Python!"
>>> print(t)                                  #Life is short,You need Python!
```

例 7-10 中,\040 和\x20 分别是空格字符的 Unicode 编码 32 对应的八进制和十六进制表示。

Python 中的字符串实际上是一种序列类型,属于组合数据类型的一种,由于字符串使用非常常见,故本节先简单介绍字符串的一些基本概念,有关字符串作为序列类型的其他特性和操作细节在第 9 章中再做进一步介绍。

7.2.4 NoneType

在 Python 中还有一种特殊的空类型 NoneType,这种类型中只有唯一的值 None,是一个特殊的常量,表示空值。注意,这个空值不等同于数值的 0、空字符串或逻辑值 False。可以将 None 赋值给变量,但不能创建新的 NoneType 类型的对象。

【例 7-11】 Python 中的空值 None,数值 0 和空字符串。

```
>>> s = ""
>>> a = 0
>>> n = None
>>> type(s)                                   #<class 'str'>
>>> type(a)                                   #<class 'int'>
>>> type(n)                                   #<class 'NoneType'>
```

7.2.5 Python 类型转换函数

在有些情况下,需要将一种数据类型的对象转换成另外一种数据类型,Python 提供了一组类型转换函数可以显式地将对象转换为所需的数据类型,比较常用的类型转换函数如表 7.2 所示。

表 7.2 Python 类型转换函数

类型转换函数	功 能 描 述
int(x)	将 x 转换成整数
float(x)	将 x 转换成浮点数
complex(real [,imag])	根据 real 和 imag(可选)转换生成一个复数对象
str(x)	将 x 转换成字符串
tuple(s)	将序列类型对象 s 转换为元组
list(s)	将序列类型对象 s 转换为列表
chr(x)	将 Unicode 编码转换成对应的字符
ord(x)	将一个字符转换为对应的 Unicode 编码
bin(x)	将整数 x 转换为二进制字符串
oct(x)	将整数 x 转换为八进制字符串
hex(x)	将整数 x 转换为十六进制字符串

【例 7-12】 类型转换函数使用示例。

```
>>> a = 65
>>> b = 12.34
>>> float(a)              #65.0
>>> int(b)                #12
>>> complex(a,b)          #(65 + 12.34j)
>>> chr(a)                #'A'
>>> ord('a')              #97
>>> bin(35)               #'0b100011'
>>> str(b)                #'12.34'
```

使用类型转换函数过程中有几点需要注意：首先，类型转换函数并不会改变原对象的数据类型，而是根据原对象的值和转换规则生成一个目标类型的新对象，从例 7-12 中也可以看出这一点，float(a)生成一个新的 float 对象 65.0，int(b)生成一个新的 int 对象 12，而变量 a 和 b 所引用的对象仍然保持原值 65 和 12.34，因此执行 complex(a,b)得到的复数对象是 65+12.34j，而不是 65.0+12j；其次，类型转换过程中可能会有精度的损失，如例 7-12 中将 float 对象 12.34 为转换 int 对象，就只能保留其整数部分 12。

list()、tuple()等转换函数主要用于将序列类型对象转换成列表、元组，有关这些函数的使用将在第 9 章中介绍。

7.3 运算符和表达式

在程序中经常需要对数据进行所需的各种运算，包括算术运算、逻辑运算、关系运算等。Python 相应提供了多种类型的运算符完成这些不同的功能。使用运算符将各种运算对象按照一定规则连接起来并可得到确定运算结果的式子称为表达式。

7.3.1 运算符

运算符是用来表示某种特定运算的符号，Python 语言提供了非常丰富的运算符，大体上可以分为以下几种类型：算术运算符、关系运算符、赋值运算符、逻辑运算符、位运算符、成员运算符和标识运算符。运算符通常有以下特性。

目：运算符需要的运算数的个数，大多数运算符是双目运算符，即需要两个运算数；也有部分单目运算符，即只需要一个运算数。

优先级：每个运算符都有一个确定的优先级，在进行表达式运算时，优先级高的运算符先做运算。

1. 算术运算符

算术运算符用来实现各种算术运算，Python 中的算术运算符如表 7.3 所示。

表 7.3 Python 算术运算符

运算符	功能描述	示例(假设变量 x=10,y=4)
+	加法	x+y=14
−	减法	x−y=6

续表

运 算 符	功 能 描 述	示例(假设变量 x＝10,y＝4)
＊	乘法	x＊y＝40
/	除法	x/y＝2.5
//	整除,即除法结果取整数部分	x//y＝2
％	求模或取余运算,即求除法的余数	x％y＝2
＊＊	幂运算	x＊＊y＝10000

几点补充说明如下。

(1) 表 7.3 中列出的运算符都是双目运算符,其中加法运算符"＋"和减法运算符"－"除了进行加减运算之外,还可以作为单目运算符使用,＋a 就是表示 a 本身,－a 则表示 a 的相反数。

(2) 双目运算符加(＋)和乘(＊),还可以用于字符串对象,"＋"可以实现字符串连接,例如'abc'＋'ABC'的结果是'abcABC';"＊"运算符可以将字符复制若干次,例如'ABC'＊3 的结果是'ABCABCABC'。要注意的是"＋"运算符不能用于不同数据类型对象的连接,例如,3＋'abc'就是错误的。

(3) 乘号不能省略,例如,数学表达式 b^2-4ac,在 Python 中应该写成 b＊＊2－4＊a＊c。

(4) 除法运算"/"、整除运算"//"和取余运算"％"的第二个运算数不能是 0,否则会产生除 0 错误。

(5) 整除运算符"//"只保留除法的整数部分,不做四舍五入。被除数和除数都是正数或负数时,可以很容易得出计算结果,如果二者一正一负时,就需要考虑系统做除法取整的规则,Python 采取的是"向下取整"的方式,即向负无穷方向取最接近精确值的整数,也就是取比实际结果小的最大整数。例如,9//4 结果为 2、－9//4 结果为－3、9//－4 结果为－3、－9//－4 结果为 2。

(6) 取余(模)运算同样也需要讨论运算数出现负数的情况。假设 q 是 a、b 相除产生的商,r 是相应的余数,那么在计算系统中,满足 a＝b＊q＋r,其中|r|＜|a|。因此 r 有两个选择,一个为正,一个为负;相应的,q 也有两个选择。如果 a、b 都是正数的话,那么在一般的编程语言中,r 为正数;如果 a、b 都是负数的话,r 为负数。但是如果 a、b 一正一负的话,不同的编程语言则会根据除法的不同结果而使得 r 的结果也不同,但是 r 的计算方法都会满足:r＝a－(a//b)＊b。Python 语言除法采用的是"向下取整",故可以分析取余运算的运算数有负数时的计算规则。例如,

－17％10: r＝(－17)－(－17//10)×10＝(－17)－(－2×10)＝3

17％－10: r＝17－(17//－10)×(－10)＝(17)－(－2×－10)＝－3

－17％－10: r＝(－17)－(－17//－10)×(－10)＝(－17)－(1×－10)＝－7

(7) 取余运算应用于浮点数时,受到浮点数精度的影响,计算结果可能会出现误差,例如 10.5％2.1,计算结果为 2.0999999999999996。

(8) 幂运算符"＊＊"连续出现时的计算顺序,应该从右向左结合,假设变量 a＝4,那么 a＊＊2＊＊3 的结果应该是什么? a＊＊2＊＊3 相当于 a＊＊(2＊＊3),先计算 2^3,结果为 8,再计算 4^8,结果为 65536。

2. 关系运算符

关系运算符也称为比较运算符,用于对两个值进行比较,结果是 True 或 False。Python 语言中的关系运算符如表 7.4 所示。

表 7.4 Python 关系运算符

运算符	功能描述	示例(假设变量 x=10,y=4)
==	比较两个运算数是否相等,如果相等则结果为 True,否则为 False	x==y 结果为 False x==10 结果为 True
!=	比较两个运算数是否不相等,如果不相等则结果为 True,否则结果为 False	x!=y 结果为 True x!=10 结果为 False
>	比较左侧运算数是否大于右侧运算数,如果大于则结果为 True,否则结果为 False	x>y 结果为 True y>x 结果为 False
<	比较左侧运算数是否小于右侧运算数,如果小于则结果为 True,否则结果为 False	x<y 结果为 False y<x 结果为 True
>=	比较左侧运算数是否大于等于右侧运算数,如果大于或等于则结果为 True,否则结果为 False	x>=y 结果为 True x>=20 结果为 False
<=	比较左侧运算数是否小于等于右侧运算数,如果小于或等于则结果为 True,否则结果为 False	x<=y 结果为 False x<=10 结果为 True

几点补充说明如下。

(1)相等运算符"=="是两个等号,初学者非常容易犯错,一个等号"="是赋值运算,注意这两者是完全不同的。

(2)关系运算符也可以用于字符串对象。字符串的比较是从左向右依次比较两个字符串每个对应位置上字符的 Unicode 编码,直到遇到对应位置上字符不同,或者其中一个字符串结束为止。例如,假设字符串变量 s1= 'HelloPython',s2= 'Hellopython',比较 s1 和 s2 时,依次从左向右比较直到第六个字符不同,分别是'P'和 'p',学习字符编码可知大写字母的编码小于相应的小写字母,即'P'< 'p',所以 s1<s2。

3. 赋值运算符

赋值运算符完成赋值运算,在前面的章节中已经多次使用过赋值运算,简单的赋值运算"="的一般形式为:变量=表达式。除简单赋值运算符外,Python 还提供了将算术运算和赋值运算组合在一起的算术复合赋值运算符,可以使表达式的书写更为简洁。Python 语言的赋值运算符如表 7.5 所示。

表 7.5 Python 赋值运算符

运算符	功能描述	示例(假设变量 x=10,y=4)
=	简单赋值运算符	z=x+y,z 的结果为 14
+=	加法复合赋值运算符	z+=x,等价于 z=z+x
-=	减法复合赋值运算符	z-=x,等价于 z=z-x
*=	乘法复合赋值运算符	z*=x,等价于 z=z*x
/=	除法复合赋值运算符	z/=x,等价于 z=z/x
%=	取余复合赋值运算符	z%=x,等价于 z=z%x
**=	幂复合赋值运算符	z**=x,等价于 z=z**x
//=	整除复合赋值运算符	z//=x,等价于 z=z//x

几点补充说明如下。

（1）赋值运算符的左侧必须是变量，右侧可以是字面值、变量或是表达式。

（2）Python 中可以通过串联赋值的方式，将一个值赋给多个变量。例如，a＝b＝5。

（3）Python 中可以多变量并行赋值，这一点是其他程序设计语言中很少见的特性。例如，a，b＝3，5，同时完成对变量 a 和 b 的赋值，分别引用整数对象 3 和 5。利用这个特性，在 Python 中可以非常方便地实现交换两个变量值，更准确说是交换两个变量中的对象引用，例如，a，b＝b，a，执行后，变量 a 引用对象 5，变量 b 引用对象 3。

（4）使用赋值或复合赋值运算符时，需要特别注意，如果运算符右侧是一个运算式，则应该将其视为一个整体。例如，a * ＝a＋3，其计算逻辑应该是 a＝a * (a＋3)，而不是 a＝a * a＋3。

4. 逻辑运算符

逻辑运算符主要用于进行逻辑运算，如果参与运算的都是逻辑值 True 或 False，其规则非常简单，如表 7.6 所示。

表 7.6　Python 逻辑运算基本规则

运算符	功 能 描 述	示　　例
and	逻辑与运算，两个操作数都为 True，结果为 True，否则结果为 False	True and True，结果为 True True and False、False and True、False and False 结果均为 False
or	逻辑或运算，两个操作数至少有一个为 True，结果为 True，否则结果为 False	False or False，结果为 False True or False、False or True、True or True 结果均为 True
not	逻辑非运算，反转操作数的逻辑状态	Not True 结果为 False，Not False 结果为 True

实际上，在 Python 的逻辑运算中，并非只能由逻辑值做操作数，数值型对象、字符串对象都可以出现在逻辑运算中，这时，数值 0、空字符串在参与逻辑运算时被视为 False，其他非零数值和非空字符串被视为 True，但此时逻辑运算的结果并不一定是逻辑值，因此可以将逻辑运算的规则稍加扩展。

（1）对于逻辑运算 T1 and T2，如果 T1 为 True，继续计算 T2，故结果为 T2 的值；如果 T1 为 False，逻辑运算的结果为 T1 的值 False，不用对 T2 进行求值。

【例 7-13】　逻辑与(and)运算示例一。

```
>>> True and 0          # 0
>>> True and 12         # 12
>>> True and 'abc'      # 'abc'
>>> False and 12        # False
>>> False and 'abc'     # False
```

从例 7-13 中可以看出，当第一运算数为 True 时，and 运算的结果是第二个运算数，而当第一运算数为 False 时，不考虑第二个运算数的类型和值，and 运算结果始终为 False。

那么，当第一个运算数不是逻辑值时，以上规则如何体现，再看一个例子。

【例 7-14】 逻辑与(and)运算示例二。

```
>>> 12 and True              # True
>>> 12 and False             # False
>>> 'ab' and True            # True
>>> 'ab' and False           # False
>>> 'ab' and 12              # 12
>>> 0 and True               # 0
>>> 0 and False              # 0
>>> '' and True              # '',空字符串
>>> '' and False             # '',同上
```

从例 7-14 中可以看出,当第一个运算数是非 0 数值或非空字符串时,and 运算将其视为 True,则运算结果为第二个运算数的值;而当第一个运算数为数值 0 或空字符串时,and 运算将其视为 False,此时不考虑第二个运算数的类型和值,表达式的结果均为第一个运算数的原值,注意并不会将其转换为 False,只是在运算时将其视为 False。

(2) 对于逻辑运算 T1 or T2,如果 T1 为 True,不需要计算 T2,就可确定逻辑运算的结果为 T1 的值 True;如果 T1 为 False,则需要继续计算 T2,故逻辑运算的最终结果为 T2 的值。

【例 7-15】 逻辑或(or)运算示例一。

```
>>> True and 0               # 0
>>> True or 0                # True
>>> True or 12               # True
>>> True or 'abc'            # True
>>> False or 12              # 12
>>> False or 'abc'           # 'abc'
```

从例 7-15 中可以看出,当第一运算数为 True 时,不考虑第二个运算数的类型和值,or 运算的结果是始终为第一个运算数的值 True;而当第一运算数为 False 时,or 运算结果为第二运算数的值。

当 or 运算第一运算数不是逻辑值的时候,上述规则如何体现,读者可以参照之前对 and 运算的讨论,自行分析下面的例子。

【例 7-16】 逻辑或(or)运算示例二。

```
>>> 0 or True                # True
>>> '' or False              # False
>>> 12 or True               # 12
>>> 'abc' or False           # 'abc'
```

上述对逻辑运算规则的扩展看似有些混乱,如果仔细分析就会发现,这些情况和表 7.6 中列举的逻辑运算的基本规则本质上是一致,将这些情况罗列出来是希望读者在遇到类似的情况时,知道如何分析和理解,在编程实践中,并不建议用这样的方式使用逻辑运算。

5. 位运算符

位运算符是把数值对应的二进制按位(bit)进行操作的一类运算符。Python 中的位运算符如表 7.7 所示。

表 7.7　Python 位运算符

运算符	功能描述	示例(假设变量 a=15,b=60)
&	按位与运算,两个运算数对应位均为 1,则该位结果为 1;否则结果为 0	a & b,结果为 12
|	按位或运算,两个运算数对应位至少有一个均为 1,则该位结果为 1;否则结果为 0	a | b,结果为 63
^	按位异或运算,两个运算数对应位不相同时运算结果为 1,两个运算数对应位相同时结果为 0	a ^ b,结果为 51
~	按位取反运算,将运算数的每个二进制取反,即 1 变成 0,0 变成 1,对变量 a 按位取反的结果是-(a+1)	~a,结果为-16
<<	左移位运算,运算数的各个二进制位向左移动若干位,移动位数由第二个运算数确定,高位丢弃,低位补 0	b<<3,结果为 480
>>	右移位运算,运算数的各个二进制位向右移动若干位,移动位数由第二个运算数确定,低位丢弃,高位补 0 及符号位	b>>2,结果为 15

表 7.7 中列举的位运算规则,和计算机基础知识部分所介绍过的二进制位运算是完全一致的,在分析这些运算的结果时,需要注意在计算机中机器数是以补码形式表示的,这样也就不难理解上述结果了。

6. 标识运算符

标识运算符也称为同一运算符,用于判断两个运算数是否为同一个对象或是否引用同一个对象,计算结果为 True 或 False。Python 中的标识运算符如表 7.8 所示。

表 7.8　Python 标识运算符

运算符	功能描述	示例
is	判断两个运算数是否为(或引用)同一对象	x is y,如果 id(x)等于 id(y),则结果为 True,否则结果为 False
is not	判断两个运算数是否为(或引用)不同对象	x is not y,如果 id(x)不等于 id(y),则结果为 True,否则结果为 False

7. 成员运算符

成员运算符主要用于判断一个对象是否为另一个对象的成员,计算结果为 True 或 False,常用于字符串、列表等序列数据类型。Python 中的成员运算符如表 7.9 所示。

表 7.9　Python 成员运算符

运算符	功能描述	示例(假设字符串变量 s= 'Python')
in	判断第一个运算数是否为第二个运算数的成员,是则结果为 True,否则为 False	'P' in s,结果为 True,'th' in s,结果为 True;'Th' in s,结果为 False
not in	判断第一个运算数是否为第二个运算数的成员,不是则结果为 True,否则结果为 False	'P' not in s,结果为 False,'th' not in s,结果为 False;'Th' not in s,结果为 True

从表 7.9 中可以看到,将成员运算符应用于字符串时,其功能相当于判断第一个字符串是否为第二个字符串的子串,这个功能在字符串处理中非常实用。成员运算符在列表、元组

等其他序列数据类型上的使用将在第9章介绍。

8. 其他运算符

除了上述几类运算符,Python还有一些其他运算符,如索引访问运算符"[ ]"、切片操作运算符"[:]"、属性访问运算符"."、函数调用运算符"( )"等,在之前的章节中已经介绍过 print()函数、id()函数以及类型转换函数等Python内置函数的基本用法,可以看到符号"( )"表示函数调用。其他运算符将在后续的章节中介绍。

9. 运算符的优先级小结

将本节介绍的Python中常用运算符的优先级总结一下,如表7.10所示。

表 7.10　Python 常用运算符的优先级(从高到低排列)

优先级	运　算　符	描　　　述
1	[ ]、[:]、( )、.	索引、切片、函数调用、属性访问
2	**	幂
3	+、-、~	正、负、按位取反
4	*、/、//、%	乘、除、整除、取余
5	+、-	加、减
6	<<、>>	左移位、右移位
7	&	按位与
8	^	按位异或
9	|	按位或
10	in、not in、is、not is、= =、! =、>、>=、<、<=	成员、标识、比较
11	not	逻辑非
12	and	逻辑与
13	or	逻辑或
14	=、+=、-=、/=、*=、%=、**=	赋值、复合赋值

7.3.2　表达式

表达式是可以通过计算产生结果并返回结果对象的代码片段,表达式由运算数和运算符按照一定的规则组成。运算数可以是字面值、变量、函数、类的成员等,也可以是子表达式。

表达式可以非常简单,7.3.1小节中讨论的各类运算符加上适当类型的运算数便可组成相应的表达式,例如,a+b、c*d//e都是简单的算术表达式,通过计算可以得到一个数值型的结果对象;a>=b、c!=d都是简单的关系表达式,通过计算可得到逻辑型的结果对象。表达式也可以非常复杂,由不同数据类型的运算数和不同类型、不同优先级别的运算符组成,此时表达式的书写应该遵守Python中运算符的使用规则,注意不能照搬数学运算式的书写思维。表达式的计算应该按照表7.10中所列优先级的顺序进行,同时可以使用小括号"( )"来改变运算顺序,小括号可以嵌套出现,即一个小括号内还可以有其他的小括号。Python表达式中也会出现方括号"[ ]"和大括号"{ }",但它们都具有特定的含义和用法,而不是用来改变运算顺序的。

【例 7-17】　将算术运算式$\dfrac{-b+\sqrt{b^2-4ac}}{2a}$写成Python语言表达式。

Python 表达式为

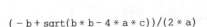

$$(-b+sqrt(b*b-4*a*c))/(2*a)$$

例 7-17 中求平方根需要用到 Python 标准库 math 中的函数 sqrt(),因此在使用之前需要先导入 math 模块,有关 Python 常用标准库的函数及导入方法将在 7.4.2 节中介绍。

此外,注意例 7-17 中的括号的使用,函数名 sqrt 后面的括号是函数调用运算符,是进行函数调用时必要的成分,其他括号则是用于改变运算顺序,以使 Python 表达式的计算逻辑和原数学运算式一致。

【例 7-18】 计算表达式 5+2 ** 3 * 7+(15//4)的值。

计算过程:先计算小括号内的表达式 15//4,结果为 3,再计算 2 ** 3,结果为 8,再计算 8 * 7,结果为 56,最后依次计算 5+56+3,结果为 64。

由不同数值类型运算数对象构成的混合表达式,在计算过程中可能会发生隐式的类型转换。bool、int、float、complex 类型的对象可以进行混合运算,转换的顺序是 bool→int→float→complex,即如果表达式中有 complex 对象,则其他对象自动转换为 complex 对象;如果没有 complex 对象而有 float 对象,则其他对象自动转换为 float 对象,依此类推。

【例 7-19】 混合运算中的自动类型转换。

```
>>> True +1                          # 2
>>> 2.5 + (3 + 4j)                    # (5.5 + 4j)
```

从例 7-19 中可以看出,bool 型对象 True 和 int 型对象 1 相加时,系统将 True 自动转为 1(False 则转为 0)再与 int 对象进行计算;float 对象 2.5 与 complex 对象 3+4j 相加时,系统将 2.5 自动转换为复数对象 2.5+0j,再与 3+4j 相加。需要注意的是,这种转换并非改变原对象的类型,类型转换实际上是根据原对象的值构造一个新的目标类型的对象用于计算,原对象保持原状,其值和类型均不会发生变化。在 7.2.5 节中介绍过的类型转换函数也遵循这种规则。

7.4 Python 中的函数和模块

函数是程序设计语言中一个非常重要的概念,指用于实现某种特定功能、可复用的代码段。Python 中提供了一些实现常用功能的内置函数。模块是一种程序组织方式,将相关的一组可执行代码、函数、类等组织为一个独立的文件,可供其他程序使用,Python 标准库的各个模块提供了非常丰富的函数。此外,还可以根据用户程序的特定需要编写自定义函数。本节简单介绍 Python 中的内置函数和常用模块,自定义函数的定义和使用将在第 10 章中介绍。

7.4.1 Python 常用内置函数

Python 语言提供了一些常用功能的内置函数,例如前面使用过的 print()、type()、id()以及类型转换函数等。Python 内置函数可以在用户程序中直接使用,无须导入其他模块。Python 常用的内置函数如表 7.11 所示。表中所列只是 Python 内置函数的一部分,有关全部内置函数的信息,读者可以参考相关文档。

表 7.11　Python 常用的内置函数

函　　　数	功　能　描　述
print(value,…,sep=' ', end='\n', file=sys. stdout, flush=False)	默认向屏幕输出数据,多个数据用空格分隔,结尾以换行符结束
input(prompt=None)	接收键盘输入,显示提示信息,返回字符串
help(obj)	显示对象 obj 的帮助信息
eval(source, globals=None, locals=None)	计算字符串中表达式的值并返回
type(obj)	返回对象 obj 的类型
id(obj)	返回对象 obj 的标识
abs(x)	返回 x 的绝对值
pow(base, exp, mod=None)	返回以 base 为底,exp 为指数的幂,如给出 mod 则返回 base 的 exp 次幂对 mod 取模的结果
max(iterable)	返回序列 iterable 中值最大的元素
max(arg1, arg2, …)	返回多个参数中值最大者
min(iterable)	返回序列 iterable 中值最小的元素
min(arg1, arg2, …)	返回多个参数中值最小者
round(number, ndigits=None)	返回 number 四舍五入的值,ndigits 表示舍入到小数点后的位数,如不指定 ndigits,则保留整数
sum(iterable, start=0)	返回序列 iterable 中所有元素之和,如果指定 start,则返回 start+sum(iterable)
len(obj)	返回容器 obj(列表、元组、字符串、集合等)中元素的个数
sorted(iterable, key=None, reverse=False)	返回序列对象 iterable 排序后的结果列表,key 指定带有单个参数的函数,用于从 iterable 的每个元素中提取用于比较的键,reverse 指定排序规则为升序还是降序,默认为升序
reversed(seq)	根据序列 seq 生成一个反向迭代器对象

选取表 7.11 中几个函数简要说明。

1. print()函数

print()是使用 Python 编写程序过程中最常用到的数据输出函数,其基本格式如下:

```
print(value, …, sep = ' ', end = '\n', file = sys.stdout, flush = False)
```

其功能是将 value 打印到 file 指定的文本流。

参数说明：value 是要输出的对象,可以一次输出多个对象,用逗号隔开；sep 是输出多个对象之间的分隔符,默认为空格；end 是输出后的结束符,默认值"\n"表示换行；file 是输出位置,默认为标准输出 sys. stdout,即屏幕；flush 指定流是否强制刷新,默认为 False。

【例 7-20】　print()函数示例。

```
>>> s = "Life is Short"
>>> t = "You need Python"
>>> print(s,t)                    # Life is Short You need Python
>>> print(s,t,sep = ' * ')        # Life is Short * You need Python
>>> a,b,c = 1,2,3
>>> print(a,b,c)                  # 1 2 3
```

```
>>> print(a,b,c,sep = '+')                    #1+2+3
```

需要注意：如果要指定 sep 或 end 参数，则必须使用命名参数指定参数值，即"sep＝参数值"和"end＝参数值"这样的形式，这种参数称为仅关键字参数（keyword-only arguments），第 10 章中将讲解函数参数的各种类型以及定义和使用方法。

2. input()函数

input()函数主要用于接收键盘数据输入，其格式为：input(prompt＝None)，参数prompt 是提示用户输入的信息，内容可以是任意字符串，也可以省略。用户输入后按 Enter 键，input()函数以字符串的形式返回用户从键盘上输入的内容，通常将其返回值赋给一个变量以供后续使用。

【例 7-21】 input()函数示例。

```
>>> x = input("Please input your name:")
Please input your name:Tom
>>> y = input("How old are you:")
How old are you:20
>>> print(x,'is',y,'years old.')
Tom is 20 years old.
```

3. eval()函数

格式：

```
eval(source, globals = None, locals = None)
```

参数说明：source 是一个字符串，这个字符串能够表示成为一个 Python 表达式进行解析和计算；eval()则计算这个表达式的值并返回；后两个参数主要用于指定命名空间，通常取默认值即可。

【例 7-22】 eval()函数示例。

```
>>> x,y = 3,5
>>> eval('x + y')                             # 8
>>> m,n = eval(input("Please input two numbers: "))
Please input two numbers: 3.7,4.2
>>> print(m + n)                              # 7.9
```

input()函数返回值是一个字符串，如果用户输入的是数字字符串，同时又希望将其当作数值型数据来使用，就需要对 input()的返回值进行类型转换，当输入一个数据时，可以利用本章前面介绍过的类型转换函数，如：n＝int(input("Please input an integer:"))，但如果同时输入两个及以上的数据，类型转换函数则无法完成。从例 7-22 中可以看到，eval()函数可以达到这一目的，执行 m,n＝eval(input("Please input two numbers："))这条语句，从键盘输入 3.7,4.2，此时 input()函数返回的是字符串"3.7,4.2"，eval()能够将这个字符串解析为逗号分隔的两个浮点数 3.7 和 4.2，并将它们分别赋值给变量 m 和 n，这个特性非常实用，实际上 eval()函数还可以解析字符串中含列表、元组以及字典等更复杂的情况。

4. pow()函数

pow()函数主要用于幂运算，其格式为：

```
pow(base, exp, mod = None)
```

返回 base 的 exp 次幂；如果 mod 存在，则返回 base 的 exp 次幂对 mod 取余的结果。

【例 7-23】 pow 函数示例。

```
>>> pow(2,8)                    # 256
>>> pow(2,8,3)                  # 1
```

pow() 函数的功能用运算符也可以实现，pow(2,8) 相当于 2 ** 8，pow(2,8,3) 相当于 2 ** 8%3。

7.4.2 使用 Python 标准库模块

Python 标准库非常庞大，所提供的内容涉及范围十分广泛，实际上，本章中学习的内置数据类型、内置函数都是标准库的组成部分。除此之外，Python 标准库提供了非常丰富的模块可供程序开发人员使用，标准库中的模块覆盖了开发各种类型应用系统所需的功能。有关标准库的详细信息，读者可以参考 Python 官方网站的在线文档，网址为 https://docs.python.org/zh-cn/3/library/index.html。下面简单介绍如何在程序中使用 Python 标准库中的模块。

标准库中的模块在使用之前均需要显式导入，导入之后才能使用该模块中定义的类、函数等。模块导入的方式有三种，moduleName 在此代表要导入的模块名称。

方式一：

```
import moduleName1,moduleName2 …
```

这种方法可以一次导入多个模块，用逗号隔开。导入后使用模块中定义的函数时，需要在函数名前以模块名作为前缀。例如，导入 math 模块。

【例 7-24】 导入模块方式一。

```
>>> import math
>>> math.sqrt(16)              # 4.0
>>> math.pi                    # 3.141592653589793
>>> math.e                     # 2.718281828459045
```

例 7-24 中要使用 sqrt() 函数，应先导入 math 模块，然后以 math.sqrt(16) 的形式调用此函数求 16 的平方根。例 7-24 中的 pi 和 e 是 math 模块中定义的两个常用数学常数，分别表示圆周率和自然对数的底，它们在使用时同样需要加上模块名 math 作为前缀。

方式二：

```
from moduleName import *
```

这种形式表示从模块中导入所有内容，以这种方式导入，使用其中定义的函数时不需要加模块名前缀。

【例 7-25】 导入模块方式二。

```
>>> from math import *
>>> sqrt(16)                   # 4.0
>>> pi                         # 3.141592653589793
>>> e                          # 2.718281828459045
```

方式三：

```
from moduleName import object
```

这种方法从模块中导入由 object 指定的内容,如某个函数。可以一次导入多个项目,用逗号隔开。导入后使用时也不需要加模块名前缀。

【例 7-26】 导入模块方式三。

```
>>> from math import sqrt,e,pi
>>> sqrt(16)                            # 4.0
>>> e                                   # 2.718281828459045
>>> pi                                  # 3.141592653589793
```

例 7-26 中从 math 模块导入了函数 sqrt()、数学常量 pi 和 e,程序中可以直接使用,但无法使用 math 模块中定义的其他内容。

下面简要介绍 Python 中几个常用的标准库模块 math、random、time 和 calender 等。

1. math 模块

math 模块提供了丰富的数学运算函数,其中比较常用的函数如表 7.12 所示。

表 7.12　math 模块常用的函数

函　　　数	功　能　描　述
math.degrees(x)	将角度 x 从弧度转换为度数
math.radians(x)	将角度 x 从度数转换为弧度
math.pow(x,y)	返回 x 的 y 次幂
math.sqrt(x)	返回 x 的平方根
math.ceil(x)	返回 x 的上限,即大于或者等于 x 的最小整数
math.floor(x)	返回 x 的向下取整,小于或等于 x 的最大整数
math.fabs(x)	返回 x 的绝对值
math.factorial(x)	返回 x 的阶乘
math.fmod(x,y)	返回 x%y,即取余数
math.gcd(x,y)	返回整数 x 和 y 的最大公约数。如果 x 或 y 之一非零,则 gcd(x,y)的值是能同时整除 x 和 y 的最大正整数。gcd(0,0)返回 0
math.modf(x)	以浮点数的形式返回 x 的小数和整数部分
math.isqrt(x)	返回非负整数 n 的整数平方根,就是对 n 的实际平方根向下取整
math.exp(x)	返回 e 的 x 次幂
math.log2(x)	返回 x 以 2 为底的对数
math.log10(x)	返回 x 以 10 为底的对数
math.log(x[,base])	返回 x 以 base 为底的对数,base 默认为 e
math.sin(x)	返回 x 弧度的正弦值
math.cos(x)	返回 x 弧度的余弦值
math.tan(x)	返回 x 弧度的正切值
math.asin(x)	以弧度为单位返回 x 的反正弦值
math.acos(x)	以弧度为单位返回 x 的反余弦值
math.atan(x)	以弧度为单位返回 x 的反正切值

需要注意:上述 math 模块中的函数不适用于复数,如需要进行复数运算可以使用标准库中 cmath 模块提供的同名函数,此处不再赘述。

【例 7-27】 math 模块函数的使用示例。

```
>>> math.radians(180)              # 3.141592653589793
>>> math.sqrt(255)                 # 15.968719422671311
>>> math.pow(4,5)                  # 1024.0
>>> math.isqrt(255)                # 15
>>> math.pow(4,5)                  # 1024.0
>>> math.ceil(15.67)               # 16
>>> math.floor(15.67)              # 15
>>> math.factorial(10)             # 3628800
>>> math.fmod(174,13)              # 5.0
>>> math.gcd(65,143)               # 13
>>> math.log2(128)                 # 7.0
>>> math.log10(1000)               # 3.0
>>> math.log(81,3)                 # 4.0
```

2. random 模块

很多应用程序中经常需要使用随机数,Python 标准库的 random 模块实现了各种分布的伪随机数生成器。random 模块中常用的一些函数如表 7.13 所示。

表 7.13 random 模块常用的函数

函　　数	功　能　描　述
random.random()	返回 [0.0, 1.0)内的下一个随机浮点数
random.uniform(a, b)	返回一个[a,b]随机浮点数 N
random.randint(a, b)	返回[a,b]的随机整数
random.choice(seq)	从非空序列 seq 返回一个随机元素
random.shuffle(x)	将序列 x 随机打乱

【例 7-28】 random 模块函数示例。

```
>>> import random
>>> random.random()                # 0.8525526173723381
>>> random.uniform(10,20)          # 19.571841956553087
>>> random.randint(10,20)          # 15
>>> lst = [10,20,30,40,50,60,70,80,90]
>>> random.choice(lst)             # 20
>>> random.shuffle(lst)
>>> lst                            # [70, 50, 10, 90, 20, 60, 30, 40, 80]
```

例 7-28 中 lst=[10,20,30,40,50,60,70,80,90]表示创建了一个名为 lst 的列表对象,其中包含 9 个元素。函数 choice(lst)从列表 lst 中随机选取一个;函数 shuffle(lst)将列表中的元素顺序随机打乱,shuffle 函数要求参数 lst 是一个可变序列类型对象,列表 list 即为这种类型。有关列表的详细内容将在第 9 章介绍。

3. time 模块

time 模块提供和时间有关的函数,在使用此模块的函数时,首先要了解一个术语"纪元(epoch)",纪元可以理解为当前平台的时间开始点,通常为 1970 年 1 月 1 日 00:00:00。time 模块常用函数如表 7.14 所示。

表 7.14 time 模块常用函数

函　　数	功　能　描　述
time. time()	返回以浮点数表示的从 epoch 开始的秒数的时间值
time. ctime()	以字符串形式返回当前时间,如 'Sun Apr　5 17:08:26 2020'
time. localtime()	以时间元组形式返回当前本地时间
time. mktime(t)	接收时间元组,返回从纪元起的浮点秒数

时间元组共包括九个元素,分别是 tm_year(年份)、tm_mon(月份)、tm_mday(日)、tm_hour(小时)、tm_min(分钟)、tm_sec(秒)、tm_wday(星期,0 表示周日)、tm_yday(一年中的第几天)和 tm_isdst(是否为夏令时)。

【例 7-29】 time 模块函数的使用示例。

```
>>> import time
>>> time.time()
1586335264.3101845
>>> time.localtime()
time.struct_time(tm_year = 2020, tm_mon = 4, tm_mday = 5, tm_hour = 17, tm_min = 41, tm_sec =
42, tm_wday = 6, tm_yday = 96, tm_isdst = 0)
```

4. calendar 模块

calendar 模块提供和日历相关的函数,常用函数如表 7.15 所示。

表 7.15 calendar 模块常用函数

函　　数	功　能　描　述
calendar. firstweekday()	返回当前设置的每星期的第一天的数值
calendar. isleap(year)	如果 year 是闰年则返回 True,否则返回 False
calendar. leapdays(y1,y2)	返回在范围年份 y1 至年份 y2(包含 y1 和 y2)之间的闰年的年数
calendar. weekday(year,month,day)	返回某年、某月、某日是星期几(星期一为 0)
calendar. prmonth(theyear,themonth,)	打印一个月的日历

【例 7-30】 calendar 模块函数的使用示例。

```
>>> import calendar
>>> calendar.weekday(2020,4,1)          #2
>>> calendar.isleap(2020)               #True
>>> calendar.prmonth(2020,4)
     April 2020
Mo Tu We Th Fr Sa Su
       1  2  3  4  5
 6  7  8  9 10 11 12
13 14 15 16 17 18 19
20 21 22 23 24 25 26
27 28 29 30
```

7.5　本章小结

本章主要介绍 Python 语言的基础知识,对 Python 中的对象和变量进行细致阐述,分析了 Python 中变量的引用语义,并介绍了标识符的命名规则;描述了 Python 中的内置基本数据类型和类型转换函数的使用；详细讨论了 Python 中的运算符，对每一类运算的含义、优先级、使用规则及需要注意的事项进行了详尽的阐述，同时讲述了表达式书写、求值的规则；最后简要介绍了一些常用的 Python 内置函数和标准库模块。

习　题

一、填空题

1. 表达式 $2**2**4$ 的值是_____。

2. 数学关系式 $3\leqslant x<15$ 写成 Python 表达式为_____。

3. 已知 $x=2,y=5$，复合赋值语句 $x*=y+7$ 执行后 x 的值为_____。

4. 表达式 $12//5-4+5*8\%7/2$ 的结果是_____。

5. Python 语句"a,b＝7,8; a,b＝b,a; print(a,b)"执行的结果是_____。

6. 判断整数 a 能够同时被 3 和 5 整除，但不能被 7 整除的表达式是_____。

二、简答题

1. 下列标识符中是哪些是合法的 Python 标识符。

abc,3com,if,w3c,_Py,I'm,While,A.B,M_D_5

2. 假设 $x=7$，计算下列表达式执行后 x 的值。

(1) $x+=x$　(2) $x-=3$　(3) $x*=x+6$　(4) $x//=2+3$　(5) $x\%=x-x\%4$

3. 将下列数学表达式写成 Python 表达式。

(1) $\dfrac{x^2+y^2}{a+b}$　(2) $\dfrac{(a+5)^2}{4b}$　(3) $\sqrt[3]{b(r+1)^n}$　(4) $\dfrac{x+y+z}{\sqrt{x^2+y^2}}$

三、编程题

1. 编写程序：将一个两位正整数的个位数字和十位数字交换位置，如将 25 变成 52。

2. 随机生成两个 10 以内的整数，以这两个整数为坐标确定平面上的一个点，计算这个点和(0,0)点的距离。

3. 编写程序：输入 5 个学生成绩，计算平均成绩并输出。

4. 编写程序：根据本金、年利率、投资年数计算终值，计算公式为

$$终值＝本金\times(1＋年利率)^{年数}$$

第8章 流程控制

本章学习目标

- 理解并掌握流程图的画法
- 熟练掌握 if 语句的三种形式和用法
- 熟练掌握 for 循环、while 循环的用法
- 熟练掌握循环中途退出和循环嵌套
- 能够综合利用选择、循环结构编写程序解决实际的应用问题

前面学习的对象、变量、表达式等都是构成 Python 语句的基本要素，Python 程序通常由若干语句构成，这些语句根据解决问题的需要按照不同的顺序执行。程序的具体执行顺序是由程序中的流程控制结构决定的，Python 中的基本流程控制包括顺序、选择和循环结构，本章重点学习 Python 流程控制语句的语法结构和使用方法。

8.1 流 程 图

流程图是描述程序执行流程最常用的工具之一，在流程图中使用不同的几何符号表示程序中不同的操作，用箭头线表示程序的执行方向。通过流程图，可以非常清晰、直观地描述程序的构造思路和执行过程。常用的流程图符号如表 8.1 所示。

表 8.1　常用流程图符号

名　称	图　形	功　能　描　述
起止框		表示程序的开始和结束
处理框		表示程序中一般处理过程，如赋值、计算等，可以用来表示一条或多条语句
判断框		对给定条件进行判断
输入/输出框		表示程序中的输入和输出
流程线		连接其他图形符号，表示语句的执行方向和顺序

8.2　顺　序　结　构

顺序结构是指程序中的各条语句按照出现的先后顺序依次执行,如图 8.1 所示,从语句 1 到语句 n 都是按照书写的顺序依次执行。

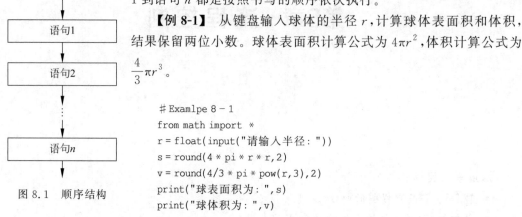

图 8.1　顺序结构

【例 8-1】 从键盘输入球体的半径 r,计算球体表面积和体积,结果保留两位小数。球体表面积计算公式为 $4\pi r^2$,体积计算公式为 $\dfrac{4}{3}\pi r^3$。

```
# Examlpe 8 - 1
from math import *
r = float(input("请输入半径: "))
s = round(4 * pi * r * r,2)
v = round(4/3 * pi * pow(r,3),2)
print("球表面积为: ",s)
print("球体积为: ",v)
```

程序的运行结果如下,其中 4.8 是用户从键盘输入的半径 r。

```
请输入半径: 4.8
球表面积为: 289.53
球体积为: 463.25
```

上面的程序非常简单,从输入到计算再到输出,就是按照程序中各条语句的书写顺序依次执行,直到程序结束,是一个顺序结构的程序。注意本章中大部分示例程序都是以完整的代码形式呈现,故语句前不再有命令提示符“>>>”。

在编程解决各种实际问题的过程中,类似例 8-1 完全是顺序执行结构的程序其实很有限,大多数程序通常都会包括选择或循环的控制结构。

8.3　选　择　结　构

选择结构又称为分支结构,根据条件判断的结果选择执行程序的不同分支。Python 中选择结构的基本形式有单分支 if 语句、双分支 if…else…语句和多分支 if…elif…else 语句。这三种结构的流程如图 8.2 所示。

8.3.1　单分支选择结构

单分支选择结构的流程如图 8.2(a)所示,单分支 if 语句的语法形式如下:

```
if 条件表达式:
    语句块
```

说明：条件表达式,可以是逻辑表达式、关系表达式或算术表达式等。当条件表达式值为 True 时,执行 if 后面的语句块。非零数值、非空字符串及非空的组合数据类型(列表、元组、字典等)的值都视为 True。当条件表达式值为 False 时,if 后的语句块不执行,数值 0、

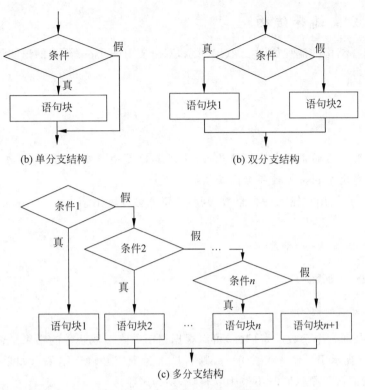

图 8.2　if 语句的三种基本结构

空字符串、空列表、空元组、空字典等值均视为 False。表达式后面的冒号":"必不可少,通常大多数 IDE 都具有自动补充冒号的功能。if 后面的语句块可以是一条语句,也可以是多条语句,多条语句时也称为"复合语句",表示这多条语句逻辑上是一个整体,要么都执行,要么都不执行。整个语句块必须具有相同的缩进,代码缩进是 Python 语法中的强制要求,解释器依赖缩进来分析代码段在逻辑上的关系,相同层次的语句必须使用一致的缩进,可以是相同数量的空格或者制表键(Tab),建议使用制表键且尽量不要混用。本章和后续章节中将陆续学习的其他分支结构、循环结构、函数定义等,均有强制缩进的要求,请读者特别要注意这一点。

【例 8-2】　在例 8-1 的基础上增加输入数据检查,当半径 r 是正数时,计算球表面积和体积,否则不进行计算。

```
#Example 8 - 2
from math import *
r = float(input("请输入半径: "))
if r > 0:
    s = round(4 * pi * r * r,2)
    v = round(4/3 * pi * pow(r,3),2)
    print("球表面积为: ",s)
    print("球体积为: ",v)
```

在例 8-2 中,只有当用户输入的 r 大于 0 时,后续的计算和输出才会执行,否则什么也不做。

8.3.2 双分支选择结构

双分支选择结构的流程如图8.2(b)所示,双分支if…else…语句的语法形式如下:

```
if 条件表达式:
    语句块 1
else:
    语句块 2
```

说明:如果if后的条件表达式值为True或其他类型非空值,执行语句块1,否则执行else后面的语句块2,else关键字后面必须要有冒号。

【例8-3】 提示用户输入一个整数,判断其奇偶性并输出结果。

```
# Example 8 - 3
x = int(input("输入一个整数: "))
if x % 2 == 0:
    print(x,'是偶数.')
else:
    print(x,'是奇数.')
```

例8-3中判断一个整数的奇偶性,可以根据这个数除2取余数的结果是否为0实现。

【例8-4】 提示用户输入一个年份,判断是否为闰年并输出结果。如果一个年份可以整除400,或者能被4整除同时不被100整除,则为闰年。

```
# Example 8 - 4
y = int(input("请输入年份: "))
if y % 400 == 0 or y % 4 == 0 and y % 100!= 0:
    print(y,"年是闰年。")
else:
    print(y,"年不是闰年。")
```

对于简单的if…else…结构,还可以使用三元运算表达式实现,例如:

```
if x > = 0:
    y = x
else:
    y = - x
```

可以写成:

```
y = x if x > = 0 else - x
```

8.3.3 多分支选择结构

如果需要在多种可能中选择其一则需要使用多分支选择结构。多分支选择结构的流程如图8.2(c)所示,多分支if…elif…else…语句的语法形式如下:

```
if 条件表达式 1:
    语句块 1
elif 条件表达式 2:
```

　　　　语句块 2

…

elif 条件表达式 n:

　　　　语句块 n

else:

　　　　语句块 n+1

说明：多分支选择结构在执行时，从表达式 1 开始依次判断，当某个表达式的值为 True 或其他类型非空值时，执行其后的语句块，如果表达式 1 到表达式 n 的值均为 False 或其他空值，则执行 else 后面的语句块 n+1，结构中 elif 子句可以是一个或者多个，每个后面都有冒号。多分支结构中不论有几个分支，只有其中一个分支会被执行。

【例 8-5】 编写将百分制成绩转换为五档等级的程序。假设成绩均为正数，90 及 90 分以上为 A，80～89 分为 B，70～79 分为 C，60～69 分为 D，小于 60 分为 E。

```
# Example 8 - 5
score = int(input("请输入成绩: "))
if score >= 90:
    grade = 'A'
elif score >= 80:
    grade = 'B'
elif score >= 70:
    grade = 'C'
elif score >= 60:
    grade = 'D'
else:
    grade = 'E'
print('成绩等级为: ',grade)
```

观察这几个选择结构的例程，可以发现，Python 通过强制缩进的语法格式要求，使程序的书写结构与程序执行的逻辑顺序一致，提高了程序的可读性。实际 Python 语法也有灵活的一面，选择结构中每个判断分支下缩进的语句块也可以写到条件表达式的冒号后面，如例 8-5 的代码也可以写成如下形式：

```
# Example 8 - 5 - 2
score = int(input("请输入成绩: "))
if score >= 90: grade = 'A'
elif score >= 80:grade = 'B'
elif score >= 70:grade = 'C'
elif score >= 60:grade = 'D'
else:grade = 'E'
print('成绩等级为: ',grade)
```

就这个例子而言，每个判断分支后面的语句块只包含一条语句，这样写对程序可读性影响不大。如果分支下的语句块包含多条语句，也可以按照这种方式书写，不换行、不缩进，但每条语句需要用分号隔开，通常不建议使用这种方法，应该尽量以可读性较高的形式书写代码。

8.3.4 选择结构嵌套

在选择结构中一个分支的语句块中可以包含有另外一个选择结构,这种情况称为选择结构嵌套。选择结构嵌套可以非常灵活,前面介绍的三种结构都可以相互嵌套,而且可以多层嵌套,在使用过程中特别要注意不同层次语句块的一致性缩进要求。

【例 8-6】 在例 8-5 基础上增加输入数据合法性检查,用户输入的成绩应该在 $0\sim100$ 之间,超出这个范围则给出相应提示。

```
# Example 8 - 6
score = int(input("请输入成绩: "))
if score > = 0 and score < = 100:
    if score > = 90:
        grade = 'A'
    elif score > = 80:
        grade = 'B'
    elif score > = 70:
        grade = 'C'
    elif score > = 60:
        grade = 'D'
    else:
        grade = 'E'
    print('成绩等级为: ', grade)
else:
    print('输入成绩有误!')
```

例 8-6 中,接收用户输入的数据后,首先判断输入值是否在 0 到 100 之间,如果是再进行等级判断,如果不是则提示输入成绩有误,程序在外层的 if 子句中嵌套了一个完整的多分支 if…elif…else 结构,从代码的缩进层级上可以很清晰地理解本题的判断逻辑。

【例 8-7】 用选择结构嵌套实现闰年判断。

```
# Example 8 - 7
y = int(input("请输入年份: "))
if y % 400 == 0:
    print(y, "年是闰年。")
else:
    if y % 4 == 0 and y % 100 != 0:
        print(y, "年是闰年。")
    else:
        print(y, "年不是闰年。")
```

8.3.5 pass 语句

在 Python 程序中,每个条件分支(if、elif 和 else)、for 语句、while 循环语句(8.4 节)以及函数定义 def 语句(第 10 章)都必须有语句体,如果遗漏语句体,解释器运行程序时会发生语法错误。在极少数情况下,语句块中的代码实际不需要做任何事情,或者暂时没有确定部分功能如何实现时,可以使用 Python 提供的 pass 语句,它不执行任何操作,但从语法上讲是有效的语句,仅仅起到"占位"的作用。例如,下面的代码实现仅输出奇数。

```
if n % 2 == 0:
    pass
else:
    print(n)
```

8.4 循 环 结 构

很多问题的求解过程中都会有重复性的计算或处理,例如,需要对一组数据进行相同的运算、需要反复从一次计算结果递推下一次计算结果、需要把相同操作重复执行多次等,这些情况都属于重复性计算,在这些情况下,不能把相同的计算或处理代码重复书写多次,而是需要用循环结构描述这些重复性的计算过程。在使用循环结构时,需要考虑一些问题,例如,为了完成重复性计算需要为循环引入哪些变量,这些变量在循环开始之前应该取什么值,在循环过程中哪些变量需要以何种方式更新,循环结束的条件是什么等。

Python 中提供的循环控制语句有 for 和 while 两类。这两种循环语句的流程如图 8.3 所示。

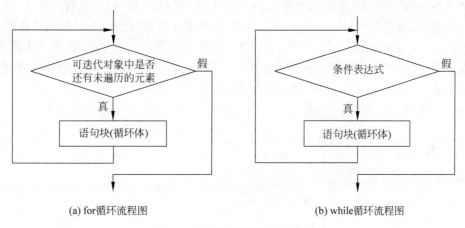

(a) for循环流程图   (b) while循环流程图

图 8.3 两种循环结构的流程图

图 8.3 中两种循环结构看起来非常相似,差别主要体现在决定循环是否执行的判断方式上,接下来分别对这两种循环结构进行讲解。

8.4.1 for 循环

在介绍 for 循环之前,首先要理解"可迭代对象"的概念。Python 中的可迭代对象可以依次访问其中的元素,这种依次访问可称为迭代,每次迭代都会返回可迭代对象中的下一个元素,直到迭代了其中所有元素为止。Python 中的常见的可迭代对象是列表(list)、元组(tuple)、字符串(str)等序列类型对象;此外字典(dict)、迭代器(iterator)、生成器(generator)等也都是可迭代对象。本节先介绍最常用的 Python 内置可迭代对象 range。

在很多书籍中将 range 归类为 Python 内置函数,其使用方法从形式上的确和函数的使用方式完全一致,但实际从 Python 3 版本开始,range 成为一个迭代器对象,range 对象可生成指定范围的数字序列,其语法格式如下:

```
range([start,] stop [,step])
```

参数 start、stop 和 step 均要求为整数,range 生成从 start 到 stop(不包括 stop)范围内以 step 为步长的数字序列。其中,start 和 step 都可以省略,默认值分别为 0 和 1,step 不能为 0,但可以取负值。

for 语句用于遍历可迭代对象中的元素,每次遍历执行 for 语句之后的语句块,当遍历完成时,for 循环结束,for 循环的流程如图 8.3(a)所示,其语法形式如下:

```
for 变量 in 可迭代对象:
    语句块
```

注意:for 关键字后面的变量通常称为循环控制变量,其值依次为每次遍历可迭代对象所取得的元素值,for 语句最后要加冒号,for 后面的语句块称为循环体,可以是一条语句,也可以是多条语句(复合语句),应保持一致的缩进。类似于选择结构,for 语句的语法格式也可以写成如下形式:

```
for 变量 in 可迭代对象:语句 1; 语句 2; …
```

即将循环体中的语句依次写在冒号之后,语句之间用分号隔开,但这种写法会使程序的可读性降低,除非循环体中只有一条语句,否则并不建议这种写法。下面的例子说明在 for 语句使用 range 对象的方法,这个例子在 IDLE 环境中以交互方式执行,每个循环体均只包含一条语句,故采用了上述第二种语法格式。在编写完整的程序代码时,依然建议按照换行缩进的方式书写,即便语句块中只有一条语句。

【例 8-8】 for 语句简单示例。

```
>>> for i in range(10):print(i,end = '')
0 1 2 3 4 5 6 7 8 9
>>> for i in range(1,10):print(i,end = '')
1 2 3 4 5 6 7 8 9
>>> for i in range(0,30,5):print(i,end = '')
0 5 10 15 20 25
>>> for i in range(30,0,5):print(i,end = '')
#无输出
>>> for i in range(30,0, - 5):print(i,end = '')
30 25 20 15 10 5
>>> for i in range(0,30, - 5):print(i,end = '')
#无输出
```

从例 8-8 中可以很清楚地看到 for…in range 结构的使用方法,特别要注意两个无输出的语句,无输出是因为循环一次也没有执行,进一步讲是因为 range 对象根据给定的参数(start、stop 和 step)生成的数值序列为空。因此,在使用 for…in range 结构时,需要注意这三个参数的取值。

【例 8-9】 输出 1~1000 中所有同时能被 5 和 7 整除的数。

```
# Example 8 - 9
for i in range(1,1000):
    if i % 5 == 0 and i % 7 == 0:
        print(i,end = '')
```

输出结果为：35 70 105 140 175 210 245 280 315 350 385 420 455 490 525 560 595 630 665 700 735 770 805 840 875 910 945 980。

在例 8-9 中，循环终值是 999，1000 没有被包括，当然对于这个题目的结果并无影响，如果希望更严谨的话，可以写成 for i in range(1,1001)。此外，这个例子中 for 语句的循环体是一个 if 单分支选择结构，也就是说循环结构和选择结构也可以相互嵌套。for 语句中 in 关键字之后除了 range 对象，也可以是其他可迭代序列，如列表、元组等，相关内容将在第 9 章中介绍。

【例 8-10】 计算并输出整数 n 的阶乘 $n!$。$n! = 1 \times 2 \times 3 \cdots \times (n-1) \times n$，当 n 为 0 或 1 时，$n!$ 为 1。

```
#Example 8 - 10
n = int(input("请输入 n: "))
if n >= 0:
    fact = 1
    for i in range(1,n + 1):
        fact = fact * i
    print(n,'的阶乘是: ',fact)
else:
    print('输入有误!')
```

【例 8-11】 输出斐波那契数列的前 n 项，n 由用户键盘输入。斐波那契数列的前两项是 1，从第三项开始每项均为其前两项之和，即 $1,1,2,3,5,8,13,21,\cdots$。

```
#Example 8 - 11
n = int(input("请输入 n: "))
f1 = f2 = 1
if n <= 0:
    print('输入有误!')
elif n == 1:
    print(f1,end = ' ')
else:
    print(f1,f2,end = ' ')
    for i in range(3,n + 1):
        f3 = f1 + f2
        print(f3,end = ' ')
        f1,f2 = f2,f3
```

输出结果为：

(10 为用户键盘输入)

请输入 n:

10
1 1 2 3 5 8 13 21 34 55

例 8-11 中，首先用变量 f1 和 f2 保存数列前两项，接着判断用户输入的 n，如果 n 为 1，则只输出第一项；如果 n≥2，则先输出前两项，然后通过 for 循环计算后续的项，注意语句 for i in range(3,n+1)，表示计算从第 3 项到第 n 项，此时必须要写成 n+1。循环体语句利用简单的递推方法,用 f3 保存当前两项 f1 和 f2 的和并输出,然后通过赋值语句 f1,f2＝f2,f3,使 f1 和 f2 始终保存当前已经计算出的数列最后两项,直到第 n 项为止。

8.4.2 while 循环

while 循环的执行由条件表达式的值决定,其流程如图 8.3(b)所示,其语法结构如下:

```
while 条件表达式:
    语句块
```

while 循环的执行过程是:首先计算 while 后面的条件表达式,条件表达式可以是逻辑表达式、关系表达式、算术表达式等,若条件表达式值为 True(或其他非空、非零值),则执行语句块即循环体,循环体可以是一条或多条语句,执行完循环体返回 while 语句,重新计算条件表达式的值,若为 True,则继续循环;当条件表达式的值为 False(或零、空值)则退出 while 循环,继续执行循环体之后的语句。

使用 while 语句时需要注意:while 的条件表达式后要加冒号;循环体中包含多条语句时,要保持一致的缩进;通常情况下,循环体中要有能够改变循环条件的语句,使循环能够逐渐趋向于结束,以免出现死循环,死循环是指循环条件始终为 True,循环无限执行的情况,在编写循环结构程序时,特别要注意避免。

【例 8-12】 计算并输出斐波那契数列的第 n 项,n 由用户从键盘输入。

```
# Example 8 - 12
n = int(input("请输入 n: "))
if n < = 0:
    print('输入有误!')
elif n == 1 or n == 2:
    print("数列第",n,"项是:",1)
else:
    i = 3
    f1 = f2 = 1
    while i < = n:
        f3 = f1 + f2
        f1,f2 = f2,f3
        i = i + 1
    print("数列第",n,"项是: ",f3)
```

输出结果为:

(10 为用户键盘输入)

请输入 n:

10

数列第 10 项是:

55

这个例子与例 8-11 稍有区别,只需要输出第 n 项,从第 1 项到第 n−1 项仅作为计算过程的中间结果并不需要输出,变量 i 在程序中表示项数,初始值为 3,循环控制条件是 i＜＝

n,即当计算到第 n 项循环结束。循环体中每次递推计算出一个新项,就将 i 值增 1,当 i 值达到 n 时,循环最后一次执行,计算出第 n 项,同时 i 值变为 n+1,while 循环的条件不再成立,循环终止。如果忽略了这条语句,就会出现死循环的情况。

前两个例子中求解斐波那契数列问题方法称为"递推法",通过前面一项或几项的计算结果推导出后一项。除递推法之外,程序设计中还有一种常用方法,称为"迭代法",迭代法是一种不断用新值取代旧值的计算方法。

【例 8-13】 利用牛顿迭代法求一个实数的平方根。

牛顿迭代法的计算步骤如下:

(1) 假设要计算实数 x 的平方根,首先任取某个实数 y,通常可取 $y=x/2$;

(2) 如果 $y^2==x$,则 y 即为 x 的平方根,计算结束;

(3) 否则,更新 y 的值,令 $y=(y+x/y)/2$,转回步骤(2)。

通过以上步骤反复计算,可以得到一个 y 值的序列,这个序列不断趋向于 x 的平方根。这个方法在具体编程实现时需要注意一点,由于浮点数的计算存在误差,可能导致步骤(2)中的等式无法成立,循环无法结束,故在具体实现时通常不使用相等判断,而是考虑当 y^2 和 x 之间误差的绝对值不超过预先给定的一个足够小的值(如 10^{-8})即可。程序代码如下:

```
#Example 8-13
x = float(input('输入一个实数:'))
if x <= 0:
    print('输入有误!')
else:
    y = x/2
    n = 0
    while abs(y * y - x) > 1e-8:
        y = (y + x/y)/2
        n = n + 1
        print(n,y)
    print(x,'的平方根为:',y)
```

程序中的 n 用来记录迭代次数,每次迭代都用语句 print(n,y)输出当前次数 n 和 y 的当前值,这样可以观察到迭代计算的趋近过程。

运行结果为:

(10 为用户键盘输入)

输入一个实数:

```
10
1 3.5
2 3.178571428571429
3 3.162319422150883
4 3.1622776604441363
```

10.0 的平方根为:

```
3.1622776604441363
```

从以上结果中可以看到,牛顿迭代法的收敛速度很快,计算 10 的平方根只需 4 次迭代就得到了结果。

【例 8-14】 从键盘输入若干个数,输入 0 时程序终止,统计输入数据的个数及它们的平均值。

```
# Example 8 - 14
s = 0
num = 0
fn = float(input('请输入一个数:'))
while fn!= 0:
    num += 1
    s += fn
    fn = float(input('请输入下一个数:'))
if num == 0:
    print('输入数据 0 个,无平均值')
else:
    print('输入数据',num,'个')
    print('平均值为:',s/num)
```

程序中变量 n 和 num 分别用于表示输入数据的个数和输入数据之和,初始值均为 0。变量 fn 被反复用来接收用户从键盘输入的数据,由于无法得知用户输入数据的个数,循环的次数也无法确定,故先接收用户输入的第一个数据并赋值给变量 fn,然后以 fn!=0 为循环控制条件,如果用户输入非 0,则计数、求和并提示用户输入下一个数;用户输入 0 则循环结束。计算平均值的时候需要先判断输入数据个数是否为 0,避免出现除零错误。

【例 8-15】 利用近似公式 $e \approx 1 + \frac{1}{1!} + \frac{1}{2!} + \cdots + \frac{1}{n!}$,求自然对数的底数 e,直到最后一项的绝对值小于 10^{-8} 为止。

```
# Example 8 - 15
i = 1
e = 1
fact = 1
while(1/fact > = pow(10, - 8)):
    fact * = i
    e += 1/fact
    i += 1
print("e = ",e)
```

程序运行结果为:

```
e = 2.7182818282861687
```

例 8-15 看似复杂,但实际程序代码非常简单。程序中变量 e 表示要求的自然对数的底,初始值为 1,也就是已经包括公式中第一个 1,变量 i 表示计算项数,从分数项开始计数,$\frac{1}{1!}$ 为第 1 项,变量 fact 表示 i 的阶乘,本例中的一个技巧是计算阶乘时不必每次都像例 8-10 那样从 1 开始做连续乘法,因为 $i! = (i-1)! \times i$,所以公式中每一个分数项分母所需的阶乘值都可以用已求得的上一项的分母乘以本项的 i,如果没有考虑到这一点,那么例 8-15 就需要使用 8.4.5 节中介绍的循环嵌套来解决了。

从上面几个例题可以看出，while 既可以用于循环次数确定的问题，也可以用于循环次数不确定的问题，还可以根据用户的交互决定循环是否继续。

8.4.3 循环的中途退出

在 for 或 while 循环进行过程中，如果某些条件满足则需要终止循环，此时可以使用 break 语句实现。

【例 8-16】 判断用户输入的一个数是否为素数，素数是指除 1 和自身外没有其他因子的自然数。

判断一个自然数 n 是否为素数最常用的方法是判断这个数是否可以被 $2 \sim \sqrt{n}$ 中的任何一个整数整除即可，只要能找到一个满足条件的数，就可以确定 n 不是素数，如果 n 不能被此区间内任何一个整数整除，则判定 n 为素数。

```
# Example 8 - 16
import math
n = int(input("请输入一个自然数："))
if n < 2:
    print('数据输入有误')
else:
    k = int(math.sqrt(n))
    flag = True
    for i in range(2, k + 1):
        if n % i == 0:
            flag = False
            break
    if flag:
        print(n, '是素数')
    else:
        print(n, '不是素数')
```

程序中用到了求平方根的函数 sqrt()，需要导入标准库模块 math。k 是自然数 n 的平方根取整，在 for 循环中依次判断 n 是否能整除 $2 \sim \sqrt{n}$ 区间内的数，变量 flag 是个标志变量，初始为 True。循环中一旦出现一次能够整除的情况，则可确定 n 不是素数，将标志变量 flag 值改为 false，同时通过 break 语句退出循环。循环体外通过对 flag 值的判断输出相应的结果。

再看一个 while 循环中途退出的例子。

【例 8-17】 求一个自然数除自身之外的最大因子。

分析：一个自然数除自身之外的最大因子不会超过这个数整除 2 的结果，因此可以用这个整除 2 的结果作为循环控制的初始值，从这个值开始，以步长为 1 的递减顺序依次判断是否可以被这个自然数整除，当出现第一次能够整除的情况，即为所求因子，此时无须继续循环，可以中途退出了。例如，用户输入 15，整除 2 的结果为 7，则依次判断 15 能否整除 7、6、5，判断到 5 的时候结束循环，找到所求因子，退出循环。程序代码如下：

```
# Example 8 - 17
```

```
n = int(input("请输入一个自然数: "))
if n <= 0:
    print('数据输入有误')
elif n == 1:
    print('1 除自身外没有其他因子')
else:
    k = n//2
    while k > 0:
        if n % k == 0:
            break
        k = k - 1
    print(n,'除自身外的最大因子是: ',k)
```

while 循环的条件表达式可以是 True(或非零值、非空字符串等),这种情况下,循环一定会执行而且会不停反复执行下去,那么就必须在循环体中有 break 语句终止循环,否则会形成死循环。例如例 8-14 循环体外和循环体内均有数据输入语句,程序不够简洁,可以使用无条件 while 循环,在循环体内判断用户输入数据,一旦输入 0 则中途退出循环。

【例 8-18】 用带 break 语句 while 循环改写例 8-14。

```
# Example 8 - 18
s = 0
num = 0
while True:
    fn = float(input('请输入数据: '))
    if fn == 0:break
    num += 1
    s += fn
if num == 0:
    print('输入数据 0 个,无平均值')
else:
    print('输入数据',num,'个')
    print('平均值为: ',s/num)
```

例 8-18 中,while 循环的条件是 True,循环会一直执行下去,直到用户输入 0,执行 break 语句,循环才会终止。这样的写法逻辑上更为清晰,但务必注意一定要有 break 语句使循环终止。

Python 中的循环终止语句除 break 外还有 continue 语句,两者的区别是,一旦执行 break 语句则退出整个循环,不管还剩多少次循环没有执行,而 continue 语句则是使程序结束本次循环,跳过循环体中 continue 语句之后还没有执行的语句,然后返回到循环开始点,根据循环条件判断是否继续执行下一次循环。

【例 8-19】 生成若干不大于 1000 的随机正整数,将其中能够被 3 整除的数输出,但累计出现 10 个能被 3 整数的数就结束程序。

```
# Example8 - 19
from random import *
n = 0
while True:
    x = randint(1,1000)
```

```
    if x % 3 != 0:
        continue
    print(x)
    n = n + 1
    if n == 10:
        break
```

程序中需要用到随机数生成函数 randint()，故应导入标准库模块 random。由于无法预知循环多少次才能够找到 10 个能被 3 整除的数，故使用无条件 while 循环。每生成一个随机正整数，判断它是否能被 3 整除，如不能则执行 continue 语句，退出本次循环，执行下一次循环生成一个新的随机数；如果能够整除，则输出这个数并通过 n＝n＋1 累计个数，当 n 达到 10 则用 break 退出整个循环。

当然，在这个例子中，如果将判断语句修改为 if x%3＝＝0，就可以不必使用 continue 语句。这里主要是希望通过这个例程，可以使清晰理解 continue 语句的作用以及它与 break 语句的区别。

8.4.4　带 else 子句的循环

Python 中的 for 循环和 while 循环后还可以带有 else 子句，其语法格式如下：

```
while 条件表达式：
    语句块 1
else：
    语句块 2
for 变量 in 可迭代对象：
    语句块 1
else：
    语句块 2
```

当 while 后的条件表达式为 True(包括非零值、非空串等)或 for 语句中可迭代对象或序列还有未被遍历的元素时，反复执行语句块 1，即循环体。当 while 后的条件表达式为 False(包括零、空串等)或 for 语句可迭代对象或序列中没有尚未遍历的元素时，循环终止，此时 else 子句后的语句块 2 执行一次。如果 while 循环或 for 循环是由于执行了循环体中的 break 语句而中途退出，则不执行 else 子句后的语句块 2。

【例 8-20】 带 else 子句的判断素数程序。

```
# Example 8 - 20
import math
n = int(input("请输入一个自然数："))
if n < 2:
    print('数据输入有误')
else:
    k = int(math.sqrt(n))
    for i in range(2, k + 1):
        if n % i == 0:
            print(n, '不是素数')
            break
    else:
        print(n, '是素数')
```

例 8-20 中，如果 for 循环中的变量 i 从 2 遍历到 k 的过程中没有出现 n%i==0 的情况，则循环正常结束，则执行 else 后面的语句，输出是素数的结果；如果在某一次循环中 n%i==0 成立，输出不是素数并则执行 break 语句退出循环，此时 else 子句不会被执行。这种写法，相比例 8-16 中使用标志变量 flag 的实现方式更为清晰简洁。

8.4.5　循环嵌套

在一个循环结构的循环体内包含另外一个完整的循环结构，称为循环嵌套，也称为多重循环。循环嵌套层次过多会影响程序的可读性，通常不建议超过三层的循环嵌套。本书中仅讨论二重循环。

对于二重循环，两个循环可以分别称为外循环和内循环，内循环要完全包含在外循环的循环体中，外循环每执行一次，内循环都会完整地将所有循环次数执行完。for 循环和 while 循环可以相互嵌套。

【例 8-21】　求 100 以内的所有素数。

分析：前面内容已经介绍过判断一个数是否为素数的方法，其中需要用到循环反复判断是否整除。对于本例，只需将同样的判断过程重复应用于 2～100 范围内的所有数，故可以使用二重循环来实现。程序如下：

```python
# Example 8 - 21
import math
for n in range(2,100):
    k = int(math.sqrt(n))
    for i in range(2,k + 1):
        if n % i == 0:
            break
    else:
        print(n,end = ' ')
```

输出结果为：

```
2 3 5 7 11 13 17 19 23 29 31 37 41 43 47 53 59 61 67 71 73 79 83 89 97
```

例 8-21 中外层的 for 循环的变量 n 从 2 遍历至 99，每次循环中判断 n 是否为素数的操作由内层循环完成。此外，从这个例子中还可以看到，在嵌套的循环结构中如果有 break 语句或 continue 语句的话，那么跳出的是其所在的那层循环，例 8-21 中当 n%i==0 成立时，确定了 n 不是素数，break 语句终止内层循环，程序会继续执行下一次外层循环，开始下一个数的判断。

【例 8-22】　打印九九乘法表。

```python
# Example 8 - 22
for i in range(1,10):
    for j in range(1,i + 1):
        print(i,' * ',j,' = ',i * j,'\t',end = '')
    print()
```

例 8-22 中，外循环中 i 的值从 1 到 9 变化，内循环中 j 的遍历区间会受当前外层循环中 i 值的影响，例如，当 i 值为 5 时，内循环 j 的值会从 1 遍历到 5。这样做的目的是为了输出三角形的九九表,以便符合通常的阅读习惯。程序中最后一行 print()函数调用没有参数,其作用是换行。

输出结果如图 8.4 所示。

```
1 * 1 = 1
2 * 1 = 2    2 * 2 = 4
3 * 1 = 3    3 * 2 = 6    3 * 3 = 9
4 * 1 = 4    4 * 2 = 8    4 * 3 = 12   4 * 4 = 16
5 * 1 = 5    5 * 2 = 10   5 * 3 = 15   5 * 4 = 20   5 * 5 = 25
6 * 1 = 6    6 * 2 = 12   6 * 3 = 18   6 * 4 = 24   6 * 5 = 30   6 * 6 = 36
7 * 1 = 7    7 * 2 = 14   7 * 3 = 21   7 * 4 = 28   7 * 5 = 35   7 * 6 = 42   7 * 7 = 49
8 * 1 = 8    8 * 2 = 16   8 * 3 = 24   8 * 4 = 32   8 * 5 = 40   8 * 6 = 48   8 * 7 = 56   8 * 8 = 64
9 * 1 = 9    9 * 2 = 18   9 * 3 = 27   9 * 4 = 36   9 * 5 = 45   9 * 6 = 54   9 * 7 = 63   9 * 8 = 72   9 * 9 = 81
```

图 8.4　二重循环输出九九乘法表

8.5　本 章 小 结

本章首先介绍了用于描述程序控制结构的工具——流程图,对流程图符号含义和画法进行简要说明。然后分别介绍三种流程控制结构:顺序结构、选择结构和循环结构,并结合大量典型例题重点讨论了选择结构(包括分支、双分支和多分支等形式)和循环结构(包括 for 循环、while 循环),详细阐述了每种结构的执行流程、语法规则及注意事项。此外,还介绍了循环中途退出、循环的 else 子句以及各种结构的嵌套等内容。

习　　题

一、填空题

1. Python 语句"for i in range(1,32,6):print(i)"的输出结果是_____。

2. 要使语句"for i in range(x,−4,−2)"循环执行 7 次,则 x 的值应该是_____。

3. Python 中"while True:"的循环体中应该使用_____语句退出循环。

4. 以下程序的运行结果是_____。

```
sum = 0
for i in range(1,10):
    if i % 3:
        sum = sum + i
print(sum)
```

5. 执行下面 Python 语句后输出的结果是_____,循环执行_____次。

```
i = 35
while i > 0:
    print(i % 2,end = "")
    i // = 2
```

二、编程题

1. 输入三角形的三条边长,判断是否可以构成三角形,如果可以则根据海伦公式计算三角形的面积。

海伦公式:$\sqrt{t \times (t-a) \times (t-b) \times (t-c)}$,其中,$a$、$b$ 和 c 分别是三角形的三条边长;

t 是三角形的半周长。

2. 输入一元二次方程的 3 个系数 a、b 和 c，求方程 $ax^2+bx+c=0$ 的解，注意考虑解的各种情况。

3. 编程输出 2020—2100 年中所有的闰年。

4. 编程用 while 循环实现判断一个数是否为素数的程序。

5. 编写程序求 $S=n^1+(n-1)^2+(n-2)^3+\cdots+2^{n-1}+1^n$，其中 n 是由用户从键盘输入的一个不大于 20 的正整数。

6. Hailstone 序列的生成是从一个自然数 n 开始，如 n 为奇数，则其下一项为 $3n+1$；如 n 为偶数，则其下一项为 $n/2$，直到 1 为止。编程接收用户输入的起始值，计算并输出相应的 HailStone 序列。

7. 使用辗转相除法（欧几里得算法）计算两个整数的最大公约数，两个整数由用户输入，假设分别为 m 和 n，反复应用公式：$n \leftarrow m$，$m \leftarrow n \% m$（符号"←"表示赋值），直到 m 为 0，此时的 n 即为初始 m 和 n 的最大公约数。

8. 编程输出所有的水仙花数。水仙花数是一个三位正整数，其每一位上数字的立方和等于这个数本身，例如 153，满足 $1^3+5^3+3^3==153$。

9. 一个数列前三项分别为 1、4、9，从第四项开始，每项均为其相邻的前三项之和的一半，编写程序求该数列从第几项开始，其数值超过 2000。

10. 圆周率 π 是一个无理数，其准确值等于下列无穷数列之和：$\pi=4/1-4/3+4/5-4/7+4/9-4/11\cdots$编程逐项计算无穷数列的和，直到当前的和与前一次计算的和之差小于 10^{-6}，求得 π 的近似值。

第9章　Python组合数据类型

本章学习目标

- 理解序列类型的基本概念
- 熟练掌握列表的概念、操作、运算、方法及列表推导式
- 熟练掌握元组的概念、操作、运算和方法
- 掌握应用于可迭代对象的内置函数
- 掌握字符串构造、运算、常用方法及字符串格式化
- 掌握字典的构造、常用方法及函数
- 掌握集合的构造、运算及常用方法
- 掌握列表推导式、字典推导式和集合推导式的使用方法

　　程序中通常会处理各种各样的数据,数据可能是简单的整数或字符,也可能是包含一组元素的复杂结构,这些元素之间可能还会存在某些特定的关系,程序设计语言需要提供相应的语言机制来处理各种复杂的数据。第 7 章介绍了 Python 中的基本数据类型,支持简单数据对象的创建和使用;同时也提供丰富的组合数据类型支持复杂数据对象的构造和使用,Python 中组合数据类型大体上可以分为三类:序列类型(列表、元组、文本字符串、range 对象等),映射类型(字典)以及集合类型。

9.1　序列类型概述

　　在 Python 中,序列类型用于表示一组有顺序的元素集合,序列数据对象中可以包含一个或多个元素,每个元素可以是基本数据类型的对象(如 int、float 等),也可以是复合数据类型的对象,形成一种二维或多维结构。序列对象可以为空,即一个元素也没有。Python 中序列类型通常都支持一组特定的操作,如索引、切片、成员访问等。Python 序列类型包括列表(类型名为 list)、元组(类型名为 tuple)和字符串(类型名为 str)。在第 8 章学习的 range 对象实际上也是一个序列,可以根据给定的初值、终值和步长生成指定范围的数字序列,常用于 for 循环。

9.2 列 表

列表(list)是Python中最常用的序列类型,包含一组有顺序的数据元素。创建一个列表对象后,用户既可以将其作为一个整体使用,如赋值、输出、作为函数参数等,也可以单独对列表中的元素进行访问、修改以及增加或删除元素等操作。由于列表中的元素可以修改、增删,所以列表是一种可变对象。

9.2.1 创建列表对象

创建列表对象的方法是用一对方括号将一组元素括起来,这些元素之间用逗号分隔,如果要创建空列表,使用一个空的方括号即可。列表中的元素可以是任意类型的数据对象,也可以是表达式,列表中的元素允许重复。

【例 9-1】 列表的创建。

```
>>> lst0 = []
>>> lst1 = [1,2,3,4]
>>> lst2 = [15,True,'hello',3.14]
>>> lst3 = [2 ** 3 + 17 % 3,id(lst2)]
>>> print(lst1,lst2,lst3,sep = '\n')
[1, 2, 3, 4]
[15, True, 'hello', 3.14]
[10, 2930062502400]
```

例9-1中,创建了4个列表对象,其中,lst0是一个空列表;lst1包含4个整数对象;lst2包含4个不同数据类型的对象;lst3中包含表达式"2 ** 3+17%3"和函数调用"id(lst2)",解释器将对它们进行求值,再把结果值作为元素创建列表,从输出结果可以看出这一点。此外,要理解列表为什么能包含不同数据类型的元素,可参考7.1.2节中所述Python变量的引用语义,可以将列表理解成包含若干变量,其中每个变量都引用一个数据对象,而这些数据对象可以是不同数据类型的。例如,例9-1中的lst2,其元素引用对象的方式如图9.1所示。

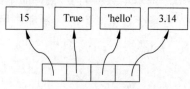

图 9.1 列表元素的对象引用

如果列表中的元素又是一个列表,则为二维列表,例如:

```
lst = [[1,2,3],['You','need','Python']]
```

lst是一个二维列表,包含两个元素,分别为含有3个整数和3个字符串的列表。

此外,创建列表对象还可以使用以类型名来完成,这种方法实际上可以视为一种类型转换,7.2.5节中介绍过Python的类型转换函数。列表类型转换函数list(s)的参数s可以省略,或是一个可迭代对象。

【例 9-2】 使用类型转换函数list()创建列表对象。

```
>>> lst0 = list()
>>> lst1 = list(range(1,10))
```

```
>>> lst2 = list('Python')
>>> print(lst1,lst2,sep = '\n')
[1, 2, 3, 4, 5, 6, 7, 8, 9]
['P', 'y', 't', 'h', 'o', 'n']
```

例 9-2 中,使用无参数的类型转换函数 list()创建了空列表 lst0;lst1 是转换 range 对象生成的整数序列 0,1,…,9 创建的;字符串可以视为是由字符组成的序列,list()函数可以对其进行转换,并创建包含若干字符元素的列表 lst2。

9.2.2　列表访问

列表访问既可以整体进行,如例 9-2 中使用 print()函数输出整个列表,也可以单独访问列表中的元素。访问列表元素要通过索引进行,索引是列表中每个元素在表中的位置或序号。索引从 0 开始,即列表中第一个元素索引为 0,第二个元素索引为 1,依次类推,从前向后逐渐增加。同时,列表还提供了"负索引",负索引从 -1 开始,从后向前逐渐变小。因此,访问同一个列表元素可以通过两种索引实现。通过索引访问元素的语法非常简单:列表名[索引]。这种索引访问方式同样也适用于元组、字符串等序列类型。

如果列表中的元素个数为 N,则其正向索引的合法范围是 0~N-1,其负索引的合法范围为 -N~-1。列表元素的索引如图 9.2 所示,假设列表名为 X。

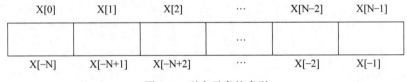

图 9.2　列表元素的索引

【例 9-3】　通过索引访问列表元素。

```
>>> plist = ['Python', 'C', 'Java', 'C#', 'C++', 'Visual Basic', 'Perl', 'Go']
>>> plist[0]                    # 'Python'
>>> plist[5]                    # 'Visual Basic'
>>> plist[ - 1]                 # 'Go'
>>> plist[ - 4]                 # 'C++'
>>> plist[8]
Traceback (most recent call last):
  File "< pyshell#61>", line 1, in < module>
    plist[8]
IndexError: list index out of range
>>> plist[ - 9]
Traceback (most recent call last):
  File "< pyshell#62>", line 1, in < module>
    plist[ - 9]
IndexError: list index out of range
```

通过索引访问列表元素的时候,要保证索引在合法的范围内,例 9-3 中 plist[8]和 plist[-9]都超出了合法的范围,解释器会提示"list index out of range",即索引越界错误。

9.2.3　列表遍历

列表遍历即依次访问列表中的每个元素,在访问的过程中可以对列表元素进行需要的计算或处理。列表是一种可迭代对象,可以使用 for 语句对其进行遍历,和用 for 语句对 range 对象生成的序列进行遍历的方式完全相同,仅需将关键字 in 之后的 range 对象换成列表即可。

【例 9-4】　遍历列表元素。

```
>>> plist = ['Python', 'C', 'Java', 'C#', 'C++', 'Visual Basic', 'Perl', 'Go']
>>> for x in plist:print(x, end = ' ')
Python C Java C#  C++Visual Basic Perl Go
```

例 9-4 中循环语句的执行过程是,变量 x 从 plist[0]开始获取列表中的元素值并输出,之后就取下一个元素的值,直到列表中所有的元素均被访问,循环结束。

Python 中的内置函数 len()功能是返回列表、元组、字符串等类型数据的元素个数,遍历操作也可以通过 len()函数求得列表长度,然后用长度值控制循环,结合之前介绍的元素索引访问完成遍历。程序代码如下所示:

```
for i in range(len(plist)): print(plist[i])
```

或:

```
i = 0
while (i < len(plist)):
    print(plist[i])
    i += 1
```

9.2.4　修改和删除列表元素

列表中的元素可以通过赋值操作进行修改,同样是通过索引访问来完成,需要注意索引的合法范围。使用 del 命令可以删除列表中的元素,也可以删除整个列表。

【例 9-5】　修改和删除列表元素。

```
>>> plist = ['Python', 'C', 'Java', 'C#', 'C++', 'Visual Basic', 'Perl', 'Go']
>>> plist[3] = 'Ruby'
>>> plist[ - 2] = 'Kotlin'
>>> plist
['Python', 'C', 'Java', 'Ruby', 'C++', 'Visual Basic', 'Kotlin', 'Go']
>>> del plist[5]
>>> plist
['Python', 'C', 'Java', 'Ruby', 'C++', 'Kotlin', 'Go']
>>> del plist
>>> plist
Traceback (most recent call last):
  File "< pyshell # 88 >", line 1, in < module >
    plist
NameError: name 'plist' is not defined
```

删除整个列表之后,再试图访问就会提示列表未定义的错误。

9.2.5 列表运算

列表运算是将 7.3.1 节介绍的部分运算符应用于列表对象,包括加法、加法复合赋值、乘法及乘法复合赋值运算等。列表相加是将两个列表的元素合并生成新的列表。列表乘法是用列表和一个整数 n 相乘,得到一个新列表对象,其元素是原列表元素重复 n 次。

【例 9-6】 列表运算。

```
>>> plist_1 = ['Python', 'C', 'Java', 'C#']
>>> plist_2 = ['C++', 'Visual Basic', 'Perl', 'Go']
>>> plist = plist_1 + plist_2
>>> plist
['Python', 'C', 'Java', 'C#', 'C++', 'Visual Basic', 'Perl', 'Go']
>>> plist += ['Ruby', 'Swift']
>>> plist
['Python', 'C', 'Java', 'C#', 'C++', 'Visual Basic', 'Perl', 'Go', 'Ruby', 'Swift']
>>> ['Ruby', 'Swift'] * 3
['Ruby', 'Swift', 'Ruby', 'Swift', 'Ruby', 'Swift']
>>> plist_1 *= 2
>>> plist_1
['Python', 'C', 'Java', 'C#', 'Python', 'C', 'Java', 'C#']
```

实际上,在做加法复合赋值运算时,除列表外,还可以将元组、字符串、range 对象等其他序列类型与原列表相加,实现扩展原列表,但加法运算只能将两个列表对象相加。

【例 9-7】 列表与其他序列对象之间的运算。

```
>>> plist_1 = ['Python', 'C', 'Java', 'C#']
>>> tup = ('C++', 'Ruby', 'Swift')
>>> plist_1 += tup
>>> plist_1
['Python', 'C', 'Java', 'C#', 'C++', 'Ruby', 'Swift']
>>> plist_1 += range(5)
>>> plist_1
['Python', 'C', 'Java', 'C#', 'C++', 'Ruby', 'Swift', 0, 1, 2, 3, 4]
>>> plist_1 += "ABC"
>>> plist_1
['Python', 'C', 'Java', 'C#', 'C++', 'Ruby', 'Swift', 0, 1, 2, 3, 4, 'A', 'B', 'C']
>>> plist = plist_1 + tup
Traceback (most recent call last):
  File "<pyshell#30>", line 1, in <module>
    plist = plist_1 + tup
TypeError: can only concatenate list (not "tuple") to list
```

例 9-7 中,tup 是一个元组对象,是由一对圆括号括起来的一组元素,元组将在 9.3 节中介绍。字符串对象被视为字符的序列,所以字符串语句 plist_1 += "ABC"执行后,plist_1 中增加了'A'、'B'和'C'三个字符。而用一个列表和一个非列表序列对象相加,则会引发异常。

此外,成员运算符 in 也常用于列表,用于判断列表中是否存在某个给定值,例如:

```
>>> 'Python' in plist          #True
>>> 'Swift' in plist           #False
>>> 'Swift' not in plist       #True
```

9.2.6 列表切片

切片是列表使用过程中常用的一类操作,用来选取列表中指定区间内的元素生成新列表。设 s 为一列表对象,切片操作的基本形式为:s[i:j:k],i、j 和 k 是 3 个整数,表示对列表 s 中索引在[i , j)区间内的元素以 k 为步长的切片,注意 j 是不包括在内的。

i、j 和 k 均可以省略,k 省略时默认步长为 1,但 k 值不可以为 0。当 k 值省略或为正数时,i 省略则默认从 0 开始;j 省略时则表示切片至列表中最后一个元素,此时切片结果可能包括最后一个元素;如果 i、j 和 k 同时省略则切片结果和原列表一样。

【例 9-8】 列表切片操作。

```
>>> lst = [0,1,2,3,4,5,6,7,8]
>>> lst[1:6]                   #[1, 2, 3, 4, 5]
>>> lst[1:6:2]                 #[1, 3, 5]
>>> lst[:6]                    #[0, 1, 2, 3, 4, 5]
>>> lst[:6:2]                  #[0, 2, 4]
>>> lst[::2]                   #[0, 2, 4, 6, 8]
>>> lst[:]                     #[0, 1, 2, 3, 4, 5, 6, 7, 8]
```

切片操作也可以使用负索引,即 i 和 j 可以是负值,例如:

```
>>> lst = [0,1,2,3,4,5,6,7,8]
>>> lst[-5:-1]                 #[4, 5, 6, 7]
>>> lst[:-2]                   #[0, 1, 2, 3, 4, 5, 6]
>>> lst[-3:]                   #[6, 7, 8]
```

步长 k 也可以是负值,表示切片的方向从后向前,此时,i 如果省略则默认为 −1,j 省略表示切片至列表中第一个元素,切片结果可能包括第一个元素。如果 i 和 j 均不省略,则 i 的值应该不小于 j 的值,否则切片结果是空列表。此外,反向切片得到的结果列表中元素的顺序也是反向的,例如:

```
>>> lst = [0,1,2,3,4,5,6,7,8]
>>> lst[::-1]                  #[8, 7, 6, 5, 4, 3, 2, 1, 0]
>>> lst[-1:-9:-1]              #[8, 7, 6, 5, 4, 3, 2, 1]
>>> lst[-1::-1]                #[8, 7, 6, 5, 4, 3, 2, 1, 0]
>>> lst[:-9:-1]                #[8, 7, 6, 5, 4, 3, 2, 1]
>>> lst[0:9:-1]                #[]
```

此外,还可以利用切片修改元素以及删除元素。

【例 9-9】 利用切片修改、删除列表元素。

```
lst = [0,1,2,3,4,5,6,7,8]
>>> lst[3:5] = ['A','B']
>>> lst                        #[0, 1, 2, 'A', 'B', 5, 6, 7, 8]
>>> lst[-7::-1] = ['C','D','E']
```

```
>>> lst                                    #['E','D', 'C', 'A', 'B', 5, 6, 7, 8]
>>> del lst[5:]
>>> lst                                    #['E', 'D', 'C', 'A', 'B']
```

通过以上例子可以看出,列表切片操作非常灵活,需要对其规则仔细归纳才能正确灵活运用。

9.2.7 列表方法

列表方法可以看作是应用于这一特定类型对象的函数,但必须以"列表名.方法名([参数表])"的格式调用。

1) s.index(x[, i[, j]])方法(s 为列表对象,下同)

index 方法用于在列表 s 中查找与 x 值相同的第一个元素的索引,查找区间为[i , j),i 省略则从索引为 0 的位置开始查找,j 省略查找至最后一个元素。如果找不到匹配项,index 方法会引发异常。

【例9-10】 index 方法。

```
>>> plist = ['Python','C','Java','C # ','C++','Visual Basic','Perl','Go']
>>> plist.index('Go')
7
plist.index('Go',0,7)
Traceback (most recent call last):
File "< pyshell # 161 >", line 1, in < module >
    plist.index('Go',0,7)
ValueError: 'Go' is not in list
```

2) s.count(x)方法

count 方法用于统计值 x 在列表 s 中出现的次数。

【例9-11】 count 方法。

```
>>> plist = ['Python','C','Go','C # ','C++','Go','Perl','Go']
>>> plist.count('Go')          # 3
>>> plist.count('Swift')       # 0
```

3) s.append(x)方法

append 方法将一个元素 x 追加到列表 s 的表尾,x 的类型任意。

【例9-12】 append 方法。

```
>>> plist = ['Python','C','Java','C # ']
>>> pa = ['C++','Visual Basic','Perl','Go']
>>> for x in pa:plist.append(x)
>>> plist
['Python', 'C', 'Java', 'C # ', 'C++', 'Visual Basic', 'Perl', 'Go']
```

4) s.extend(t)方法

extend 方法在将序列 t 附加到列表 s 的表尾,其功能实际上与加法复合赋值(+=)相同。

【例9-13】 extend 方法。

```
>>> plist = ['Python','C','Java','C # ']
```

```
>>> tup = ('C++','Ruby','Swift')
>>> plist.extend(tup)
>>> plist
['Python', 'C', 'Java', 'C#', 'C++', 'Ruby', 'Swift']
>>> plist.extend(range(5))
>>> plist
['Python', 'C', 'Java', 'C#', 'C++', 'Ruby', 'Swift', 0, 1, 2, 3, 4]
>>> plist.extend("ABC")
>>> plist
['Python', 'C', 'Java', 'C#', 'C++', 'Ruby', 'Swift', 0, 1, 2, 3, 4, 'A', 'B', 'C']
```

5) s.insert(i,x)方法

insert 方法将元素 x 插入列表 s 中索引为 i 的位置,其中 i 可以使用负索引。如果 i 值大于 len(s)-1,则插入到表尾的位置;如果 i 值小于-len(s),则插入到表头位置。

【例 9-14】 insert 方法。

```
>>> plist = ['Python','C','Java','C#']
>>> plist.insert(0,'C++')
>>> plist
['C++', 'Python', 'C', 'Java', 'C#']
>>> plist.insert(5,'Go')
>>> plist
['C++', 'Python', 'C', 'Java', 'C#', 'Go']
>>> plist.insert(10,'Ruby')
>>> plist
['C++', 'Python', 'C', 'Java', 'C#', 'Go', 'Ruby']
>>> plist.insert(-4,'Swift')
>>> plist
['C++', 'Python', 'C', 'Swift', 'Java', 'C#', 'Go', 'Ruby']
>>> plist.insert(-10,'SQL')
>>> plist
['SQL', 'C++', 'Python', 'C', 'Swift', 'Java', 'C#', 'Go', 'Ruby']
```

6) s.remove(x)方法

remove 方法用于删除列表 s 中第一个和给定值 x 相同的元素。如果没有找到相同的项,则会引发异常。

【例 9-15】 remove 方法。

```
>>> plist = ['Python', 'C', 'Java', 'Python','C#']
>>> plist.remove('Python')
>>> plist
['C', 'Java', 'Python', 'C#']
>>> plist.remove('Ruby')
Traceback(most recent call last):
  File "<pyshell#59>", line 1, in <module>
    plist.remove('Ruby')
ValueError: list.remove(x): x not in list
```

7) s.pop([i])方法

pop 方法用于删除列表 s 中索引为 i 的元素并返回该元素的值。当 i 不在合法的索引范围内或空列表使用此方法均会引发异常。i 省略时默认删除表中最后一个元素。

【例 9-16】　pop 方法。

```
>>> plist = ['C++', 'Python', 'C', 'Swift', 'Java', 'C#', 'Go', 'Ruby']
>>> s = plist.pop(2)
>>> t = plist.pop(-2)
>>> m = plist.pop()
>>> print(s,t,m)
C Go Ruby
>>> plist.pop(10)
Traceback(most recent call last):
  File "<pyshell#68>", line 1, in <module>
    plist.pop(10)
IndexError: pop index out of range
```

8) s.clear()方法

clear 方法删除列表中的所有元素,列表对象成为空列表,但依然存在。注意与用 del 命令删除列表对象的区别。

【例 9-17】　clear 方法。

```
>>> plist = ['C++', 'Python', 'C', 'Swift', 'Java', 'C#', 'Go', 'Ruby']
>>> plist.clear()
>>> plist
[]
```

9) s.reverse()方法

reverse 方法将列表反转,即将表中所有元素的位置反向存放。

【例 9-18】　reverse 方法。

```
>>> plist = ['C++', 'Python', 'C', 'Swift', 'Java', 'C#', 'Go', 'Ruby']
>>> plist.reverse()
>>> plist
['Ruby', 'Go', 'C#', 'Java', 'Swift', 'C', 'Python', 'C++']
```

10) s.sort(key=None, reverse=False)方法

sort 方法用于对列表元素由于排序,参数 reverse 指定排序方式,默认值 False 表示按升序排序;若为其指定 True 值,则表示按降序排序。

【例 9-19】　sort 方法。

```
plist_1 = ['C++', 'Python', 'C', 'Swift', 'Java', 'C#', 'Go', 'Ruby']
>>> plist.sort()
>>> plist
['C', 'C#', 'C++', 'Go', 'Java', 'Python', 'Ruby', 'Swift']
>>> import random
ilist = []
>>> for i in range(10):ilist.append(random.randint(1,1000))
>>> ilist
[627, 604, 548, 667, 156, 565, 858, 480, 238, 709]
>>> ilist.sort(reverse = True)
>>> ilist
```

[858, 709, 667, 627, 604, 565, 548, 480, 238, 156]

例 9-19 中 plist_1 中的元素为字符串,对 plist_1 按升序排序即按照字母排列顺序进行排序。ilist 中包含 10 个 1～1000 的随机整数,指定 reverse 参数为 True,对 ilist 进行降序排序。

sort()方法还有另外一个可选的参数 key,可以用这个参数指定一个函数,这个函数的操作对象是列表中的各个元素,函数的返回结果则被 sort()方法用来作为排序的依据,要求这个函数返回结果应该是可比较的类型。

【例 9-20】 sort 方法中 key 参数的使用。

```
>>> plist = ['C++', 'Python', 'C', 'Swift', 'Java', 'C#', 'Go', 'Ruby']
>>> plist.sort(key = len)
>>> plist
['C', 'C#', 'Go', 'C++', 'Java', 'Ruby', 'Swift', 'Python']
```

之前没有指定 key 参数,对字符串排序按照字母顺序,例 9-20 中 key 参数为 len,len 是一个 Python 内置函数,用于求序列长度。此时,排序的过程是先用 len 函数依次求出列表 plist_1 中的所有元素的长度,然后以各个元素的长度作为比较依据进行排序,如例 9-20 中结果所示,结果列表中是按照字符串长度递增的顺序排列的。为 key 参数指定的函数可以是内置函数,也可以是用户自定义函数(第 10 章介绍用户自定义函数),但都应该可应用于当前列表中的元素,且返回结果是可比较的。例如,len 函数的返回值长度是个整数,是可比较的类型。

sort 函数中的两个参数比较特殊,如果不省略,就必须写成包含"key ="及"reverse ="字样的形式,这种形式的参数在 Python 中称为"仅关键字参数",Python 中许多内置函数都有类似的参数,在使用时需要加以注意。

9.2.8 列表常用函数

Python 内置函数中有一些常用于包括列表在内的序列类型,包括 len()、max()、min()、sum()、reversed()、sorted()等。7.4.1 节对这些函数的语法格式及功能做过简单介绍,不再重复。下面通过实例说明这些函数的具体使用和一些需要注意的细节。

【例 9-21】 应用于列表的常见内置函数。

```
>>> import random
>>> ilist = []
>>> for i in range(10):ilist.append(random.randint(1,1000))
>>> ilist
[254, 482, 140, 366, 19, 832, 107, 587, 351, 892]
>>> max(ilist)            # 892
>>> min(ilist)            # 19
>>> sum(ilist)            # 4030
>>> len(ilist)            # 10
>>> lr = list(reversed(ilist))
>>> lr                    # [892, 351, 587, 107, 832, 19, 366, 140, 482, 254]
>>> lt = sorted(ilist)
>>> lt                    # [19, 107, 140, 254, 351, 366, 482, 587, 832, 892]
```

```
>>> plist = ['C++', 'Python', 'C', 'Swift', 'Java', 'C#', 'Go', 'Ruby']
>>> max(plist)                # 'Swift'
>>> plr = list(reversed(plist))
>>> plr                       # ['Ruby', 'Go', 'C#', 'Java', 'Swift', 'C', 'Python', 'C++']
>>> plt = sorted(plist)
>>> plt                       # ['C', 'C#', 'C++', 'Go', 'Java', 'Python', 'Ruby', 'Swift']
>>> plt = sorted(plist, key = len, reverse = True)
>>> plt                       # ['Python', 'Swift', 'Java', 'Ruby', 'C++', 'C#', 'Go', 'C']
>>> plist                     # ['C++', 'Python', 'C', 'Swift', 'Java', 'C#', 'Go', 'Ruby']
```

通过例 9-21,可以总结出在列表上使用这些内置函数时的一些注意事项,如下所示。

(1) 要注意这些函数和前文所述列表方法在调用形式上的区别,方法是通过列表对象调用,形式为“列表名.方法名([参数表])”,而例 9-21 中的内置函数则是通过函数名调用,并以列表作为函数的参数。

(2) max()、min()函数除了可用于求序列类型对象中的最大、最小值外,也可以用于其他可比较的基本数据类型,如若干数值、若干字符串以及一个字符串中各个字符的比较等。例如:

```
>>> max(34, 6, 2)                        # 34
>>> max('someone', 'someday', 'somewhere')   # 'somewhere'
>>> min("Python")                        # 'P'
```

(3) sum()函数不支持对多个基本数据类型对象求和,其参数必须是可迭代对象,例如:

```
sum(34, 6, 2)
Traceback (most recent call last):
  File "<pyshell#133>", line 1, in <module>
    sum(34, 6, 2)
TypeError: sum() takes at most 2 arguments (3 given)
```

(4) reversed()函数的返回值并不是一个列表,而是根据参数生成一个反向迭代器,可以结合 list()类型转换函数将其转为列表,如例 9-21 中语句“plr = list(reversed(plist))”所示。

(5) sorted()函数返回的是一个对原列表按照指定规则排序后生成的新列表对象,sorted()函数同样可以指定关键字参数 key 和 reverse,如例 9-21 中语句“plt = sorted(plist, key = len, reverse = True)”,其功能是返回将 plist 中元素按照字符串长度逆序排列后的结果列表,并赋值给 plt。

(6) reversed()函数和 sorted()函数对原列表不会做修改,从例 9-21 中最后两行中可以看出这一点;之前学习的列表方法 sort()和 reverse()都是对原列表自身的操作,对原列表做了修改,并不生成新对象,这也是函数和方法的一个显著区别。

9.2.9　列表推导式

列表推导式是一项非常有用的编程技术,可以对序列中的元素进行遍历、筛选或计算,并生成新的结果列表。使用推导式可以简单、高效地处理可迭代对象。列表推导式的语法形式如下:

[表达式 for 迭代变量 1 in 序列 1 … for 迭代变量 n in 序列 n]

推导式根据表达式对迭代过程中取得的每个值进行计算生成一个新列表,推导式从逻辑上等价于循环语句,循环的重数取决于推导式中"for 迭代变量 in 序列"部分的个数。

【例 9-22】 生成一个列表,其中包含 10 个 1~100 之间随机整数,再构造一个新的列表,其中元素为第一个列表中元素的平方。

```
# Example 9 - 22
import random
lst = [random.randint(1,100) for i in range(10)]
print(lst)
lstr = [x ** 2 for x in lst]
print(lstr)
```

运行结果为:

```
[2, 5, 33, 82, 27, 99, 20, 39, 53, 49]
[4, 25, 1089, 6724, 729, 9801, 400, 1521, 2809, 2401]
```

例 9-22 中,第一个列表推导式中,表达式是调用随机数函数 randint(),序列是 range 对象,生成包含 10 个随机整数的列表赋值给 lst;第二个推导式中,表达式是计算 x ** 2,序列是列表 lst,生成包含 lst 中所有元素平方值的新列表赋值给 lstr。可以看出,推导式实际上实现了类似循环语句的功能,但形式上更为简洁。

推导式中还可以有条件语句,可以对所有迭代值进行筛选,语句格式为(以一层推导式为例):

[表达式 for 迭代变量 in 序列 if 条件]

表示把序列中所有满足 if 条件的元素进行表达式计算并生成新的结果列表。

【例 9-23】 生成一个列表,其中包含 10 个 1~100 之间随机整数,再构造一个新的列表,其中元素为第一个列表中的偶数。

```
# Example 9 - 23
import random
lst = [random.randint(1,100) for i in range(10)]
print(lst)
lstr = [x for x in lst if x % 2 == 0]
print(lstr)
```

运行结果为:

```
[14, 80, 37, 60, 97, 24, 38, 10, 55, 39]
[14, 80, 60, 24, 38, 10]
```

推导式中也可以使用 if…else…语句,格式如下:

[表达式 1 if 条件 else 表达式 2 for 迭代变量 in 序列]

表示把序列中所有满足 if 条件的元素按表达式 1 计算,不满足 if 条件的元素按表达式 2 进行计算,并生成新的结果列表,注意 if…else…部分和 for 部分的顺序与只有 if 条件时的写

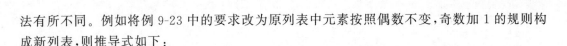

法有所不同。例如将例 9-23 中的要求改为原列表中元素按照偶数不变,奇数加 1 的规则构成新列表,则推导式如下:

```
lstr = [x if x % 2 == 0 else x + 1 for x in lst]
```

9.3 元　　组

元组(tuple)也是一组有顺序的元素集合,元素个数可以为零个或多个。元组中的每个元素的数据类型可以互不相同,原因和列表一样,是因为变量的引用语义。从形式上,元组由一对圆括号括起若干元素,每个元素之间用逗号分隔。元组同样也是一种序列数据类型,其操作和列表有很多相似之处,但两者有一个非常重要的区别:列表是可变对象,而元组是不可变对象,因此元组在创建之后不能修改、增加或删除元素。

9.3.1 创建元组对象

创建元组对象的方法是用一对圆括号将一组元素括起来,这些元素之间用逗号分隔。元组中的元素可以是任意类型的数据对象,也可以是表达式;可以使用类型转换函数 tuple()创建元组对象。

【例 9-24】 创建元组对象。

```
>>> tp = (15, True, 'hello', 3.14)
>>> tp                              # (15, True, 'hello', 3.14)
>>> tp1 = (2 ** 3 + 17 % 3, id(tp))
>>> tp1                             # (10, 1368774635168)
>>> tp2 = (4,)
>>> tp2                             # (4,)
>>> tp3 = ()
>>> tp3                             # ()
>>> tp4 = tuple("ABC")
>>> tp4                             # ('A', 'B', 'C')
>>> plist = ['C++', 'Python', 'C', 'Swift', 'Java', 'C#', 'Go', 'Ruby']
>>> tp5 = tuple(plist)
>>> tp5                             # ('C++', 'Python', 'C', 'Swift', 'Java', 'C#', 'Go', 'Ruby')
```

例 9-24 中元组对象 tp2 包含一个元素 4,创建这个元组时,元素 4 之后应该有一个逗号,否则解释器会把(4)解释为一个普通的整数 4,而不是一个元组。

9.3.2 元组访问和遍历

类似于列表,元组可以整体访问,也可以通过索引和切片访问元素,同样可以通过"for x in 元组"的形式遍历元组对象中的元素。

【例 9-25】 元组可以进行索引访问和切片操作,但不能通过索引或切片的方式修改元组中的元素。

```
tp = tuple(range(10))
>>> tp                              # (0, 1, 2, 3, 4, 5, 6, 7, 8, 9)
>>> tp[2:7]                         # (2, 3, 4, 5, 6)
```

```
>>> tp[::-3]                    # (9, 6, 3, 0)
>>> tp[0] = 'A'
Traceback (most recent call last):
  File "<pyshell#9>", line 1, in <module>
    tp[0] = 'A'
TypeError: 'tuple' object does not support item assignment
```

9.3.3 元组运算

元组和列表类似,也可以进行加法、乘法等运算。

【例 9-26】 元组运算。

```
>>> tp1 = (1,2,3)
>>> tp2 = (4,5,6)
>>> tp3 = tp1 + tp2
>>> tp3                         # (1, 2, 3, 4, 5, 6)
>>> tp4 = tp3 * 2
>>> tp4                         # (1, 2, 3, 4, 5, 6, 1, 2, 3, 4, 5, 6)
>>> tp1 += tp2
>>> tp1                         # (1, 2, 3, 4, 5, 6)
>>> tp2 *= 3
>>> tp2                         # (4, 5, 6, 4, 5, 6, 4, 5, 6)
```

从例 9-26 可以看到,虽然不能对元组元素进行修改,而且元组类型也没有像列表那样提供类似 append() 或 extend() 这样的内置方法,但元组却可以通过加法复合赋值和乘法复合赋值实现元组的扩展。

9.3.4 常用方法和函数

元组对象可以使用的方法只有 index() 和 count()。前面讨论过的内置函数 len()、sum()、max()、min()、sorted() 和 reversed() 均不会修改元组元素,因此都可以应用于元组。这些方法和函数的作用和使用方法与列表相似,此处不再重复。

9.3.5 元组和列表的相互转换

元组中的元素不能修改,如果需要改变元组中的数据,可以通过 list() 函数将元组转换为列表,在列表中完成数据更新,再用 tuple() 函数将列表转换回元组即可。

9.4 字 符 串

字符串(str)由若干字符按照一定的顺序组成,即字符构成的序列,同样也是一类可迭代对象。第 7 章中已经简单介绍过字符串的一些基础知识,包括字符串的构造和表示、转义字符、字符串运算(加法运算、乘法运算、成员运算)以及字符串类型转换函数等。

9.4.1 字符串访问

字符串通常作为一个整体使用,也可以访问其中的部分字符,方法类似于列表或元组,

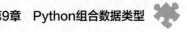

可以使用索引及切片操作进行,需要注意的是,str也是一种不可变对象,不能通过索引或切片修改其中的字符。

【例9-27】 通过索引及切片访问字符串。

```
>>> s = 'Hello Python!'
>>> s[0:5]                      # 'Hello'
>>> s[-7:-1]                    # 'Python'
>>> s[-1:-8:-1]                 # '!nohtyP'
>>> s[0] = 'a'
Traceback (most recent call last):
  File "<pyshell#13>", line 1, in <module>
    s[0] = 'a'
TypeError: 'str' object does not support item assignment
```

9.4.2 字符串常用内置函数

Python内置函数len()、max()、min()、sorted()和reversed()等均可以应用于字符串。函数max()和min()分别返回字符串中Unicode编码最大及最小的字符;sorted()函数返回字符串中所有单个字符按照指定规则排序后生成的列表;reversed()函数应用于字符串对象时,其返回值是一个反向迭代器对象,可以通过类型转换函数将其转换成为列表或元组等。

【例9-28】 内置函数应用于字符串对象。

```
>>> s = 'Hello Python'
>>> max(s)                      # 'y'
>>> min(s)                      # ' '
>>> s = 'HelloPython'
>>> max(s)                      # 'y'
>>> min(s)                      # 'H'
>>> l = sorted(s)
>>> l                           # ['H', 'P', 'e', 'h', 'l', 'l', 'n', 'o', 'o', 't', 'y']
>>> lr = list(reversed(s))
>>> lr                          # ['n', 'o', 'h', 't', 'y', 'P', 'o', 'l', 'l', 'e', 'H']
```

9.4.3 字符串内置方法

字符串类型提供丰富的内置方法,由于str是不可变对象,所以这些方法并不会改变原字符串对象的内容,均返回操作结果的新字符串对象。注意:方法的调用格式是"字符串对象.方法名"。部分常用字符串方法如表9.1所示。

表9.1 Python部分常用字符串方法

方 法	功 能 描 述	示例(假设字符串变量 s= 'Hello python')
s.center(width[, fillchar])	返回长度为width的字符串,原字符串居中并使用指定的fillchar填充两边的空位	s.center(20, ' * '),结果为: ' **** Hello python **** '

续表

方　法	功　能　描　述	示例(假设字符串变量 s＝ 'Hello python')
s. rjust(width[，fillchar])	返回长度为 width 的字符串,原字符串靠右对齐并使用指定的 fillchar 填充空位	s. rjust(20,' * '),结果为 ' ******** Hello python'
s. ljust(width[，fillchar])	返回长度为 width 的字符串,原字符串靠左对齐并使用指定的 fillchar 填充空位	s. ljust(20),结果为: 'Hello python '
s. lower()	将大写字符转换为小写字符	s. lower(),结果为: 'hello python'
s. upper()	将小写字符转换为大写字符	s. upper(),结果为: 'HELLO PYTHON'
s. capitalize()	将字符串首字符转换为大写形式,其他字符转换为小写形式	s. capitalize ( ), 结 果 为: 'Hello python'
s. title()	将每个单词的首字符转换为大写形式,其他部分的字符转换为小写形式	s. title(),结果为: 'Hello Python'
s. swapcase()	将字符大小写互换	s. swapcase ( ), 结 果 为: 'hELLO PYTHON'
s. islower()	判断字符串是否为小写	'python'. islower(),结果为: True
s. isupper()	判断字符串是否为大写	'PYTHON'. isupper(),结果为: True
s. isdigit()	判断字符串是否为数字字符	'2020 '. isdigit ( ), 结 果为: True
s. find(sub[,start[,end]])	在字符串中[start,end)区间内查找并返回子串 sub 首次出现位置的索引,找不到返回 －1,默认范围是整个字符串	s. find('thon'),结果为: 8 s. find('cc'),结果为: －1
s. index(sub[,start[,end]])	功能与 find 类似,区别是找不到时引发异常	s. index('cc'),结果为: ValueError: substring not found
s. count(sub[,start[,end]])	返回字符串中[start,end)区间中子串 sub 出现的次数,默认范围是整个字符串	s. count('o'),结果为: 2
s. split(sep＝None)	以指定字符 sep 为分割符,从左向右将字符串分割,分割后的结果以列表形式返回	s. split(' '),结果为:['Hello', 'Python']
s. join(iterable)	连接序列中的元素,两个元素之间可插入指定字符,返回一个字符串,通常通过要插入的指定字符调用此方法	lst＝['Life','is','short'] ' '. join(lst) 结果为: 'Life is short'
s. replace(old,new)	查找字符串中的子串 old 并用 new 替换	s. replace('o',' ** '),结果为: 'Hell ** Pyth ** n'
s. strip(chars＝None)	移除字符串两侧的空白字符或指定字符,返回新字符串	' Python '. strip(),结果为: 'Python' 'PPPytho'. strip('P')结果为'ytho'

与 find()和 index()方法相对应,还有 rfind()方法和 rindex()方法,功能类似,区别在于从右向左查找,未在表 9.1 中列出。

【例 9-29】　给定一个字符串,统计其中元音字母分别出现的次数,不区分大小写,再将字符串中所有的空格删除。

```
♯Example 9 - 29
s = 'Python is an interpreted, interactive, object oriented programming language.\
It incorporates modules, exceptions, dynamic typing, very high level dynamic \
data types, and classes.Python combines remarkable power with very clear syntax.'
ch = 'aeiou'
for x in ch:
    n = s.lower().count(x)
    print(x,'出现',n,'次')
print(s.replace(' ',''))
```

运行结果为:

```
a 出现 16 次
e 出现 24 次
i 出现 15 次
o 出现 11 次
u 出现 2 次
Pythonisaninterpreted, interactive, objectOrientedprogramminglanguage. Itincorporatesmodules,
exceptions, dynamictyping, veryhighleveldynamicdatatypes, andclasses.Pythoncombinesremarkable
powerwithveryclearsyntax.
```

例 9-29 中比较长的字符串在书写时可以换行,换行的行尾加上一个反斜杠"\"即可。

9.4.4　字符串格式化

通常很多程序都会有输出,之前的程序都是直接使用 print()函数完成屏幕输出,输出的对象均以其自然形式进行。这种自然形式可能无法满足应用程序对数据输出形式更复杂灵活的要求,此时,可以通过字符串格式化来实现这一点,字符串格式化除常用于输出外,也可以用于按照特定需要构造一定格式的字符串。

前面介绍的字符串方法提供了一些简单的格式化功能,如 center()、ljust()和 rjust()可以指定输出宽度及对齐方式等。除此之外,Python 还专门提供了用于格式化的功能,主要有三种:%格式字符、内置函数 format()和字符串 str.format()方法。其中,第一种使用%格式字符的方式类似于 C 语言中的格式化输出,支持这种方式的考虑主要是使之前使用 C 语言的开发人员能够以相同的编程习惯使用 Python,同时也和 Python 早期版本保持兼容,不过目前已经不再推荐使用这种方法,Python 的后续版本中也不会再对这种方法提供改进,因此本书中不再介绍。下面主要讲解另外两种格式化方式。

1. 内置函数 format()

format 函数的语法格式为:

```
format(value[, format_spec])
```

其作用是将待输出的 value 转换为由格式说明符 format_spec 所规定的格式。格式说明符 format_spec 的基本形式如下:

```
[[fill]align][sign][♯][0][width][grouping_option][.precision][type]
```

以上各部分的含义如下。

- fill：指定填充字符，可以是除"{}"之外的其他字符，默认为空格。

- align：指定对齐方式，共有四种方式，'<' 强制字段在可用空间内左对齐；'>' 强制字段在可用空间内右对齐，这是数字的默认值；'=' 强制将填充放置在符号（如果有）之后、数字之前；'^' 强制字段在可用空间内居中。如果没有定义最小字段宽度，那么字段宽度将始终与填充它的数据大小相同，这种情况下对齐选项没有意义。

- sign：指定符号，仅对数字类型有效，'+' 表示标志应该用于正数和负数.'-' 表示标志应仅用于负数，此为默认行为；' '(空格)表示应在正数上使用前导空格，在负数上使用负号。

- ♯：此选项仅对整数、浮点、复数和 Decimal 类型有效，对于整数类型，当使用二进制、八进制或十六进制输出时，此选项会为输出值添加相应的 '0b', '0o' 或 '0x' 前缀；对于浮点数、复数和 Decimal 类型，转换结果总是包含小数点符号。

- 0：指定空位用'0'填充。

- width：指定最小宽度。

- grouping_option：指定分组使用的符号，有两种选项','和'_',其中','选项表示使用逗号作为千位分隔符；'_'选项表示对于浮点表示类型和整数表示类型'd'使用下画线作为千位分隔符，对于整数表示类型'b', 'o', 'x' 和 'X',将为每4个数位插入一个下画线。

- .precision：是一个十进制数字，表示对于以'f'或'F'格式化的浮点数值要在小数点后显示多少个数位，或者对于以'g'或'G'格式化的浮点数值要在小数点前后共显示多少个数位。对于非数字类型，该字段表示最大字段大小，即要使用多少个来自字段内容的字符。整数值则不允许使用 precision。

- type：格式化类型字符，用来指定数据应如何呈现，具体格式化类型字符如表 9.2 所示。

表 9.2　格式化类型字符

适用数据类型	格式化类型字符	意　义
字符串类型	's'	字符串格式，这是字符串的默认类型，可以省略
整数类型	'b'	二进制格式，输出以 2 为基数的数字
	'c'	字符，在打印之前将整数转换为相应的 Unicode 字符
	'd'	十进制整数，输出以 10 为基数的数字
	'o'	八进制格式，输出以 8 为基数的数字
	'x'	十六进制格式，输出以 16 为基数的数字，使用小写字母表示 9 以上的数码
	'X'	十六进制格式，输出以 16 为基数的数字，使用大写字母表示 9 以上的数码
	'n'	数字，与 'd' 相似，区别在于会使用当前区域设置来插入适当的数字分隔字符

续表

适用数据类型	格式化类型字符	意　义
浮点数类型	'e'	指数表示,即科学计数法,使用字母 'e'标示指数,默认的精度为 6
	'E'	指数表示,与 'e' 相似,不同之处在于使用大写字母 'E' 标示指数
	'f'	定点表示。将数字显示为一个定点数。默认的精确度为 6
	'F'	定点表示。与 'f' 相似,但会将 nan 转为 NAN 并将 inf 转为 INF
	'%'	百分比,将数字乘以 100 并显示为定点('f')格式,后面带一个百分号

例如:

```
>>> a = 1234.5678
>>> format(a,' * ^25,.7f')
' ****** 1,234.5678000 ****** '
>>> format(a,' * = 25E')
' ************* 1.234568E + 03'
>>> format(a,'025')
'00000000000000000123.456'
```

2. 字符串 format 方法

这种方法是更为常见的格式化方式,用字符串作为一种模板,值作为参数并插入到模板中,从而形成一个新字符串。其格式为:

模板字符串.format(值)

模板字符串中含有一系列槽,用来控制字符串中插入值出现的位置,槽用大括号表示,大括号中的内容控制插入到槽中的值、值的格式以及顺序。如果不做任何指定,则按值给出的顺序依次插入到模板字符串的槽中。例如:

```
>>> s = 'Python'
>>> r = 0.1011
>>> "使用{}语言的开发者比例是{:.2 % }".format(s,r)
'使用 Python 语言的开发者比例是 10.11 % '
```

可以看到,值 s 和 r 按照给出的先后顺序依次插入到模板字符串中对应的槽中。

在槽中可以使用序号来决定值插入的位置,序号从 0 开始,例如:

```
>>> s = 'Python'
>>> r = 0.1011
>>> "使用{1}语言的开发者比例是{0:.2 % }".format(r,s)
'使用 Python 语言的开发者比例是 10.11 % '
```

槽中除了可以指定值参数的序号外,更多的是同时通过格式说明符指定值的输出形式,书写格式为：

{序号:格式说明符}

其中，格式说明符和内置函数format()中使用的一样。此时即使不需要指定序号，冒号也不能省略，例如：

```
>>> a = 1234.5678
>>> "{0: * ^25,.7f}".format(a)
' ****** 1,234.5678000 ****** '
>>> "{: * = 25E}".format(a)
' ************* 1.234568E + 03'
```

format()方法在进行字符串格式化的过程中可以提供更多的灵活性，即使在不需要复杂的格式控制的时候，使用这种方法也能使代码的书写更为简洁清晰，如例8-22打印九九乘法表的程序，就可以用format方法简化输出语句。

【例9-30】 使用字符串格式化方法format()打印九九乘法表。

```
# Example 9 - 30
for i in range(1, 10):
    for j in range(1, i + 1):
        print('{}x{} = {}\t'.format(j, i, i * j), end = '')
    print()
```

9.5　字　　典

字典(Dict)是Python内置的一种映射(Mapping)类型，字典中的元素无序，每个元素由一对键(Key)和值(Value)构成，键和值之间存在映射关系，每个键对应一个值，可以通过键来访问与之相应的值。

Python字典中的值可以存储各种类型的对象，但字典中的键必须是不可变对象，而且需要支持相等判断运算"=="，如数值类型、字符串等都可以作为字典的键。

9.5.1　创建字典对象

创建字典对象可以用一对大括号将若干(键、值)对括起，键和值之间用冒号分隔，每组(键、值)对之间用逗号隔开。例如：

```
pl = {'Java':17.18,'c':16.33,'Python':10.11,'cpp':6.79}
```

字典pl中，字符串'Java'、'c'、'Python'等是键，17.8、16.33、10.11等浮点数为值，如果要创建一个空的字典对象，可以写成：pl={}。一个字典中的键通常是同一种数据类型，如上面字典pl的键都是字符串，但实际上Python在语法上并没有这种要求，也就是说一个字典中可以存在不同数据类型的键，但在实际应用中这种情况并不常见。字典中的键是不重复的，如果同一个键被赋值两次，则后一个值会覆盖之前出现的值，例如：

```
>>> pl = {'Java':17.18,'c':16.33,'Python':10.11,'cpp':6.79,'cpp':7}
>>> pl
{'Java': 17.18, 'c': 16.33, 'Python': 10.11, 'cpp': 7}
```

此外,还可以用类型名(类型转换函数)从一个元素为二元组的列表或元组创建字典,例如:

```
pl = dict([('Java',17.18),('c',16.33),('Python',10.11),('cpp',6.79)])
```

这种方法实际上是一种类型转换,将一个列表转换为一个字典,这个列表中包含了四个元素,每个元素都是一个二元组,如('Python',10.11),需要注意括号的使用。用类型名创建空字典的方式是: pl=dict()。

当字典中的键为普通的字符串时,还可以用关键字参数的形式创建字典,例如:

```
>>> pl = dict(Java = 17.18,c = 16.33,Python = 10.11,cpp = 6.79)
```

注意:在这种方式下,虽然字典中的键都是字符串,但以关键字参数形式使用时不要加引号。

9.5.2　字典访问、运算及内置函数

字典中元素通过键来访问,形式为:字典名[键]。例如:pl['Java'],结果显示对应的值17.18。另外,字典中的值是可变对象,也可以通过这种方式修改,例如:pl['Java']=23。如果字典中不存在[]中指定的键,则会引发异常。

字典支持成员运算(in、not in)用于判断字典中是否存在给定的键,例如:

```
>>> 'Java' in pl                # True
>>> 'Ruby' not in pl            # True
```

字典对象还支持比较运算==和!=,用于判断两个字典对象是否相等。

应用于字典对象的内置函数主要包括 len()以及 list()等类型转换函数。

【例 9-31】　内置函数应用于字典对象。

```
>>> pl = {'Java':17.18,'c':16.33,'Python':10.11,'cpp':6.79}
>>> len(pl)                     # 4
>>> list(pl)                    # ['Java', 'c', 'Python', 'cpp']
>>> tuple(pl)                   # ('Java', 'c', 'Python', 'cpp')
>>> str(pl)                     # "{'Java': 23, 'c': 16.33, 'Python': 10.11, 'cpp': 6.79}"
```

通过例 9-31 的运行结果,可以注意到几个类型转换函数应用于字典对象时的区别,函数 list()和 tuple()分别返回由字典中所有键组成的列表和元组,值则被忽略了;函数 str()则是将字典定义式中所有的内容均转换成字符串。

9.5.3　字典对象的常用方法

字典对象的常用方法如表 9.3 所示。

表 9.3 字典对象的常用方法

方法（d 为字典对象）	功 能 描 述
d. clear()	移除字典中的所有元素
d. get(key,default＝None)	如果 key 存在于字典中则返回 key 的值，否则返回 default。如果 default 未给出则默认为 None
d. pop(k[,default])	如果 key 存在于字典中则将其移除并返回其值，否则返回 default。如果 default 未给出且 key 不存在于字典中，则会引发异常
popitem()	从字典中移除并返回一个（键、值）对。键值对会按后进先出的顺序被返回
d. setdefault(key[, default])	如果字典存在键 key，返回它的值；如果不存在，插入值为 default 的键 key，并返回 default，default 默认为 None
d. update([other])	使用来自 other 的（键、值）对更新字典，覆盖原有的键
d. items()	返回由字典项（键、值）对组成的一个新视图
d. keys()	返回由字典键组成的一个新视图
d. values()	返回由字典值组成的一个新视图

【例 9-32】 字典的常用方法示例。

```
>>> pl = {'Java': 23, 'c': 16.33, 'Python': 10.11, 'cpp': 6.79}
>>> pl.get('c')                # 16.33
>>> pl.get('Ruby',0)           # 0
>>> pl.pop('cpp')              # 6.79
>>> pl                         # {'Java': 23, 'c': 16.33, 'Python': 10.11}
>>> pl.popitem()               # ('Python', 10.11)
>>> pl                         # {'Java': 23, 'c': 16.33}
>>> pt = {'Java': 23, 'c': 17, 'Python': 10.11}
>>> pl.update(pt)
>>> pl                         # {'Java': 23, 'c': 17, 'Python': 10.11}
```

9.5.4 字典视图对象及字典遍历

表 9.3 中 d. items()、d. keys()和 d. values()三个方法所返回的对象是称为"字典视图对象(dictionary view Object)"。该对象提供字典的一个动态视图，视图会随着字典的改变而改变。字典对象和字典视图对象均为可迭代对象，可以用 for 循环进行遍历。

【例 9-33】 字典视图对象和字典遍历示例。

```
>>> pl = {'Java': 23, 'c': 16.33, 'Python': 10.11, 'cpp': 6.79}
>>> pl.items()
dict_items([('Java', 23), ('c', 16.33), ('Python', 10.11), ('cpp', 6.79)])
>>> pl.keys()
dict_keys(['Java', 'c', 'Python', 'cpp'])
>>> pl.values()
dict_values([23, 16.33, 10.11, 6.79])
>>> for k in pl.keys():print(k,end = ' ')
Java c Python cpp
>>> for v in pl.values():print(v,end = ' ')
```

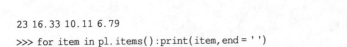

```
23 16.33 10.11 6.79
>>> for item in pl.items():print(item,end = ' ')
  ('Java', 23) ('c', 16.33) ('Python', 10.11) ('cpp', 6.79)
```

9.5.5 字典推导式

类似于列表对象,同样可以使用推导式简单、高效地处理一个序列并产生结果字典。字典推导式的基本形式如下(简单起见,以一层推导式为例):

{ 键:值 for 迭代变量 in 序列 if 条件 }

字典推导式和列表推导式的直观区别是:首先,推导式两端的方括号变成大括号;其次,字典推导式中的表达式部分必须是"键:值"对的形式。例如:

```
>>> {x:ord(x) for x in "ABCDE"}
{'A': 65, 'B': 66, 'C': 67, 'D': 68, 'E': 69}
>>> {n:n ** 3 for n in range(10) if n % 2!= 0}
{1: 1, 3: 27, 5: 125, 7: 343, 9: 729}
```

如果字典中的键和值之间有一定的计算规律,可以通过迭代和筛选的方式描述,则通常可以考虑使用推导式快速生成字典。

9.6 集　合

集合(set)的概念来源于数学,即一组无序无重复的元素的组合。可以判断某个元素是否属于某个集合,集合还可以进行交、并、差等运算。程序中经常会用到具有集合性质的数据,Python 中也提供了集合类型,分为可变集合 set 和不可变集合 frozenset。

9.6.1 创建集合对象

集合对象可以通过类型名以类型转换函数的形式创建,形式如下。

set():用于创建一个空的可变集合对象。

set(iterable):创建一个可变集合对象,包含可迭代对象 iterable 中的元素。

frozenset():用于创建一个空的可变集合对象。

frozenset(iterable):创建一个不可变集合对象,包含可迭代对象 iterable 中的元素。

可变集合对象也可以通过用大括号括起一组元素的方式创建,如:s={1,2,3,4,5},这种方式与之前创建字典对象的方式有些类似,都是使用大括号,但字典中的元素是(键、值)对,而集合中元素则是一般的值或表达式,由此可以区分二者。

空的可变集合只能使用 set() 的方式创建,因为空的大括号{}会被解释为空字典;同样,创建不可变集合对象只能使用 frozenset() 或 frozenset(iterable)的方式。

集合中的元素无重复,在创建时解释器会自动清除重复的元素。另外,有一点需要特别注意,集合中的元素类型应该都是不可变对象,原因涉及对象的 hash 码以及集合元素的存储方式,超出本书讨论范围,不作过多介绍。

【例 9-34】 集合对象的创建。

```
>>> s = {1,3.14,True,"Python"}
>>> lst = ["copyright", "credits" , "license"]
>>> s1 = set(lst)
>>> s1                          # {'license', 'copyright', 'credits'}
>>> fs = frozenset(range(10,21,2))
>>> fs                          # frozenset({10, 12, 14, 16, 18, 20})
>>> set("Python")               # {'P', 'h', 'o', 't', 'y', 'n'}
>>> sd = {2,2,'Hello','Hello'}
>>> sd                          # {'Hello', 2}
>>> st = {[1,2],[3,4]}
Traceback (most recent call last):
  File "< pyshell♯98 >", line 1, in < module >
    st = {[1,2],[3,4]}
TypeError: unhashable type: 'list'
```

例 9-34 中演示了创建集合对象的几种常见方式,最后一条语句 st＝{[1,2],[3,4]}试图用列表对象作为元素创建集合,而列表对象是可变对象,所以引发异常。另外,实际应用中包括集合在内的复合数据结构中的元素通常类型一致,例中集合 s 包含了几种不同数据类型的元素,是为了说明集合中元素可以是各种不可变对象。

9.6.2 集合运算

集合的运算主要包括成员运算、关系运算以及交、并等,如表 9.4 所示,假设表中 s、s1和 s2 均为集合对象。

表 9.4 集合运算

运　算　符	用　　法	说　　　明
in、not in	x in s、x not in s	返回元素 x 在集合 s 中是否存在(不存在)
|	s1 | s2	返回集合 s1 和 s2 的并集
&	s1 & s2	返回集合 s1 和 s2 的交集
−	s1 − s2	返回集合 s1 和 s2 的差集
^	s1 ^ s2	返回集合 s1 和 s2 的对称差集,该集合中包括所有属于 s1 但不属于 s2 的元素,以及所有属于 s2 但不属于 s1 的元素
==	s1 == s2	判断两个集合是否相等,即两个集合中的元素都相同
!=	s1 != s2	判断两个集合是否不相等
>	s1 > s2	判断 s1 是否为 s2 的真超集
<	s1 < s2	判断 s1 是否为 s2 的真子集
>=	s1 >= s2	判断 s1 是否为 s2 的超集
<=	s1 <= s2	判断 s1 是否为 s2 的子集

9.6.3 集合常用函数和方法

Python 中可以运用于集合对象的内置函数包括 len()、max()、min()、sum()及 sorted()等,这些函数的作用和语法格式前文都已经介绍过,不再重复。需要注意使用 max()和

min()函数求集合中元素的最大值和最小值时,需要确保集合中的元素相互之间是可以进行比较的;使用 sum()函数求集合中元素之和时,需要确保元素是可加的;集合中的元素无序,如果需要可以使用 sorted()函数对其排序生成一个有序的表,排序同样要求集合中元素之间是可比较的。

【例 9-35】 集合常用函数。

```
>>> s1 = {10, 12, 14, 16, 18, 20}
>>> s2 = {1, 3.14, True, "Python"}
>>> s3 = {'license', 'copyright', 'credits'}
>>> sum(s1)                    # 90
>>> max(s1)                    # 20
>>> min(s2)
Traceback (most recent call last):
  File "<pyshell#14>", line 1, in <module>
    min(s2)
TypeError: '<' not supported between instances of 'str' and 'int'
>>> list(sorted(s3))
['copyright', 'credits', 'license']
```

集合提供了很多内置方法,其中一部分不会改变集合对象本身,故可通用于可变集合 set 和不可变集合 frozenset,这些方法如表 9.5 所示;还有一部分方法会修改集合对象,只能应用于可变集合 set,这些方法如表 9.6 所示。

表 9.5　集合通用方法

方法(s 为一集合对象)	功 能 描 述
s.isdisjoint(other)	判断集合 s 和 other 是否不相交
s.issubset(other)	判断集合 s 是否为 other 的子集,同>=
s.issuperset(other)	判断集合 s 是否为 other 的超集,同<=
s.intersection(other)	返回集合 s 和 other 的交集
s.union(other)	返回集合 s 和 other 的并集
s.difference(other)	返回集合 s 和 other 的差集
s.symmetric_difference(other)	返回集合 s 和 other 的对称差集

表 9.5 中 s.intersection()、s.union()、s.difference()和 s.symmetric_difference()这几个方法和表 9.4 中的运算符 &、|、-和^功能类似,区别在于这几个方法中的参数 other 不仅可以是集合对象,也可以是其他的可迭代对象,而运算符的运算数必须是集合对象。

【例 9-36】 集合通用方法。

```
>>> s1 = {'Python', 'C', 'Java', 'C#'}
>>> s2 = {'Visual Basic', 'Perl', 'Python'}
>>> lst = ['Java', 'C#', 'Swift', 'Perl', 'Go']
>>> s1.isdisjoint(s2)         # False
>>> s1.union(s2)              # {'Perl', 'C#', 'Visual Basic', 'Python', 'Java', 'C'}
>>> s1.intersection(lst)      # {'C#', 'Java'}
s2.difference(lst)            # {'Visual Basic', 'Python'}
>>> s1 & lst
Traceback (most recent call last):
```

```
      File "<pyshell#29>", line 1, in <module>
         s1 & lst
      TypeError: unsupported operand type(s) for &: 'set' and 'list'
```

表 9.6 中前四个更新集合的方法,也可以通过复合赋值运算符|=、&=、-=和^=实现。

表 9.6　可变集合方法

方法(s 为一集合对象)	功 能 描 述
s.update(other)	更新集合 s,添加来自 others 中的所有元素
s.intersection_update(other)	更新集合 s,只保留其中所有 others 中也存在的元素
s.difference_update(other)	更新集合 s,移除其中也存在于 others 中的元素
s.symmetric_difference_update(other)	更新集合 s,只保留存在于集合的一方而非共同存在的元素
s.add(elem)	将元素 item 添加到集合 s 中
s.remove(elem)	从集合 s 中删除元素 item,如 item 不存在则会引发异常
s.discard(elem)	从集合 s 中删除元素 item,如 item 不存在则无操作
s.pop()	从集合 s 中删除任意一个元素并返回
s.clear()	移除集合 s 中的所有元素

【例 9-37】　可变集合方法。

```
>>> s1 = {'Python', 'C', 'Java', 'C#'}
>>> s2 = {'Visual Basic', 'Perl', 'Python'}
>>> lst = ['Java', 'C#', 'Swift', 'Perl', 'Go']
>>> s1.update(lst)
>>> s1                              # {'Perl', 'Go', 'Swift', 'Python', 'Java', 'C#', 'C'}
>>> s1.intersection_update(s2)
>>> s1                              # {'Perl', 'Python'}
>>> s1.difference_update(s2)
>>> s1                              # set(),空集合
>>> s2.add('Pascal')
>>> s2                              # {'Perl', 'Pascal', 'Visual Basic', 'Python'}
>>> s2.pop()                        # 'Perl'
>>> s2.remove('Pascal')
>>> s2                              # {'Visual Basic', 'Python'}
>>> s2.clear()
>>> s2                              # set()
```

9.6.4　集合推导式

集合对象也可以通过推导式快速生成,与列表推导式的格式类似,只需将方括号换成大括号即可。集合推导式基本格式如下:

```
{ 表达式 for 迭代变量 in 序列 if 条件 }
```

各部分含义与列表推导式相同,不再重复说明,下面看两个简单的例子:

```
>>> import random
>>> s = {random.randint(1,100) for i in range(10)}
```

```
>>> s
{96, 34, 2, 41, 77, 14, 81, 18, 22, 60}
>>> se = {x for x in s if x % 2 == 0}
>>> se
{96, 34, 2, 14, 18, 22, 60}
```

上面的语句中,通过推导式生成集合 s,其中包含 10 个 1～100 之间的随机整数,集合 se 则是通过带有 if 条件的推导式筛选出集合 s 中的偶数生成的。

不可变集合也可以使用推导式生成,但需要用 frozenset(推导式)的形式,注意用的是圆括号,实际上可以理解为用推导式生成一个序列对象,然后用 frozenset() 将其转换为不可变集合对象。例如:

```
>>> frozenset(n ** 2 for n in range( - 5,5))
frozenset({0, 1, 4, 9, 16, 25})
```

9.7 本 章 小 结

Python 提供的各种复合数据类型,是对程序中的复杂数据进行组织和操作的有效手段。本章主要介绍 Python 内置的复合数据类型。首先,重点介绍序列数据类型,包括列表、元组和字符串,对这几种序列类型的概念、特点、操作、内置方法及函数进行详尽的阐述;接着介绍 Python 中的映射类型—字典;最后介绍了集合类型。

习 题

一、单选题

1. Python 语句"lst=(1,3.14, "abc",[ ],( )); print(len(lst))"的运行结果是(　　)。
   A. 4　　　　　　B. 5　　　　　　C. 6　　　　　　D. 7

2. Python 语句"s= 'HelloPython'; print(s[2:6])"的运行结果是(　　)。
   A. llo　　　　　B. Hello　　　　C. lloP　　　　　D. lloPy

3. 推导式[i for i in range(5) if i%2!=0]的结果是(　　)。
   A. [1,2]　　　　B. [1,3]　　　　C. [3,5]　　　　D. [1,3,5]

4. 设 s=['a','b'],语句"s. append([1,2])"执行后,s 的值为(　　)。
   A. ['a','b',1,2]　　　　　　　　B. [1,2,'a','b']
   C. ['a','b',[1,2]]　　　　　　　D. [[1,2],'a','b']

5. 设 lst=['Java', 'c', 'Python', 'cpp'],Python 语句 print(lst[-2][-2])的值是(　　)。
   A. 'v'　　　　　B. 'o'　　　　　C. 'p'　　　　　D. 引发异常

二、简答题

1. 什么是序列数据类型? 其特点是什么?

2. 简述列表与元组的异同。

3. 用推导式生成列表,其中元素 x 为 200 以内所有满足 x 整除 13 的余数比 x 整除 7 的余数大 3。

4. 在 Python 中有 s＝[1,2,3,4,5,6,7,8,9]，写成下列切片操作的结果。

(1) s[:3]　(2) s[1::2]　(3) s[::-1]　(4) s[-5:-1]　(5) s[-1:-6:-2]

5. 在 Python 中有如下语句序列，s＝[x for x in range(1,10)]；s. append([10,20])；s. extend("ab")；s. insert(-6,30)；s. pop()；s[3:6]＝[]；s. reverse()。请写出每条语句执行后变量 s 的状态。

三、编程题

1. 编写程序，创建一个含有 10 个[1,20]范围内随机整数的列表，将其中的偶数变成它的平方，奇数保持不变。考虑两种实现方法：循环和列表推导式。

2. 从键盘输入一个包含若干单词的字符串，单词之间用空格分隔，编程统计串中单词的个数。

3. 编写程序，从键盘输入 10 个学生的成绩，按三档进行统计，80～100 为 A，60～79 为 B，60 以下为 C，再将各档等级为键、对应人数为值保存到一个字典中。

第10章 函 数

本章学习目标

- 理解函数的概念、作用和分类
- 熟练掌握函数的定义和调用
- 深入理解各类参数,熟悉参数传递过程
- 深入理解递归函数的定义和调用过程
- 掌握 lambda 表达式的概念和使用
- 了解函数式编程的概念及常用高阶函数
- 了解生成器函数的概念和使用

函数是程序设计语言中的一种重要机制,用于将一段实现特定功能的代码包装起来,进而实现程序的结构化和代码复用的目的。本章将介绍 Python 中函数的分类、函数的定义和调用方式、函数的递归调用以及函数式编程和高阶函数的基础知识。

10.1 函 数 概 述

10.1.1 理解函数概念

说到函数,初学者可能会联想到数学中的函数概念,程序设计语言中的函数和数学中函数的概念的确有相似之处。先来看一个二次函数:$y = 2x^2 - 3x + 4$,x 是自变量,通过计算 $2x^2 - 3x + 4$ 得到 y 的结果称为函数值。在这个函数中,自变量 x 可以取定义域中任意合法的值,通过相同的计算得到对应的函数值 y,但不管 x 的取值为多少以及对应的 y 值是多少,它们之间的对应关系是不变的,即函数式 $y = 2x^2 - 3x + 4$,换句话说,函数关系一旦确定,便可以多次计算、反复使用。在这个计算过程中,自变量可以视为计算的输入,函数值可以视为计算的输出。

程序设计语言中的函数概念与数学函数的概念有类似之处,都是定义好确定的计算规则或处理过程,接收合法的输入并根据规则得到相应的输出或执行设定的处理过程。但程序设计语言中函数中的计算或处理是通过程序语句完成,因此可以说函数是为实现某种特定功能而包装在一起的语句集合,其意义是对计算规则或处理过程进行抽象,使针对不同对象所进行的相同操作通过同一组语句集合实现并可以反复使用。

10.1.2 函数的作用

在程序设计过程中使用函数机制的作用如下。

(1)对程序进行功能分解。一个完整的程序可能复杂程度较高,通过将其中相对独立的功能以函数的方式单独组织并实现,可以有效降低实现的难度。

(2)实现过程封装和代码复用。所谓封装就是隐藏细节,定义好的函数,只需掌握如何正确使用即可,不需要了解其内部的实现细节;复用则表现为只要计算规则或处理过程相同,不论输入什么都可以重复利用已经定义好的函数完成相应的计算或处理。

(3)便于验证检测和程序维护。一个函数通常实现单一独立的功能,规模上相对可控,对函数的代码进行验证也相对容易,程序中每个函数都验证无误则程序整体出错的概率也会降低;如果应用程序中的某项功能需求发生变化,需要修改,则这种修改可以局部化在一个或几个独立的函数内部,只要函数展现给外部的使用接口没有发生变化,则对函数的使用就不会受到任何影响。

(4)利于协作开发。对于一个大的程序,可以通过功能分解,由不同的人负责不同函数的开发实现和测试工作,有利于团队的分工协作,提高开发效率。

10.1.3 Python中函数的分类

Python中的函数可以简单分为以下几类。

- 内置函数:Python语言中可以直接使用的函数,7.4.1小节中简单介绍过Python中的常用内置函数,其中一些在前面的章节中也曾多次使用。

- 标准库函数:Python语言的标准库中提供了适用于不同计算领域的模块,每个模块中都定义了很多函数。标准库模块函数在使用时需要先通过import语句导入,再调用其中定义的函数,具体方法在7.4.2小节中介绍过。

- 第三方库函数:Python之所以能够形成世界范围内最大的单一语言编程社区,众多高质量的第三方库起到至关重要的作用,它们是构建Python完整计算生态的重要组成部分,例如用于科学计算领域的NumPy、用于机器学习领域的Sklearn、用于数据分析领域的Pandas等都是使用非常广泛的第三方库。如Anaconda这样的Python发行版本已经包含了大量常用的第三方库,如果要使用其中没有的库,则需要下载安装,并通过import导入,便可使用其中定义的各种函数了。Python中有专门用于下载安装第三方库的命令pip,此外6.4节中介绍的Anaconda包括了非常实用的包管理工具conda,可以帮助开发人员高效地下载、安装各种第三方包。

- 自定义函数:用户根据实际问题需要自己定义的函数,这也是本章后续的学习重点。

10.2 函数的定义和调用

10.2.1 函数定义

在 Python 中,可以将完成特定功能的一段代码定义为函数,函数定义的基本格式如下:

```
def 函数名([形参表]):
    函数体
```

说明:

(1) Python 中的函数使用关键字 def 定义。函数名为合法的标识符,建议尽量使用一些有实际意义的单词或单词组合;函数名后的圆括号里是函数的形参表;最后的冒号不能省略。

(2) 函数定义的参数即形式参数,简称形参,类似于数学函数中的自变量。形参个数可以是一个或多个,当有多个参数的时候用逗号分隔,参数的名称同样要求是合法的标识符。与数学函数不同的是,Python 中函数的形参表可以为空,需要注意即使没有形参,按照语法规定,函数名后面的圆括号也不能省略。

(3) 函数体可以包含任意数量的语句,这些语句从逻辑上是一个整体,是一个复合语句,因此从语法上要求整体缩进,类似于之前学习的分支和循环结构中的语句体。

(4) 如果函数需要返回计算或处理的结果,可以在函数体中使用 return 语句完成,函数的返回值类似于数学函数中的函数值。Python 中的函数也可以没有返回值。

【例 10-1】 定义一个函数,计算给定 n 的阶乘 $n!$。

```
# Example 10 - 1
def fact(n):
    fa = 1
    for i in range(2, n + 1):
        fa = fa * i
    return fa
```

例 10-1 中,函数名为 fact,形式参数为 n,函数体的功能实现求 n 的阶乘,变量 fa 用来保存阶乘结果,初始值为 1,在 for 循环中 fa 反复乘 2~n,循环结束,fa 的值即为 n!,最后函数返回值为 fa。

【例 10-2】 定义函数,打印九九乘法表。

```
# Example 10 - 2
def print_multable():
    for i in range(1, 10):
        for j in range(1, i + 1):
            print('{}x{} = {}\t'.format(j, i, i * j), end = '')
        print()
```

例 10-2 中,函数 print_multable 的参数表为空,即没有形式参数,函数体中使用循环嵌套完成九九乘法表的打印输出,并不需要返回特别的结果,所以函数体中没有 return 语句。

10.2.2 函数调用

函数的定义确定了函数的功能以及如何使用函数的参数,但函数并没有被执行。函数的执行需要调用,而且可以在程序中任何需要的地方调用,即一次编写,多次使用。之前的章节中曾多次调用各类 Python 内置函数和标准库函数,自定义函数的调用方法也是一样的,通过函数名并根据需要传递必要的实际参数进行函数调用,如果函数有返回值,通常还会使用变量接收函数的返回值。例如,调用例 10-1 中定义的阶乘函数求 5 的阶乘,代码如下:

```
fn = fact(5)
print('5!= ',fn)
```

运行结果为:

```
5! = 120
```

上述语句调用函数 fact,函数名后圆括号中的整数 5 是函数调用的实际参数,简称实参,实参的个数应该和前述函数定义中形参的个数相同,变量 fn 用来接收函数的返回值。函数调用和返回的过程如图 10.1 所示。

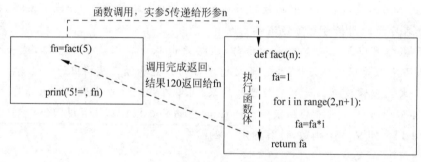

图 10.1　函数调用及返回的过程

注意:图 10.1 中所标注"实参 5 传递给形参 n"的参数传递实际上是引用的传递,这一点将在后续内容中详细讨论。

对于没有返回值的函数,函数调用就直接单独使用。例如,例 10-2 定义的打印九九乘法表的函数没有返回值,调用此函数的语句是:print_multable()。此函数定义中形参表为空,调用时实参表也相应为空,注意圆括号不可省略。

10.3　函数的参数和返回值

10.3.1 形式参数和实际参数

前面介绍函数定义和调用中提到形式参数和实际参数,函数定义中函数名称后面圆括号中的标识符称为形式参数。在函数定义中,形式参数只是一个名称,并没有具体确定的值,这个名称是为了能够在函数体内以通用的方式描述如何使用参数或对参数实施何种计算过程;在函数调用时,函数名称后面圆括号中提供的具体的值是实际参数,通过函数调用将函数中的计算或处理过程应用于这个具体的实际参数,每次调用实际参数的值都可能不同。类似于在数学函数中自变量与自变量的某个具体取值的关系,例如 $f(x)=x^2$,在这个数学函数中自变量 x 的取值并不确定,能确定的只是要可以通过此函数计算 x 的平方。如果使用此函数计算 5 的平方,通过函数所规定的计算规则得到 25。这其中 x 类似于程序设计语言函数中的形式参数,而 5 则是本次调用的实际参数,如果再次使用此函数计算 8 的平方,则 8 又成为当次调用的实际参数,而形式参数始终使用名称 x 表示。通过和数学函数的类比,读者应能够更好地理解形式参数和实际参数的含义以及二者之间的关系。

在函数调用时,实际参数按照书写的顺序传递给对应位置上的形式参数,实参和形参的个数应该严格匹配,否则将会引发异常。

【例 10-3】 形参和实参示例。

```python
def my_func(a,b,c):
    avg = (a + b + c)/3
    return avg
f = my_func(5,10)
```

运行以上程序,会引发错误,提示我们缺少第三个形参 c 所对应的实参:

```
Traceback (most recent call last):
  File "D:\untitled1.py", line 12, in <module>
    f = my_func(5,10)
TypeError: my_func() missing 1 required positional argument: 'c'
```

在 Python 中这种按照顺序依次严格匹配的参数称为"位置参数"。

10.3.2 参数传递

函数定义中的形式参数可以视为在函数体内定义的变量,在第 7 章中介绍过,Python 中的变量是某个对象的引用,在函数定义中尚无法明确形式参数引用的对象,当发生函数调用时,通常所说的将实际参数传递给形式参数实质上是将实际参数的对象引用传递给形式参数,这和第 7 章介绍的 Python 中变量的引用语义是一致的。那么就需要探讨在函数体内形参发生变化时对实参的影响,这个问题可以分为两种情况讨论:一是修改形参和对象之间的引用关系,二是修改形参引用对象的值。

【例 10-4】 修改形参的引用关系。

```python
def swap(a,b):
    if a < b:
        a,b = b,a
x = 5
y = 10
swap(x,y)
print('x = {} y = {}'.format(x,y))
```

运行结果如下:

```
x = 5 y = 10
```

例 10-4 中函数 swap 的功能是接收两个参数,如果第一个参数值小于第二个,则将两者交换。但从函数调用结束后的输出来看,并没有达到预期的结果。作为实际参数的 x 和 y

在函数调用前后的值并没有发生变化。造成这种结果的原因可以通过图 10.2 来分析。

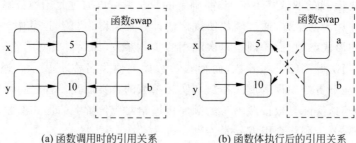

(a) 函数调用时的引用关系　　　　　　(b) 函数体执行后的引用关系

图 10.2　函数调用中形参和实参的关系

函数调用前,变量 x 和 y 分别引用整型对象 5 和 10,执行函数调用 swap(x,y)时,作为实参的 x 和 y 分别传递给形参 a 和 b,即将对象 5 和 10 的引用分别传递给了形式参数 a 和 b,如图 10.2(a)所示。接着执行函数体,a<b 成立,执行语句 a,b=b,a,交换了变量 a 和 b 的引用目标,a 引用对象 10,b 引用对象 5,如图 10.2(b)所示。但实参变量 x 和 y 的引用并没有发生任何变化,仍然是 x 引用 5,y 引用 10,所以才会出现之前看到的运行结果。

【例 10-5】　修改形参引用对象的值。

```
def my_abs(n):
    if n<0:
        n= - n
x= - 5
my_abs(x)
print(x)
```

运行结果为:

```
- 5
```

例 10-5 中函数 my_abs 试图将一个数变为其绝对值,但结果没有成功。分析原因如图 10.3 所示。

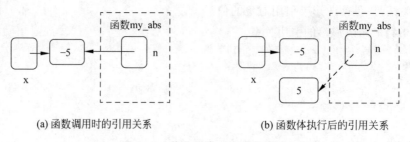

(a) 函数调用时的引用关系　　　　　　(b) 函数体执行后的引用关系

图 10.3　修改形参对实参的影响

例 10-5 中,调用函数 my_abs,将对象−5 的引用从实参 x 传递给形参 n,如图 10.3(a)所示。由于−5 本身是一个整型数,属于不可变对象,其值不会发生变化,执行语句 n=−n 时实际上是通过计算−n,创建了一个值为 5 的新对象,形参变量 n 引用了这个新对象,而实参变量 x 仍然引用原对象−5,如图 10.3(b)所示。

函数调用时,如果参数传递的是不可变对象(如 int、float、str 和 bool 等)的引用,那么改变形参变量的引用目标并不会影响实参的引用目标;而试图修改形参所引用对象的值是不可能实现的,其结果是创建一个新对象,形参转而引用这个新对象。

如果参数传递的是可变对象(如 list)的引用,也分两种情况分别讨论。

【例 10-6】 参数为可变对象时修改形参的引用关系。

```python
def swapList(L1,L2):
    L1,L2 = L2,L1
lst1 = [1,2,3]
lst2 = [4,5,6]
swapList(lst1,lst2)
print(lst1)
print(lst2)
```

运行结果为:

```
[1, 2, 3]
[4, 5, 6]
```

从例 10-6 中可以看到参数传递的是可变对象 list 的引用时,形参的变化同样不会影响实参,这和例 10-4 中分析的结果相同。

【例 10-7】 修改可变对象参数的值。

```python
def changeList(L):
    for i in range(0,len(L)):
        if L[i] % 2 == 0:
            L[i] *= 2
lst = [1,2,3,4,5,6]
changeList(lst)
print(lst)
```

运行结果为:

```
[1, 4, 3, 8, 5, 12]
```

从例 10-7 中可以看出,在函数体中通过形式参数修改其引用的可变对象的值是可以产生效果的。程序中实际参数变量 lst 和形式参数变量 L 实际上都引用列表对象[1,2,3,4,5,6],列表是可变对象,可以通过形参 L 修改列表中的元素值,实参 lst 所引用的是同一个列表对象,自然能够反映出其中元素值的变化。

10.3.3 默认参数和关键字参数

Python 函数中的参数有多种灵活的定义和使用方式,其中位置参数(positional parameters)按照参数的位置依次匹配实参和形参,到目前为止本章中所定义函数中的参数都是位置参数。除位置参数外,Python 中常用的参数形式还有默认参数(default parameters)、关键字参数(keyword parameters)和仅关键字参数(keyword-only parameters)。

1. 默认参数

默认参数是指在函数定义时带有默认值的形式参数,也被称为缺省参数。在函数调用时,如果不为带有默认值的形式参数提供相应的实参,这些参数就会使用定义时指定的默认值；如果给默认参数传递了实参，则函数定义中的默认值将被忽略，使用调用时传递的实参。带有默认参数的函数定义格式如下：

```
def 函数名(非默认参数, 默认参数名 = 默认值, …):
    函数体
```

在函数定义中，默认参数和非默认参数可以同时存在，但语法要求带有默认值的参数必须要放在非默认参数之后。

【例 10-8】 函数默认参数示例。

```
def cal(a,b,n = 2):
    result = a ** n + b ** n
    return result
print(cal(2,3))
print(cal(2,3,3))
```

运行结果为：

```
13
35
```

函数 cal 计算参数 a 和 b 的 n 次幂之和并返回，参数 n 默认值为 2。第一次调用时，cal(2,3) 中实参 2 和 3 分别传递给形参 a 和 b，没有给形参 n 传递实参，则 n 取默认值 2，函数计算 2 ** 2＋3 ** 2，结果为 13。第二次调用时，cal(2,3,3)给出了 3 个实参 2、3 和 3，分别对应形参 a、b 和 n，此时 n 的默认值被忽略，取值为 3，函数计算 2 ** 3＋3 ** 3，结果为 35。

2. 关键字参数

关键字参数是指按名称指定传入的参数，也称为命名参数。使用关键字参数的优点是：指定名称使参数意义明确，而且按名称传递参数可以不考虑参数的位置问题。

【例 10-9】 定义函数求圆柱体体积。

```
import math
def vol_cy(radius,height):
    v = round(math. pi * radius * radius * height, 2)
    return v
V = vol_cy(2,10)
print(V)
```

运行结果为：

```
125.66
```

例 10-9 中，函数 vol_cy 接收两个参数 radius 和 height，分别代表圆柱体底面半径和圆柱体的高，计算圆柱体的体积，保留两位小数，并返回结果。现在这种写法中，参数 radius 和 height 都是位置参数，使用者在调用函数 vol_cy 时，必须明确函数参数的顺序，如果实参传递的顺序和函数定义中的意义不符，虽然不会出现语法错误，但会导致错误的计算结果。如例 10-9 中函数调用 vol_cy(2,10)表示求底面半径为 2，高为 10 的圆柱体体积，如果不小心把两个实参位置颠倒，写成 vol_cy(10,2)，则变成求底面半径为 10，高为 2 的圆柱体体积了，运行结果为 628.32，与实际不符，但这种错误却容易被忽略。此时，可以考虑使用关键字参数避免这种问题。

关键字参数在函数定义中没有体现,也就是说上述 vol_cy 函数的定义部分无须做任何修改。关键字参数在函数调用时,体现在实参上。用关键字参数调用 vol_cy 函数的语句可以写成:

```
V = vol_cy(radius = 2, height = 10)
```

或

```
V = vol_cy(height = 10, radius = 2)
```

可以看出,使用关键字参数的情况下,参数的位置不再重要,解释器是依靠参数名称来完成形式参数和实际参数的匹配过程。这种写法,可以在很大程度上避免由于参数位置问题而导致的计算结果错误。

3. 仅关键字参数

仅关键字参数要求函数调用时必须使用关键字参数的形式传递实参,在之前学习过的一些内置函数中,这类参数经常出现,例如:

```
print("Python", "Ruby", sep = ' + ', end = ' ')
plist = ['C++', 'Python', 'C', 'Swift', 'Java', 'C#', 'Go', 'Ruby']
plt = sorted(plist, key = len, reverse = True)
```

上面语句对内置函数的调用中,print()函数的 sep 和 end 参数,以及 sorted()函数的 key 和 reverse 参数就都是这种参数。

在自定义函数中设置仅关键字参数的方法非常简单,只需在函数定义的形参表中加一个星号"*"。将例 10-9 中的函数 vol_cy()的定义改成如下形式:

```
def vol_cy( * , radius, height) :
```

表示 * 号后面的 radius 和 height 参数都是仅关键字参数,在调用时必须都以命名参数的形式给出实参,即 vol_cy(radius＝2, height＝10)这样的形式。

函数定义也可以写成:

```
def vol_cy(radius, * , height) :
```

此时,表示 * 号后的 height 参数是仅关键字参数,而 radius 可按位置参数或关键字参数来处理,以下几种形式的调用语句都是正确的:

```
vol_cy(radius = 2, height = 10)
vol_cy(height = 10, radius = 2)
vol_cy(2, height = 10)
```

10.3.4 参数类型检查

Python 语言中定义函数时无需指定函数参数的类型,这在一定程度上提高了函数的灵活性和通用性,如例 10-8 中的函数 cal(),既可以计算两个整数的 n 次幂之和,也可以计算两个浮点数的 n 次幂之和,还可以是一个整数、一个浮点数,同样指数 n 也不限定是整数还是浮点数。

但是,如果函数调用时传递的实参类型不支持函数体内所执行的某些操作或运算时,就会产生错误。例如,调用例 10-8 的 cal() 函数时,如果传递两个 str 类型的实参给形参 a 和 b,而 str 对象不支持 ** 运算,运行时就会引发 TypeError 异常。要避免这个问题,一是使用者在调用函数时应该明确函数参数的要求并传递正确类型的实参;二是可以在函数内增加用于类型检查的代码。限于篇幅,本书中不再展开讨论,希望读者在使用函数过程中注意这个问题。

10.3.5 函数的返回值

在函数体内可以使用 return 语句实现返回值,同时终止函数的执行。一个函数中可以有多条 return 语句,其中任何一条被执行都会导致跳出函数返回调用方。

【例 10-10】 定义函数,判断一个整数 n 是否为素数。

```
# Example 10 - 10
import math
def isprime(n):
    if n < 2:return False
    k = int(math.sqrt(n))
    for i in range(2,k + 1):
        if n % i == 0:
            return False
    return True
```

例 10-10 中,当参数 n 小于 2 时,直接返回 False,函数剩余部分没有执行。如果 n 不小于 2,则按照第 8 章中介绍的方法,使用 for 循环依次判断 n 是否能整除[2,int(sqrt(n))]区间的数,只要发现一次整除的情况,就可以得出 n 不是素数的结论,可以不必继续判断,函数返回 False。如果 for 循环正常结束,则说明 n 不能整除[2,int(sqrt(n))]区间的任何数,故n 是素数,函数返回 True。

Python 中的函数可以使用一条 return 语句同时返回多个值,此时多个值是以元组的形式返回的;也可以使用相同个数的变量接收函数返回值。

【例 10-11】 定义函数求圆柱体的表面积和体积。

```
# Example 10 - 11
import math
def sur_vol_cy(radius,height):
    s = round(2 * math.pi * radius * radius + 2 * math.pi * radius * height,2)
    v = round(math.pi * radius * radius * height,2)
    return s,v
S,V = sur_vol_cy(height = 10,radius = 2)
print(S)
print(V)
```

运行结果为:

```
150.8
125.66
```

函数 sur_vol_cy() 中的 return 语句返回两个计算结果 s 和 v,返回值实际上是元组

（150.8，125.66）；语句 S，V＝sur_vol_cy(height＝10，radius＝2)将返回元组中的两个元素 150.8 和 125.66 分别赋值给对应的变量 S 和 V，这是 Python 语言中一个很实用的语言特性，称为"序列解包"，即将一个序列对象中的各个元素依次赋值给对应个数的变量。

如果函数只需完成某些操作，而不需返回计算结果，则函数体中 return 语句就不是必需的了，如例 10-7，函数中修改参数列表中的元素值，但不需要返回一个新的列表对象。此外，函数中有时还会出现只有 return 语句而没有返回值的语句，此时其作用只是跳出函数。

10.4　lambda 函数

lambda 函数也称为 lambda 表达式，可用于定义比较简单的匿名函数，可以说一个 lambda 表达式的值就是一个直接写出来的没有名字的函数对象。lambda 函数可以接收任意个数的参数并返回一个表达式值，其定义格式为：

lambda 参数表：表达式

参数表中可以包含多个参数，用逗号隔开，表达式只有一个，表达式的值即为 lambda 函数的返回值。例如，lambda x，y：x ** y，其中参数为 x 和 y，表达式计算 x 的 y 次幂，结果作为返回值。可以看出，lambda 函数的功能本质上就是一个没有命名的函数。

【例 10-12】　lambda 函数示例。

```
>>> f = lambda x,y : x ** y
>>> type(f)                 # < class 'function'>
>>> f(3,5)                  # 243
```

例 10-12 中的 lambda 函数的功能相当于下面的函数：

```
def f(x,y):
    return x ** y
```

lambda 函数可以直接作用于实参，如：

```
(lambda x,y : x ** y)(3,5)
```

但使用这种写法需要将 lambda 表达式用括号括起，原因是 lambda 表达式的优先级仅高于赋值运算符。

10.5　递 归 函 数

递归是算法及程序设计领域中一种非常重要的思维方法和编程技术，包括 Python 在内的很多程序设计语言都支持递归程序设计。递归的思想是把一个规模较大的复杂问题逐层转化为多个与原问题相似但规模较小的问题来求解。在程序设计中，递归策略只需少量的代码即可描述问题求解过程中需要的多次重复计算。程序设计语言对递归的支持是通过递归函数，所谓递归函数就是在函数体内含有对自身的调用。

能够使用递归方法解决的问题通常应满足以下条件：

- 原问题可以逐层分解为多个子问题,这些子问题的求解方法与原问题完全一致但规模逐渐变小;
- 递归的次数必须是有限的;
- 必须有结束递归的条件使递归终止。

通常在两种情况下会用到递归的方法:一是有些数学公式、数列或概念的定义是递归的,例如之前介绍的阶乘 $n!$、斐波那契数列、一个数的 n 次幂等,这类问题可以直接将其数学上的递归定义转换成递归算法;二是问题的求解过程或求解方法本身是递归的,最典型的例子就是汉诺塔问题。

在第 8 章中曾讲解过通过循环语句计算一个数的阶乘,简单改造例 8-10 的程序即可得到求阶乘函数的非递归版本。

【例 10-13】 定义非递归函数求一个数 n 的阶乘 $n!$。

```
# Example 10 - 13
def fact_c(n):
    if n == 0 or n == 1:
        return 1
    f = 1
    for i in range(2, n + 1):
        f *= i
    return f
for n in range(0, 6):
    print(fact(n), end = ' ')
```

运行结果为:

```
1  1  2  6  24  120
```

以上程序非常简单,读者可自行分析。考察阶乘的数学定义可知:

$$n! = \begin{cases} 1 & n = 0 \text{ 或 } 1 \\ n * (n-1)! & n > 1 \end{cases}$$

也就是说,如果要计算 n 的阶乘,根据定义,$n! = n \times (n-1)!$,$(n-1)! = (n-1) \times (n-2)!$,$\cdots$,$2! = 2 \times 1!$,$1! = 1$,最后一次计算 1 的阶乘为已知,则可以依次回推计算出 $2! = 2 \times 1 = 2$,$3! = 3 \times 2 = 6$ $\cdots$ 直至倒推计算出 $n!$。不难看出,这种计算过程和递归思想是吻合的,而且这个问题的求解也满足递归的几个条件,所以可以通过递归函数完成求解。

【例 10-14】 求阶乘 $n!$ 的递归函数。

```
# Example 10 - 14
def fact(n):
    if n == 0 or n == 1:
        return 1
    else:
        return n * fact(n - 1)
```

例 10-14 中,n 的值等于 0 或 1 即为递归结束条件,直接返回确定的结果;当不满足递归结束条件时,函数发生递归调用,递归调用的参数是当前参数减 1,当某一层调用参数为 1 时,递归结束并开始逐层返回。比较例 10-13 和例 10-14 可以看出,递归的解法代码更为简洁,而且基本上是用程序设计语言对阶乘数学定义的直观描述。要真正透彻理解函数递归,弄清楚函数递归的调用和返回过程非常重要。下面以求 4! 为例,分析一下这个过程。求 4! 的调用和返回过程如图 10.4 所示。

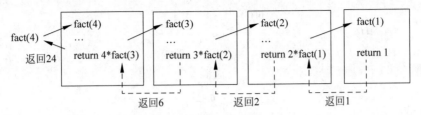

图 10.4　计算 4!的递归调用过程

从图 10.4 中可以看出,递归调用过程逐层进行,直至 n 为 1 满足递归结束条件,递归终止,此时程序并没有结束,而是按照和调用顺序相反的顺序逐层返回计算结果。

下面再给出求斐波那契数列中第 n 项的非递归函数和递归函数,读者可进行对比分析。

【例 10-15】　定义非递归函数求斐波那契数列的第 n 项。

```
# Example 10 - 15
def fib_c(n):
    if n == 1 or n == 2:
        return 1
    else:
        f1 = f2 = 1
        f3 = 0
        for i in range(3, n + 1):
            f3 = f1 + f2
            f1, f2 = f2, f3
        return f3
for i in range(1, 11):
    print(fib(i), end = ' ')
```

运行结果为:

```
1 1 2 3 5 8 13 21 34 55
```

【例 10-16】　定义递归函数求斐波那契数列的第 n 项。

分析:斐波那契数列的递归定义为:

$$\mathrm{fib}(n) = \begin{cases} 1 & n = 1 \text{ 或 } 2 \\ \mathrm{fib}(n-1) + \mathrm{fib}(n-2) & n > 2 \end{cases}$$

其中,n 为项数;$\mathrm{fib}(n)$ 表示斐波那契数列的第 n 项。程序代码如下:

```
# Example 10 - 16
def fib(n):
    if n == 1 or n == 2:
        return 1
    else:
        return fib(n - 1) + fib(n - 2)
```

斐波那契数列问题经常用于讲解递归函数设计,其递归定义直接对应于数学定义,简单直观。但是,这种实现方式实际上存在一个非常明显的缺陷,就是重复计算非常多。以求 fib(5) 为例,其函数的递归调用过程如图 10.5 所示。

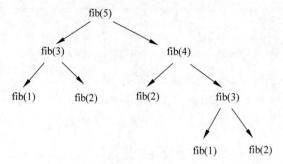

图 10.5　斐波那契数列 fib(5) 的函数调用过程

从图 10.5 中可以看出,fib(1) 和 fib(3) 都重复计算了 2 次,fib(2) 重复计算了 3 次,而且随着参数 n 的增长,这种重复计算的项数以及次数都会以非常可观的速度增长,再加上函数调用及返回本身也需要一定的系统开销,参数 n 越大,递归的层次相应也会越多,因此在设计递归函数时,一个不容忽视的问题就是计算代价。

可以编写一段简单的测试程序,计算一下非递归斐波那契函数和递归斐波那契函数的运行耗时。

【例 10-17】　简单测试程序,计算斐波那契函数运行耗时。

```
# Example 10 - 17
import time
def caltime(f,n):
    tstart = time.time()
    f(n)
    tend = time.time()
    print('Time consuming of Fib({}): {}seconds'.format(n, tend - tstart))

print('Non_Recursive:')
caltime(fib_c, 100000)
print('Recursive:')
for i in range(30,36):
    caltime(fib, i)
```

例 10-17 中定义了一个计时函数 caltime(),参数 f 用来接收一个函数,参数 n 接收计算项数。在 caltime() 函数中,分别在调用函数 f 之前和之后记录当前系统时间,计算两者差值可近似得出函数 f 的运行耗时。然后分别用非递归的 fib_c() 函数和递归的 fib() 函数作为实参传递给形参 f。这种函数做参数的方法在程序设计中也是一种常见的技术。程序的运行结果如下:

```
Non_Recursive:
Time consuming of Fib(100000): 0.11701321601867676seconds
Recursive:
Time consuming of Fib(30): 0.225006103515625seconds
```

Time consuming of Fib(31): 0.3639793395996094seconds
Time consuming of Fib(32): 0.5920157432556152seconds
Time consuming of Fib(33): 0.9619839191436768seconds
Time consuming of Fib(34): 1.547999620437622seconds
Time consuming of Fib(35): 2.522001028060913seconds

非递归函数计算耗时非常少,实参太小的话,结果基本为 0,所以例 10-17 用 100000 进行测试,使用非递归方法计算斐波那契数列第 100000 项耗时不到 0.12s;然后用 30～35 为实参测试递归实现的斐波那契函数,从结果中可以看出,计算 fib(30) 的时间就已经约为非递归算法计算 fib_c(100000) 的两倍了,更关键的是,随着 n 增长,递归算法所消耗时间的增长速度非常快,不用说 fib(100000),就算是 fib(100),其耗时也是无法想象的。所以在实际应用中,类似斐波那契数列、阶乘等这类可以用循环、递推等非递归方法解决的问题,可以不必使用递归的方法。

讲解这些内容,是希望读者能够认识到,程序设计不仅仅是满足处理逻辑正确、代码编写无误就可以了,同时还必须要考虑类似计算代价等实际问题,以确保算法及程序的可行性。

而有些问题,使用常规方法编程的实现难度很大或程序复杂程度很高,这时递归算法在问题描述方面会体现出一定的优势。最经典的应用算例就是汉诺塔问题,本书 1.3.3 节在介绍计算思维时,已经给出了此问题的详细推导过程、递归模型以及 Python 实现代码,此处不再重复。

10.6　生成器函数

生成器函数从形式上和普通自定义函数非常相似,但其本质上是一个迭代器。迭代器是 Python 语言中一种非常有用的计算结构,限于篇幅,本书没有单独对迭代器展开详细讨论,可以简单地将迭代器理解成对一组对象集合按照一定的顺序依次访问的一类特殊对象。本节只简单介绍生成器函数,有关迭代器的内容,有兴趣的读者可以参阅相关资料。

生成器函数的定义形式和普通的函数基本一样,区别在于生成器的函数体内有一个或几个 yield 语句。一旦有 yield 语句,这样的定义就不会被视为普通函数,而是一个生成器函数。Python 解释器在处理这种定义时,会创建一个特殊的生成器对象,这个特殊的对象可以用于任何需要可迭代对象的上下文中,如作为 for 循环变量的数据来源,也可以用于各种推导式。下面通过一个简单的例子来说明生成器函数的定义及使用。

【例 10-18】　计算斐波那契数列的生成器函数。

```python
def fib_genertor(n):
    f1, f2 = 1, 1
    for i in range(n):
        yield f1
        f1, f2 = f2, f1 + f2


for x in fib_genertor(10):
    print(x)
```

例 10-18 的运行结果是输出斐波那契数列的前 10 项。

yield 语句的基本格式是在关键字 yield 后加表达式,如果只有一个表达式,如例 10-18 中的 yield f1,则生成的就是这个表达式的值;如果 yield 后有多个表达式,则用逗号隔开,表示生成这些表达式值构成的元组。

对生成器函数的每次调用都会得到一个生成器对象,每当要求取一个值时,该对象就会执行函数体中的语句,一旦遇到 yield 语句,就对其后的表达式进行求值并将此值返回,然后生成器函数不再继续向下执行,也不会像普通函数遇到 return 语句时返回值或返回程序控制的同时立即跳出函数,而是暂停在 yield 语句的位置。当该对象被再次要求取一个值的时候,生成器会从暂停的位置开始继续执行,直到再次遇到 yield 语句并返回下一个值。

例 10-18 中,生成器函数被放置于 for 语句中,当执行 for x in fib_genertor(10)时,for 语句向生成器要求一个值,fib_genertor 的函数体便开始执行,分别给变量 f1 和 f2 赋值,然后开始进入函数体内的 for 循环并遇到 yield 语句,此时返回 yield 之后的表达式,即 f1 的值,生成器函数暂停。程序的执行控制又返回到了语句 for x in fib_genertor(10),随即向 fib_genertor 要求下一个值,fib_genertor 从刚才暂停的位置,即语句 f1,f2＝f2,f1＋f2 处恢复执行,递推计算新的 f1 和 f2,再次进入 for 循环,遇到 yield 语句,返回当前 f1 再暂停。for x in fib_genertor(10)语句执行 10 次,即先后向 fib_genertor 要求了 10 个值,相应地,生成器对象函数体中的循环也执行了 10 次,并依次返回了 10 个斐波那契数。

通过以上分析,简单了解了生成器函数的定义和执行逻辑,不难看出,对于一个生成器函数来说,最重要的是 yield 语句及其后的表达式,这是生成器计算结果的体现以及它与使用者之间的数据传递方式。

生成器函数定义之后,可以用在任何需要可迭代对象的场合,例如:

```
lst = list(fib_genertor(10))
```

表示创建了一个列表对象 lst,其中的元素来源于生成器对象 fib_genertor 产生并返回的斐波那契数列的前 10 项。

10.7 Python 高阶函数

Python 语言可以支持面向过程以及面向对象的程序设计,同时也提供了对函数式编程的支持。函数式编程是一种抽象程度较高的编程范式,有关编程范式的理论性内容超出了本书的范畴。函数式编程的一个特点是将函数本身作为其他函数的参数或返回值,而 Python 中的高阶函数就支持这种编程模式。

通常将以函数作为参数,或者以函数作为返回值的函数称为高阶函数。Python 中的函数也是一类对象,可以将其赋值给变量,通过变量名同样可以使用函数的功能。

【例 10-19】 将函数赋值给变量。

```
# Example 10 - 19
def fact(n):
    fa = 1
    for i in range(2, n + 1):
        fa = fa * i
```

```
        return fa
myfun = fact
print(myfun(10))
```

运行结果为：

```
3628800
```

既然函数能够赋值给变量，那么自然也可以作为实参传递给其他函数的形参。例 10-17 中函数 caltime() 实际上就是一个自定义的高阶函数，它接收计算斐波那契数列的函数作为参数，然后在内部进行调用。此外，在第 9 章中介绍过的 sorted() 函数也是高阶函数，这个函数中的命名参数 key 用来接收一个函数，再将这个函数应用于待排序的序列元素上并以结果作为比较依据。除 sorted() 函数之外，Python 中还有一些高阶函数比较常用，下面仅以 map() 和 filter() 函数为例简要说明，其他的高阶函数在使用时，读者可以举一反三。

map() 函数的基本语法格式为：map(function, iterable)，参数中 function 用于接收函数参数，并将其应用于可迭代对象 iterable，map() 函数的返回结果也是可迭代对象。

【例 10-20】 map() 函数示例。

```
# Example 10 - 20
import math
import random
def isprime(n):
    if n < 2: return False
    k = int(math.sqrt(n))
    for i in range(2, k + 1):
        if n % i == 0:
            return False
    return True

def odd(n):
    if n % 2 == 0: return n + 1
    else: return n - 1

lst = [random.randint(1, 100) for i in range(10)]
print(lst)
lr1 = list(map(isprime, lst))
print(lr1)
lr2 = list(map(odd, lst))
print(lr2)
lr3 = [round(x, 2) for x in (map(math.sqrt, lst))]
print(lr3)
```

运行结果为：

```
[45, 7, 45, 59, 18, 64, 6, 24, 24, 59]
[False, True, False, True, False, False, False, False, False, True]
[44, 6, 44, 58, 19, 65, 7, 25, 25, 58]
[6.71, 2.65, 6.71, 7.68, 4.24, 8.0, 2.45, 4.9, 4.9, 7.68]
```

例 10-20 中包含 isprime() 和 odd() 两个自定义函数。程序中创建一个列表对象 lst，其中元素为 10 个 1~100 之间的随机整数。然后，以自定义函数 isprime 和 lst 作为参数调用

map()函数,判断 lst 中的元素是否为素数并将所有返回结果组织为一个可迭代对象(此处为 map 对象),再通过类型转换生成 list 对象 lr1。第二次调用 map()函数是以自定义函数 odd 和列表 lst 为实参,将 lst 中的元素按其奇偶分别执行加 1 和减 1 的操作。第三次调用 map()函数,传递的参数是内置函数 math. sqrt(),分别求 lst 中各个元素的平方根,再使用列表推导式实现保留两位小数及列表生成。

filter()函数的基本语法格式为:filter(function,iterable),其功能是将函数 function 应用于可迭代对象 iterable 的各个元素,根据返回值是 True 还是 False 决定在结果可迭代对象中是否保留该元素,实际上是对一个可迭代对象的元素进行筛选的过程,只不过筛选的依据是根据函数参数的结果。

【例 10-21】 filter()函数示例。

```
# Example 10 - 21
lst = [random. randint(1,100) for i in range(10)]
print(lst)
lr = list(filter(isprime,lst))
print(lr)
```

运行结果为:

```
[36, 33, 37, 39, 83, 72, 32, 1, 35, 18]
[37, 83]
```

本节仅列举了最常用的两个高阶函数,掌握高阶函数并合理运用可以提升程序设计的灵活性。

10.8　本章小结

函数是程序设计过程中一种重要的过程抽象机制,通过函数可以将可重复使用的代码段命名并封装,进而实现程序的结构化和代码复用。本章首先介绍了 Python 中函数的概念和分类,接着重点对自定义函数进行阐述,包括定义、调用、参数和返回值;此外还介绍了 lambda 表达式实现匿名函数,函数的递归调用以及生成器函数等实用编程技术;最后简单介绍了函数式编程的概念和 Python 中常用的高阶函数。

习　　题

一、简答题

1. Python 函数中的参数有哪些类型,各种类型参数的特点是什么?

2. 什么是递归?编写递归函数时需要注意什么问题?

3. 简述 lambda 表达式的含义和作用。

4. 简述生成器函数的含义、定义方法以及执行过程。

二、编程题

1. 根据海伦公式,定义求三角形面积的函数,三角形三条边通过参数获取。

2. 编写函数,求两个正整数 m 和 n 的最大公约数。

3. 编写函数,判断一个字符串是否为回文。所谓回文就是一个字符串从左向右读和从右向左读是完全一样的,如 level、madam、123321 等都是回文。

4. Ackermann 函数 Ack(m,n)定义如下:

$$Ack(m,n)=\begin{cases} n+1, & m=0 \\ Ack(m-1,1), & 当 m>0 且 n=0 \\ Ack(m-1,Ack(m,n-1)), & 其他 \end{cases}$$

请定义相应的递归函数。

参 考 文 献

[1] 曹义亲.计算机组成与系统结构[M].北京：中国水利电力出版社,2001.

[2] 张基温.计算机组成原理教程[M].北京：清华大学出版社,2007.

[3] 张基温.计算机系统原理[M].北京：电子工业出版社,2002.

[4] 鞠九滨.分布计算系统[M].北京：高等教育出版社,1994.

[5] 唐朔飞.计算机组成原理[M].2版.北京：高等教育出版社,2008.

[6] 张钧良,林雪明.计算机组成原理[M].北京：电子工业出版社,2004.

[7] 刘克武.计算机基本原理[M].北京：北京大学业出版社,2000.

[8] 邹海明,韩世强,沈品.计算机组织与结构[M].北京：电子工业出版社,1997.

[9] 张代远.计算机组成原理教程[M].北京：清华大学出版社,2005.

[10] 尹朝庆.计算机系统结构教程[M].北京：清华大学出版社,2005.

[11] 徐炜民.计算机系统结构[M].北京：电子工业出版社,2003.

[12] 张新荣,于瑞国.计算机组成原理[M].天津：天津大学出版社,2004.

[13] 马礼.计算机组成原理与系统结构[M].北京：人民邮电出版社,2004.

[14] 幸云辉,杨旭东.计算机组成原理实用教程[M].2版.北京：清华大学出版社,2004.

[15] 王爱英.计算机组成与结构[M].北京：清华大学出版社,2001.

[16] 白中英.计算机组成原理[M].5版.北京：科学出版社,2013.

[17] 李文兵.计算机组成原理[M].北京：清华大学出版社,2006.

[18] 王诚.计算机组成原理[M].北京：清华大学出版社,2004.

[19] 王万生.计算机组成原理实用教程[M].北京：清华大学出版社,2006.

[20] 程晓荣.计算机组成与结构[M].北京：中国电力出版社,2007.

[21] 石磊.计算机组成原理[M].北京：清华大学出版社,2006.

[22] 顾一禾,朱近,路一新.计算机组成原理辅导与提高[M].北京：清华大学出版社,2004.

[23] 屠祁,屠立德.操作系统基础[M].3版.北京：清华大学出版社,2002

[24] 杨光煜,韩瀛,庄坤,等.计算机组成原理[M].北京：机械工业出版社,2009.

[25] 包健,冯建文,章复嘉.计算机组成原理与系统结构[M].2版.北京：高等教育出版社,2015.

[26] 鲁宏伟,汪厚祥.多媒体计算机技术[M].4版.北京：电子工业出版社,2011.

[27] 杨大全.多媒体计算机技术[M].北京：机械工业出版社,2007.

[28] 钟玉琢.多媒体技术基础及应用[M].3版.北京：清华大学出版社,2012.

[29] 杨光煜,韩瀛,庄坤,等.计算机组成原理[M].北京：清华大学出版社,2019.

[30] 徐红云.大学计算机基础教程[M].3版.北京：清华大学出版社,2018.

[31] 甘勇,尚展垒,郭清涛,等.大学计算机基础实践教程[M].北京：高等教育出版社,2018.

[32] 杨心强,陈国友.数据通信与计算机网络[M].北京：电子工业出版社,2018.

[33] 谢希仁.计算机网络[M].北京：电子工业出版社,2018.

[34] 詹姆斯·库罗斯,基思·罗斯,著.计算机网络：自顶向下方法[M].陈鸣,译.北京：机械工业出版社,2018.

[35] ANDREW S TANENBAUM,DAVID J WETHERAL,著.计算机网络[M].严伟,潘爱民,译.5版.北京：清华大学出版社,2012.

[36] 汤羽,林迪,范爱华,等.大数据分析与计算[M].北京：清华大学出版社,2018.

［37］ 张尧学，胡春明. 大数据导论［M］. 北京：机械工业出版社，2019.

［38］ 朝乐门. 数据科学理论与实践［M］. 2版. 北京：清华大学出版社，2019.

［39］ 林子雨. 大数据技术原理与应用［M］. 北京：人民邮电出版社，2017.

［40］ GINSBERG J，MOHEBBI M，PATEL R，et al. Detecting Influenza Epidemics Using Search Engine Query Data［J］. Nature，2009，457(2)：1012-1014.

［41］ AVATI A，JUNG K，HARMAN S，et al. Improving palliative care with deep learning［C］// Bioinformatics and Biomedicine (BIBM). Piscataway，NJ：IEEE，2017：311-316.

［42］ MYERS K，WIEL S V. Discussion of data science：An action plan for expanding the technical areas of the field of statistics［J］. Statistical Analysis and Data Mining. 2014，7(6)：420-422.

［43］ 王珊，萨师煊. 数据库系统概论［M］. 北京：高等教育出版社，2014.

［44］ JEFFREY D，SANJAY G. MapReduce：Simplified data processing on large clusters［J］. Communications of the ACM，2008，51(1)：1958-2008.

［45］ MITCHELL T. Machine Learning［M］. New York：McGraw Hill，1997.

［46］ 周志华. 机器学习［M］. 北京：清华大学出版社，2016.

［47］ 李航. 统计学习方法［M］. 2版. 北京：清华大学出版社，2019.

［48］ 裘宗燕. 从问题到程序用Python学编程和计算［M］. 北京：机械工业出版社，2017.

［49］ 江红，余青松. Python程序设计与算法基础教程［M］. 北京：清华大学出版社，2019.

［50］ 夏敏捷，程传鹏，韩新超，等. Python程序设计——从基础开发到数据分析［M］. 北京：清华大学出版社，2019.

［51］ 杨年华，柳青，郑戟明，等. Python程序设计教程［M］. 2版. 北京：清华大学出版社，2019.

［52］ 沙行勉. 编程导论——以Python为舟［M］. 2版. 北京：清华大学出版社，2019.

［53］ 嵩天，礼欣，黄天宇. Python语言程序设计基础［M］. 北京：高等教育出版社，2017.

［54］ 卢博米尔·佩尔科维奇，著. 程序设计导论——Python计算与应用开发实践［M］. 江红，余青松，译. 北京：机械工业出版社，2019.

［55］ 约翰·策勒，著. Python程序设计［M］. 王海鹏，译. 3版. 北京：人民邮电出版社，2018.

图书资源支持

感谢您一直以来对清华版图书的支持和爱护。为了配合本书的使用，本书提供配套的资源，有需求的读者请扫描下方的"书圈"微信公众号二维码，在图书专区下载，也可以拨打电话或发送电子邮件咨询。

如果您在使用本书的过程中遇到了什么问题，或者有相关图书出版计划，也请您发邮件告诉我们，以便我们更好地为您服务。

我们的联系方式：

地　　址：北京市海淀区双清路学研大厦 A 座 701

邮　　编：100084

电　　话：010-83470236　　010-83470237

资源下载：http://www.tup.com.cn

客服邮箱：2301891038@qq.com

QQ：2301891038（请写明您的单位和姓名）

书圈

扫一扫，获取最新目录

课程直播

用微信扫一扫右边的二维码，即可关注清华大学出版社公众号"书圈"。